21世纪高等学校计算机教育实用规划教材

李华 主编

ASP.NET(C#)
程序设计

清华大学出版社
北京

内 容 简 介

ASP.NET是微软提供的Web开发编程技术,采用C♯作为开发语言。本书是学习Visual Studio 2010所必需的入门书,主要内容有ASP.NET的基础知识、网页设计基础知识、C♯语法基础、内置对象概述、ASP.NET常用控件、数据库、ADO.NET数据库技术、数据绑定、数据控件、主题和母版页、站点导航、AJAX技术及应用、LINQ技术、用户控件等。

为了使读者能更好地掌握ASP.NET的基础知识,每章都安排了一定的案例。在介绍了基本开发后,最后还介绍了一个教务管理系统的实现,包括系统分析、数据库设计、详细设计等,主要介绍了学生界面的管理、教师界面的管理、操作员界面的管理等,实现对学生信息管理和成绩管理等功能。

本书既适合广大Web网站开发人员、网站管理维护人员和大专院校学生阅读,也适合.NET平台的初学者以及热爱.NET技术的入门人员。

本书封面贴有清华大学出版社防伪标签,无标签者不得销售。
版权所有,侵权必究。侵权举报电话: 010-62782989 13701121933

图书在版编目(CIP)数据

ASP.NET(C♯)程序设计/李华主编.--北京:清华大学出版社,2014(2016.4重印)
21世纪高等学校计算机教育实用规划教材
ISBN 978-7-302-36437-5

Ⅰ.①A… Ⅱ.①李… Ⅲ.①网页制作工具-程序设计-高等学校-教材 Ⅳ.①TP393.092

中国版本图书馆CIP数据核字(2014)第095826号

责任编辑:付弘宇 薛 阳
封面设计:常雪影
责任校对:时翠兰
责任印制:何 芊

出版发行:清华大学出版社
    网 址:http://www.tup.com.cn, http://www.wqbook.com
    地 址:北京清华大学学研大厦A座 邮 编:100084
    社 总 机:010-62770175 邮 购:010-62786544
    投稿与读者服务:010-62776969, c-service@tup.tsinghua.edu.cn
    质 量 反 馈:010-62772015, zhiliang@tup.tsinghua.edu.cn
    课 件 下 载:http://www.tup.com.cn,010-62795954

印 刷 者:三河市君旺印务有限公司
装 订 者:三河市新茂装订有限公司
经 销:全国新华书店
开 本:185mm×260mm 印 张:21 字 数:511千字
版 次:2014年9月第1版   印 次:2016年4月第3次印刷
印 数:3501~5000
定 价:34.50元

产品编号:049856-01

出 版 说 明

　　随着我国高等教育规模的扩大以及产业结构调整的进一步完善，社会对高层次应用型人才的需求将更加迫切。各地高校紧密结合地方经济建设发展需要，科学运用市场调节机制，合理调整和配置教育资源，在改革和改造传统学科专业的基础上，加强工程型和应用型学科专业建设，积极设置主要面向地方支柱产业、高新技术产业、服务业的工程型和应用型学科专业，积极为地方经济建设输送各类应用型人才。各高校加大了使用信息科学等现代科学技术提升、改造传统学科专业的力度，从而实现传统学科专业向工程型和应用型学科专业的发展与转变。在发挥传统学科专业师资力量强、办学经验丰富、教学资源充裕等优势的同时，不断更新教学内容、改革课程体系，使工程型和应用型学科专业教育与经济建设相适应。计算机课程教学在从传统学科向工程型和应用型学科转变中起着至关重要的作用，工程型和应用型学科专业中的计算机课程设置、内容体系和教学手段及方法等也具有不同于传统学科的鲜明特点。

　　为了配合高校工程型和应用型学科专业的建设和发展，急需出版一批内容新、体系新、方法新、手段新的高水平计算机课程教材。目前，工程型和应用型学科专业计算机课程教材的建设工作仍滞后于教学改革的实践，如现有的计算机教材中有不少内容陈旧（依然用传统专业计算机教材代替工程型和应用型学科专业教材），重理论、轻实践，不能满足新的教学计划、课程设置的需要；一些课程的教材可供选择的品种太少；一些基础课的教材虽然品种较多，但低水平重复严重；有些教材内容庞杂，书越编越厚；专业课教材、教学辅助教材及教学参考书短缺，等等，都不利于学生能力的提高和素质的培养。为此，在教育部相关教学指导委员会专家的指导和建议下，清华大学出版社组织出版本系列教材，以满足工程型和应用型学科专业计算机课程教学的需要。本系列教材在规划过程中体现了如下一些基本原则和特点。

　　（1）面向工程型与应用型学科专业，强调计算机在各专业中的应用。教材内容坚持基本理论适度，反映基本理论和原理的综合应用，强调实践和应用环节。

　　（2）反映教学需要，促进教学发展。教材规划以新的工程型和应用型专业目录为依据。教材要适应多样化的教学需要，正确把握教学内容和课程体系的改革方向，在选择教材内容和编写体系时注意体现素质教育、创新能力与实践能力的培养，为学生知识、能力、素质协调发展创造条件。

　　（3）实施精品战略，突出重点，保证质量。规划教材建设仍然把重点放在公共基础课和专业基础课的教材建设上；特别注意选择并安排一部分原来基础比较好的优秀教材或讲义修订再版，逐步形成精品教材；提倡并鼓励编写体现工程型和应用型专业教学内容和课程体系改革成果的教材。

(4) 主张一纲多本,合理配套。基础课和专业基础课教材要配套,同一门课程可以有多本具有不同内容特点的教材。处理好教材统一性与多样化,基本教材与辅助教材,教学参考书,文字教材与软件教材的关系,实现教材系列资源配套。

(5) 依靠专家,择优选用。在制订教材规划时要依靠各课程专家在调查研究本课程教材建设现状的基础上提出规划选题。在落实主编人选时,要引入竞争机制,通过申报、评审确定主编。书稿完成后要认真实行审稿程序,确保出书质量。

繁荣教材出版事业,提高教材质量的关键是教师。建立一支高水平的以老带新的教材编写队伍才能保证教材的编写质量和建设力度,希望有志于教材建设的教师能够加入到我们的编写队伍中来。

21世纪高等学校计算机教育实用规划教材编委会
联系人:魏江江 weijj@tup.tsinghua.edu.cn

前 言

ASP.NET 是 Microsoft 公司推出的 Web 应用程序开发平台,采用 Visual Studio 2010 作为开发工具,以 C# 为开发语言,创建功能丰富和界面友好的 Web 网站。

本书从教学实际出发,合理安排知识结构,从零开始,由浅入深地讲解了 ASP.NET 的基本知识和使用方法,全书共 15 章,主要内容如下。

第 1 章 ASP.NET 概述,简单介绍了如何用 Visual Studio 2010 开发一个网页。

第 2 章网页设计基础知识,介绍了一些 HTML、CSS 和 JavaScript 的简单应用。

第 3 章 C# 语法基础,详细介绍了 C# 的语法、语句、类和对象、接口等。

第 4 章内置对象概述,详细介绍了几个常用的对象,如 Page 对象、Response 对象、Request 对象、Session 对象、Application 对象等,通过案例详细说明了这些对象的属性和方法。

第 5 章 ASP.NET 控件技术与组件开发,通过案例详细说明了控件的属性、事件和方法。

第 6 章数据库,详细介绍了 SQL Server 2008 数据库的建立、数据表的访问、存储过程的实现。

第 7 章 ADO.NET 数据库开发,通过案例详细介绍了如何利用 ADO.NET 对 SQL Server 2008 数据库进行访问,实现对数据库的查询、插入、更新和删除操作。

第 8 章数据绑定,介绍了数据绑定技术,常用的数据源控件,通过案例详细介绍了如何利用数据绑定技术对不同数据库进行访问。

第 9 章数据控件,详细介绍了 GridView 控件、DataList 控件、DetailsView 控件、ListView 控件等,通过案例详细介绍了如何利用数据控件的属性、事件和方法,实现用图表的方式显示数据库中的数据,简单实现对数据的操作。

第 10 章主题和母版页,介绍了主题的作用、母版页的使用,通过案例详细介绍了如何利用主题和母版页高效地设计网页,方便网站的布局和界面的统一。

第 11 章站点导航,介绍了网站地图和常用的导航控件 TreeView 控件、Menu 控件、SiteMapPath 控件,通过案例详细介绍了如何利用网站地图和导航控件,轻松实现导航页面。

第 12 章 AJAX 技术及应用,介绍了 AJAX 技术及其服务器控件,通过案例的方法详细介绍了如何利用 AJAX 服务器控件实现异步传输,页面无刷新的功能。

第 13 章 LINQ 技术,介绍了 LINQ 技术、LINQ 的查询技术和通过 LINQ 技术实现对数据库的访问,通过案例详细说明了如何利用 LINQ 技术实现对 SQL Server 2008 数据库的访问。

第 14 章用户控件，介绍了用户控件技术，实现代码的复用，通过案例介绍了如何利用用户控件实现对数据库中数据的访问，可以简单实现页面的导航功能。

第 15 章教务管理系统，介绍了一个综合案例——教务管理系统，详细说明了如何进行系统分析、数据库设计、详细设计等。

本书由李华主编和统稿。其中：第 1 章由冯云编写；第 2、第 11 章由陈良生编写；第 3 章由唐璐编写；第 4、第 12 章由孙斌编写；第 5、第 13 章由涂斌斌编写；第 6 章由刘天惠编写；第 7～第 9 章由李华编写；第 10、第 14 章由莫晔编写；第 15 章由何友国编写。

在编写本书的过程中参考了相关文献，在此向这些文献的作者表示感谢。此外，书中有个别例子来源于网络，在此对提供网络共享的朋友表示感谢。

由于时间仓促，作者的水平有限，书中难免有不足和遗漏之处，恳请广大读者批评指正。

作者联系邮箱为 li_xin_hua2003@sina.com。

编　者

2014 年 5 月

目 录

第1章 ASP.NET 概述 ……………………………………………………………… 1
1.1 ASP.NET 简介 ……………………………………………………………… 1
1.1.1 区分 ASP.NET 和 C♯ ……………………………………………… 1
1.1.2 ASP.NET 工作原理 ………………………………………………… 2
1.1.3 ASP.NET 页面与 Web 服务器的交互过程 ……………………… 2
1.2 .NET Framework ………………………………………………………… 2
1.2.1 公共语言运行时 …………………………………………………… 3
1.2.2 公共语言规范 ……………………………………………………… 3
1.2.3 中间语言 …………………………………………………………… 3
1.2.4 托管执行过程 ……………………………………………………… 3
1.3 Visual Studio 2010 简介 ………………………………………………… 4
1.3.1 Visual Studio 历史 ………………………………………………… 4
1.3.2 Visual Studio 2010 特点 ………………………………………… 5
1.3.3 安装 Visual Studio 2010 ………………………………………… 5
1.3.4 配置集成开发环境 IDE …………………………………………… 9
1.4 创建 ASP.NET 网站包括的主要文件 ……………………………………… 11
1.5 开发一个简单程序 ………………………………………………………… 11
1.6 解决方案资源管理器 ……………………………………………………… 17
1.7 ASP.NET Development Server 组件 ………………………………… 17
1.8 Visual Studio 的技巧 …………………………………………………… 17
1.8.1 代码区域显示行号 ………………………………………………… 17
1.8.2 选择浏览器 ………………………………………………………… 18
小结 …………………………………………………………………………… 19
习题 …………………………………………………………………………… 19

第2章 网页设计基础知识 …………………………………………………………… 21
2.1 HTML 基础 ……………………………………………………………… 21
2.1.1 HTML 常用标记 …………………………………………………… 21
2.1.2 案例分析 …………………………………………………………… 22
2.2 XHTML …………………………………………………………………… 23

2.3 JavaScript 语言 ... 24
2.4 CSS 样式表 ... 25
2.4.1 静态添加 ... 25
2.4.2 创建独立的 CSS 样式表文件 ... 27
2.4.3 在网页文件中定义 CSS 样式表 ... 31
小结 ... 33
习题 ... 33

第 3 章 C# 语法基础 ... 34
3.1 C# 语言 ... 34
3.2 变量和常量 ... 35
3.2.1 声明变量 ... 35
3.2.2 声明常量 ... 36
3.3 数据类型 ... 36
3.3.1 值类型 ... 37
3.3.2 引用类型 ... 39
3.3.3 类型转换 ... 40
3.4 数据运算 ... 42
3.5 控制语句 ... 44
3.5.1 选择语句 ... 44
3.5.2 循环语句 ... 49
3.5.3 异常处理 ... 52
3.6 类和对象 ... 54
3.6.1 类和对象的概念 ... 54
3.6.2 类的定义 ... 55
3.6.3 类的成员 ... 55
3.6.4 方法中的参数 ... 57
3.6.5 构造函数和析构函数 ... 60
3.6.6 继承 ... 62
3.7 接口 ... 64
3.7.1 创建接口 ... 64
3.7.2 实现接口 ... 64
3.8 委托与事件 ... 66
3.9 命名空间 ... 67
3.9.1 声明命名空间 ... 68
3.9.2 使用命名空间 ... 68
小结 ... 69
习题 ... 69

第4章 内置对象概述 ……………………………………………………………………… 70

4.1 Page 对象 ……………………………………………………………………… 70
4.1.1 Page 对象的常用事件 ……………………………………………………… 70
4.1.2 Page 对象的属性 ………………………………………………………… 72

4.2 Response 对象 …………………………………………………………………… 73
4.2.1 Response 对象的属性 …………………………………………………… 73
4.2.2 Response 对象的方法 …………………………………………………… 73
4.2.3 Response 对象与 JavaScript 的使用 …………………………………… 74

4.3 Server 对象 ……………………………………………………………………… 74
4.3.1 Server 对象的属性 ……………………………………………………… 74
4.3.2 Server 对象的方法 ……………………………………………………… 75
4.3.3 页面间的跳转 …………………………………………………………… 75

4.4 Request 对象 …………………………………………………………………… 76
4.4.1 Request 对象的属性 …………………………………………………… 76
4.4.2 Request 对象的方法 …………………………………………………… 77
4.4.3 获得页面间传送的参数 ………………………………………………… 77
4.4.4 获取客户端的信息 ……………………………………………………… 79

4.5 Session 对象 ……………………………………………………………………… 80
4.5.1 Session 对象的属性 …………………………………………………… 80
4.5.2 Session 对象的方法 …………………………………………………… 81
4.5.3 Session 对象的事件 …………………………………………………… 81
4.5.4 Session 举例 …………………………………………………………… 81

4.6 Application 对象 ………………………………………………………………… 82
4.6.1 Application 对象的属性 ……………………………………………… 82
4.6.2 Application 对象的方法 ……………………………………………… 82
4.6.3 Application 对象的事件 ……………………………………………… 83
4.6.4 全局配置文件 Global.asax …………………………………………… 83
4.6.5 设计访问人数的程序 …………………………………………………… 84

4.7 Cookie 对象 ……………………………………………………………………… 85
4.7.1 Cookie 对象的属性 …………………………………………………… 85
4.7.2 Cookie 对象的方法 …………………………………………………… 85
4.7.3 Cookie 对象事例 ……………………………………………………… 85

小结 ……………………………………………………………………………………… 87

习题 ……………………………………………………………………………………… 87

第5章 ASP.NET 控件技术与组件开发 ………………………………………………… 89

5.1 服务器控件 ……………………………………………………………………… 89
5.2 ASP.NET 常用控件介绍 ………………………………………………………… 89

5.2.1 标签控件 Label ··················· 90
5.2.2 文本框控件 TextBox ··················· 93
5.2.3 Button 控件 ··················· 95
5.2.4 单选按钮控件 RadioButton ··················· 96
5.2.5 复选框控件 CheckBox ··················· 98
5.2.6 组框控件 Panel ··················· 101
5.2.7 列表框控件 ListBox ··················· 102
5.2.8 列表框控件 CheckBoxList ··················· 104
5.2.9 超链接控件 HyperLink ··················· 105
5.2.10 文件上传控件 FileUpload ··················· 107
5.2.11 DropDownList 控件 ··················· 110
5.2.12 Table 控件 ··················· 110
5.2.13 Image 控件 ··················· 111
5.2.14 ImageButton 控件 ··················· 112
5.2.15 ImageMap 控件 ··················· 113
5.3 数据验证控件 ··················· 115
5.3.1 必需验证控件 RequiredFieldValidator ··················· 116
5.3.2 比较验证控件 CompareValidator ··················· 116
5.3.3 范围验证控件 RangeValidator ··················· 117
5.3.4 正则表达式验证控件 RegularExpressionValidator ··················· 118
5.3.5 自定义验证控件 CustomValidator ··················· 118
5.3.6 验证汇总控件 ValidationSummary ··················· 119
5.3.7 数据验证控件案例 ··················· 119
5.4 其他控件简介 ··················· 123
5.4.1 MaskedTextBox 控件 ··················· 123
5.4.2 UpdatePanel 控件 ··················· 125
5.4.3 MonthCalendar 控件 ··················· 127
5.4.4 DateTimePicker 控件 ··················· 128
小结 ··················· 129
习题 ··················· 129

第6章 数据库 ··················· 131

6.1 SQL Server 2008 简单介绍 ··················· 131
6.2 SQL Server 2008 管理数据库 ··················· 132
6.2.1 图形化创建数据库 ··················· 132
6.2.2 语句创建数据库 ··················· 133
6.2.3 图形化创建表 ··················· 134
6.2.4 语句创建表 ··················· 136
6.2.5 对表中数据的操作 ··················· 137

6.3 存储过程 …………………………………………………………… 137
6.4 添加 AdventureWorksDW 2008 数据库 …………………………… 140
小结 …………………………………………………………………… 142
习题 …………………………………………………………………… 142

第 7 章 ADO.NET 数据库开发 …………………………………………… 144

7.1 ADO.NET 简介 ……………………………………………………… 144
7.2 ADO.NET 命名空间 ………………………………………………… 145
7.3 SqlConnection 对象 ………………………………………………… 146
    7.3.1 SqlConnection 对象的属性 ………………………………… 146
    7.3.2 对 SqlConnection 对象资源的释放 ………………………… 147
    7.3.3 SqlConnection 对象的方法 ………………………………… 149
    7.3.4 关闭和释放连接 ……………………………………………… 150
7.4 web.config 文件介绍 ………………………………………………… 150
    7.4.1 使用 web.config 保存连接字符串 …………………………… 150
    7.4.2 web.config 实例 ……………………………………………… 150
7.5 SqlCommand 对象 …………………………………………………… 151
    7.5.1 SqlCommand 对象的创建 …………………………………… 152
    7.5.2 SqlCommand 对象的属性 …………………………………… 152
    7.5.3 SqlCommand 对象的方法 …………………………………… 153
    7.5.4 SqlCommand 对象实例 ……………………………………… 153
7.6 SqlDataReader 对象 ………………………………………………… 154
    7.6.1 SqlDataReader 的属性 ……………………………………… 154
    7.6.2 SqlDataReader 的方法 ……………………………………… 154
    7.6.3 SqlDataReader 对象的使用步骤 …………………………… 155
    7.6.4 SqlDataReader 对象实例 …………………………………… 155
7.7 SqlDataAdapter 对象和 DataSet 对象 ……………………………… 156
    7.7.1 SqlDataAdapter 对象 ………………………………………… 156
    7.7.2 DataSet 对象 ………………………………………………… 157
    7.7.3 DataTable 对象 ……………………………………………… 158
    7.7.4 SqlDataAdapter 对象实例 …………………………………… 158
7.8 ADO.NET 的实例 …………………………………………………… 160
    7.8.1 简单数据查询 ………………………………………………… 160
    7.8.2 存储过程实现数据查询 ……………………………………… 161
    7.8.3 复杂的数据操作 ……………………………………………… 164
    7.8.4 登录界面的设计 ……………………………………………… 166
小结 …………………………………………………………………… 168
习题 …………………………………………………………………… 168

第 8 章 数据绑定 170

8.1 数据绑定简述 170
8.1.1 单值绑定 170
8.1.2 多值绑定 171
8.2 数据源控件 173
8.2.1 SqlDataSource 控件 173
8.2.2 AccessDataSource 控件 178
小结 182
习题 182

第 9 章 数据控件 183

9.1 数据控件的介绍 183
9.2 GridView 控件 184
9.2.1 GridView 的 DataKeyNames 和 DataKeys 属性 185
9.2.2 定制 GridView 的列 186
9.2.3 GridView 控件的更新和删除功能 188
9.3 DataList 控件 193
9.3.1 DataList 控件的模板 193
9.3.2 DataList 控件的样式 193
9.3.3 DataList 控件的 DataKeysField 和 DataKeys 属性 194
9.3.4 DataList 控件的事件 194
9.3.5 自定义模板显示数据 195
9.3.6 DataList 控件的分页功能 197
9.3.7 DataList 控件的更新和删除功能 201
9.4 DetailsView 控件 206
9.5 ListView 控件 208
9.6 DataPager 控件 212
9.7 案例分析 213
小结 218
习题 218

第 10 章 主题和母版页 220

10.1 主题 220
10.1.1 主题的组成 220
10.1.2 主题的应用范围 220
10.1.3 主题的案例分析 221
10.1.4 主题 SkinID 的应用 223
10.2 母版页 223

10.3 案例分析	228
小结	229
习题	229

第 11 章 站点导航 … 231

11.1 站点地图	231
11.2 TreeView 控件	232
11.3 Menu 控件	235
11.4 SiteMapPath 控件	238
小结	239
习题	239

第 12 章 AJAX 技术及应用 … 241

12.1 AJAX 技术	241
12.2 AJAX 的工作原理	241
12.3 AJAX 的优点	241
12.4 AJAX 的服务器控件	241
12.4.1 ScriptManager 控件	242
12.4.2 UpdatePanel 控件	242
12.4.3 Timer 控件	243
12.5 案例分析	243
12.5.1 UpdatePanel 控件的应用	243
12.5.2 UpdatePanel 控件的更新应用	245
12.5.3 UpdatePanel 控件的部分应用	245
小结	246
习题	247

第 13 章 LINQ 技术 … 248

13.1 LINQ 概述	248
13.2 LINQ 查询基础	248
13.2.1 隐式类型变量	249
13.2.2 LINQ 基本查询	249
13.2.3 LINQ 查询案例分析	250
13.3 LINQ 到 ADO.NET	253
13.3.1 LINQ 到 SQL 基础	253
13.3.2 数据库对象模型	253
13.3.3 数据库实体类设计	254
13.3.4 查询 Course 表的信息	256
13.3.5 插入 Course 表的数据	257

13.3.6　更新 Course 表的数据 259
　　13.3.7　删除 Course 表的数据 262
13.4　LinqDataSource 控件 263
　　13.4.1　控件的工作特点 264
　　13.4.2　LinqDataSource 控件案例分析 264
13.5　案例分析 267
小结 269
习题 269

第 14 章　用户控件 272

14.1　用户控件概述 272
14.2　用户控件的应用 272
14.3　案例分析 277
　　14.3.1　实现对表 Course 的插入操作 277
　　14.3.2　实现对表 Course 的更新操作 278
　　14.3.3　实现对表 Course 的删除操作 279
小结 281
习题 281

第 15 章　教务管理系统 283

15.1　教务系统设计的目的 283
15.2　需求分析 283
15.3　系统功能 283
15.4　数据库设计 284
15.5　详细设计 288
　　15.5.1　文件结构 288
　　15.5.2　命名规则 288
　　15.5.3　App_Code 类文件说明 288
　　15.5.4　模块设计 306
　　15.5.5　登录界面 307
　　15.5.6　学生用户主界面 307
　　15.5.7　学生课表查询 308
　　15.5.8　教师用户主界面 311
　　15.5.9　教师提交学生成绩 312
　　15.5.10　管理员后台主界面 314
　　15.5.11　管理员增加教务信息和上传文件 315
　　15.5.12　附加 SQL Server 2008 数据库 316
　　15.5.13　部分运行界面 318

参考文献 320

第1章　ASP.NET 概述

ASP.NET 4.0 是微软公司为迎接网络时代的来临而设计提出的一个 Web 开发模型，它是建立在公共语言运行库上的编程框架。基于.NET Framework 4.0，微软发布了 ASP.NET 4.0，它提供了新的功能，扩展了 ASP.NET AJAX、LINQ 数据源控件等。

本章主要内容：
- ASP.NET 和.NET 框架简介；
- Visual Studio 2010 开发环境；
- 建立一个简单应用程序。

1.1　ASP.NET 简介

Microsoft Active Server Pages(ASP)，译为"活动服务器页面"。它是服务器端脚本编写环境，使用它可以创建和运行动态、交互的 Web 服务器应用程序。使用 ASP 可以组合 HTML 页、脚本命令和 ActiveX 组件以创建交互的 Web 页和基于 Web 的功能强大的应用程序。但由于 ASP 程序和网页的 HTML 混合在一起，这就使得程序看上去比较混乱，在开发过程中容易产生问题。同时，ASP 页面是由脚本语言解释执行的，使得其速度受到影响。

鉴于此，微软推出了 ASP.NET，它是新一代 Active Server Pages 脚本语言。在许多方面，ASP.NET 与 ASP 都有着本质的不同。ASP.NET 完全基于模块与组件，具有更好的可扩展性与可定制性；ASP.NET 是编译执行的，与 ASP 相比工作效率更高；它提供了很好的可重用性，并且对于实现同样的功能比使用 ASP 的代码量要小得多。另外，ASP.NET 采用全新的编程环境。正是这些新特性，让 ASP.NET 远远超越了 ASP，同时也具有更好的灵活性，有效缩短了 Web 应用程序的开发周期。

1.1.1　区分 ASP.NET 和 C#

ASP.NET：用于创建动态 Web 页面的服务器技术，允许使用由.NET 支持的任何一种功能完善的编程语言。

C#：本书选用的编程语言，用于在 ASP.NET 中编写代码。

ASP.NET 是一门技术而不是一种语言，ASP.NET 页面可以通过许多编程语言访问，如利用 C# 创建 Web 页面，利用 ASP.NET 来驱动它。总之，ASP.NET 是服务器端技术，它允许用户利用功能完善的编程语言创建自己的 Web 页面。

之所以选择 C#，是因为它对于初学者来说是最为简单的，而且它可以完成其他.NET 语言能够完成的大多数功能。另外，选择 C# 的另一个重要的原因是它随 ASP.NET 免费提供。

1.1.2 ASP.NET 工作原理

在多数场合下,可以将 ASP.NET 页面简单地看成一般的 HTML 页面,页面包含标记有特殊处理方式的一些代码段。当安装.NET 时,本地的 IIS Web 服务器自动配置成查找扩展名为 aspx 的文件,且用 ASP.NET 模块(名为 aspnet_isapi.dll 的文件)处理这些文件。

从技术上讲,ASP.NET 模块分析 aspx 文件的内容,并将文件内容分解成单独的命令以建立代码的整体结构。完成此工作后,ASP.NET 模块将各命令放置到预定义的类定义中(不需要放在一起,也不需要按编写顺序放置)。然后使用这个类定义一个特殊的 ASP.NET 对象 Page。该对象要完成的任务之一就是生成 HTML 流,这些 HTML 流可以返回到 IIS,再从 IIS 返回到客户。简言之,在用户请求 IIS 服务器提供一个页面时,IIS 服务器就根据页面上的文本、HTML 和代码建立该页面。

1.1.3 ASP.NET 页面与 Web 服务器的交互过程

用户请求 ASP.NET 网页时,将创建该页的新实例。该页执行其处理,将标记呈现到浏览器,然后该页被丢弃。如果用户单击按钮以执行回发,将创建该页的新实例;该页执行其处理,然后再次被丢弃。这样,每个回发和往返行程都会导致生成该页的一个新实例。

(1) 用户请求页面。使用 HTTP GET 方法请求页面。页面第一次运行,执行初步处理。
(2) 页面将标记动态呈现到浏览器。
(3) 用户输入信息或从可用选项中进行选择,然后单击按钮。
(4) 页面发送到 Web 服务器。浏览器执行 HTTP POST 方法,页面发送回其自身。
(5) 在 Web 服务器上,该页再次运行。并且可在页上使用用户输入或选择的信息。
(6) 页面执行通过编程所要实行的操作。
(7) 页面将其自身呈现回浏览器。

1.2 .NET Framework

ASP.NET 是作为.NET Framework 的一部分提供给用户的。Microsoft 发布的.NET Framework 简称.NET,是支持生成和运行下一代应用程序和 Web 服务的内部 Windows 组件,它提供了托管执行环境、简化的开发和部署以及与各种编程语言的集成。

.NET Framework 主要有两个组件:公共语言运行库和.NET Framework 类库。

公共语言运行库是.NET Framework 的基础,可以将运行库看作一个在执行时管理代码的代理,它提供内存管理、线程管理和远程处理等核心服务,并且还强制实施严格的类型安全以及可提高安全性和可靠性的其他形式的代码准确性。以运行库为目标的代码称为托管代码,而不以运行库为目标的代码称为非托管代码。

.NET Framework 的另一个主要组件是类库,它是一个综合性的面向对象的可重用类型集合,可以使用它开发多种应用程序,这些应用程序既包括传统的命令行或图形用户界面(GUI)应用程序,也包括基于 ASP.NET 所提供的最新创新的应用程序(如 Web 窗体、XML 和 Web Services)。.NET 应用程序都可以使用这些类库进行开发。

如图 1-1 所示的.NET Framework 4.0 平台显示了公共语言运行时和类库与应用程序以及与整个系统之间的关系。

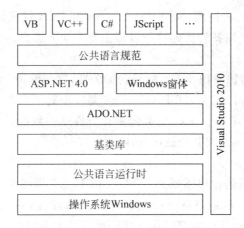

图 1-1 .NET Framework 4.0 平台

从图 1-1 中可以看出，.NET 安装在 Windows 之上，支持如 C♯、VB.NET、VC++.NET 等开发语言，也就是所谓的跨语言开发。

1.2.1 公共语言运行时

图 1-1 中的公共语言运行时通常写成 CLR(Common Language Runtime)。CLR 是所有 .NET 应用程序运行时的环境，是所有 .NET 应用程序都要使用的编程基础。

1.2.2 公共语言规范

公共语言规范(Common Language Specification, CLS)是公共类型系统的子集，它们共同定义了允许不同编程语言的标准集，由这些编程语言编写的应用程序可以互操作。

1.2.3 中间语言

使用 .NET 语言开发的任何应用程序在执行之前都会编译为目标计算机能够理解的语言，即本机代码，在 .NET Framework 下这个过程分为两个阶段。由于 CPU 体系结构的不同，首先把应用程序编译成一种称为中间语言(Microsoft Intermediate Language, MSIL)的独立于硬件的格式，当用户执行应用程序时，就会把中间语言优化为特定 CPU 的中间语言。

1.2.4 托管执行过程

CLR 执行的代码称为托管代码(Managed Code)，它的作用之一就是防止一个应用程序干扰另一个应用程序的运行，这个过程称为类型安全性(Type Safety)。使用类型安全的托管代码，一个应用程序就不会覆盖另一个应用程序分配的内存。C♯开发的应用程序的执行有 CLR 控制，可以被视为托管代码。创建托管代码的方法如下。

(1) 选择一个合适的编译器，它能够生成适合 CLR 执行的代码，并且使用 .NET Framework 提供的资源。

(2) 把应用程序编译为独立于机器的中间语言。

(3) 在执行时，必须把中间语言转换为本机可执行文件。本机可执行文件可以在目标 CPU 上执行。这个过程称为 Just-In-Time(JIT) 编译。

(4) 应用程序执行时,会调用.NET Framework 和 CLR 提供的资源。

.NET Framework 使用托管代码执行过程主要有如下优点。

1. 平台无关性

编译为中间语言就可以获得.NET 的平台无关性,这与编译 Java 字节码就会得到 Java 平台无关性是一样的。所以说,.NET Framework 是一个跨平台的平台。这虽然有些绕口,但这与微软所许诺的.NET Framework 的跨平台特性是一致的。事实上,现在已经可以看到应用于 PDA 手持设备的.NET Framework。

2. 提高性能

MSIL 比 Java 字节码的作用还要大。因为 MSIL 总是即时编译的,而 Java 字节码常常是解释的。JET 编译器并不是把整个应用程序一次编译完,而只是编译调用的那部分代码。代码编译过一次后,得到的内部可执行代码就存储起来,直到退出该应用程序为止,这样下次再运行这部分代码时就不需要重新编译了。

3. 语言的互操作性

使用 MSIL 不仅支持平台无关性,还支持语言的互操作性。简言之,就是编译好的不同语言的中间代码之间可以进行交换操作。

1.3 Visual Studio 2010 简介

Visual Studio 是目前最流行的 Windows 平台应用程序开发环境,支持新的.NET Framework 4.0 版本。

1.3.1 Visual Studio 历史

1992 年,微软在原有 C++开发工具 Microsoft C/C++ 7.0 的基础上,开创性地引进了 MFC(Microsoft Foundation Classes)库,完善了源代码,发布了 Microsoft C/C++ 8.0,也就是 Visual C++ 1.0。Visual C++ 1.0 是真正意义上的 Windows IDE,这也是 Visual Studio 的最初原型,其将软件开发带入可视化开发时代。

1997 年,微软发布了 Visual Studio 97。包含面向 Windows 开发使用的 Visual Basic 5.0、Visual C++ 5.0,面向 Java 开发的 Visual J++和面向数据库开发的 Visual FoxPro,还包含创建 DHTML(Dynamic HTML)所需要的 Visual InterDev。其中,Visual Basic 和 Visual FoxPro 使用单独的开发环境,其他的开发语言使用统一的开发环境。

1998 年,微软发布了 Visual Studio 6.0。所有开发语言的开发环境版本均升至 6.0。这也是 Visual Basic 最后一次发布,从下一个版本(7.0)开始,Microsoft Basic 进化成了一种新的面向对象的语言 Microsoft Basic .NET。

2002 年,随着.NET 口号的提出与 Windows XP/Office XP 的发布,微软发布了 Visual Studio .NET(内部版本号为 7.0)。在这个版本的 Visual Studio 中,微软剥离了 Visual FoxPro 作为一个单独的开发环境以 Visual FoxPro 7.0 单独销售,同时取消了 Visual InterDev。与此同时,微软引入了建立在 .NET 框架上(版本 1.0)的托管代码机制以及一门新的语言 C#(读作 C Sharp)。C#是一门建立在 C++和 Java 基础上的现代语言,是编写 .NET 框架的语言。.NET 的通用语言框架机制(Common Language Runtime,CLR),

目的是在同一个项目中支持不同的语言所开发的组件。所有 CLR 支持的代码都会被解释成为 CLR 可执行的机器代码然后运行。

2003 年，微软对 Visual Studio 2002 进行了部分修订，以 Visual Studio 2003 的名义发布(内部版本号为 7.1)。Visio 作为使用统一建模语言(UML)架构应用程序框架的程序被引入，同时被引入的还包括移动设备支持和企业模板。.NET 框架也升级到了 1.1。

2005 年，微软发布了 Visual Studio 2005。.NET 字眼从各种语言的名字中被抹去，但是这个版本的 Visual Studio 仍然还是面向 .NET 框架的(版本 2.0)。

2007 年 11 月，微软发布了 Visual Studio 2008。

2010 年 4 月 12 日，微软发布了 Visual Studio 2010 以及 .NET Framework 4.0。

1.3.2　Visual Studio 2010 特点

(1) 支持 Windows Azure，微软云计算架构，迈入重要里程碑。
(2) 助力移动与嵌入式装置开发，三屏一云商机无限。
(3) 实践当前最热门的 Agile/Scrum 开发方法，强化团队竞争力。
(4) 升级的软件测试功能及工具，为软件质量严格把关。
(5) 搭配 Windows 7，Silverlight 4 与 Office，发挥多核并行运算威力。
(6) 创建美感与效能并重的新一代软件。
(7) 增强 IDE，切实提高程序开发效率。

1.3.3　安装 Visual Studio 2010

要利用 Visual Studio 2010 开发 ASP.NET Web 应用程序，必须首先安装 Visual Studio 2010 开发环境。下面介绍安装 Visual Studio 2010 的具体步骤。

(1) 单击 Visual Studio 2010 的安装应用程序 Setup.exe，弹出"Microsoft Visual Studio 2010 安装程序"窗口，如图 1-2 所示。对话框中显示了"安装 Microsoft Visual Studio 2010"和"检查 Service Release"两个选项，其中只有"安装 Microsoft Visual Studio 2010"选项可用。

图 1-2　安装 Visual Studio 2010

(2) 单击"安装 Microsoft Visual Studio 2010"选项，弹出"Microsoft Visual Studio 2010 旗舰版"窗口，如图 1-3 所示，单击"下一步"按钮继续安装。如图 1-4 所示，此时安装程序正在加载安装组件。

图 1-3　安装 Visual Studio 2010 的向导(一)

图 1-4　安装 Visual Studio 2010 的向导(二)

(3) 单击"下一步"按钮,进入"Microsoft Visual Studio 2010 旗舰版安装程序—起始页"界面,如图 1-5 所示。选择"我已阅读并接受许可条款"单选按钮,单击"下一步"按钮,进入"Microsoft Visual Studio 2010 安装程序—选项页"窗口,如图 1-6 所示。

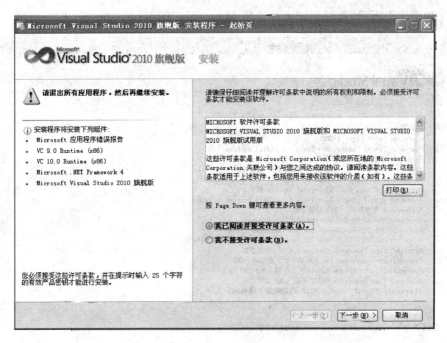

图 1-5 安装 Visual Studio 2010 接受许可条款

（4）在如图 1-6 所示的窗口中可以选择要安装的功能，包括"完全"安装和"自定义"安装两个选项。而且可以选择产品的安装路径。建议读者初次安装时选择"完全"单选按钮，这样比较简单。单击"安装"按钮，进入"Microsoft Visual Studio 2010 旗舰版安装程序—安装页"界面。

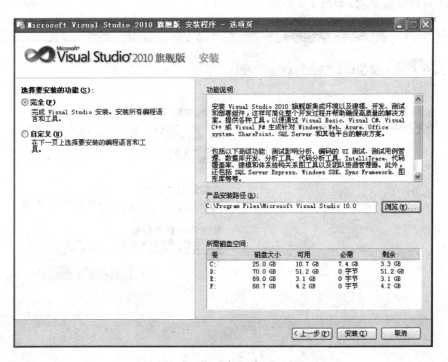

图 1-6 安装 Visual Studio 2010 的安装路径

（5）如图 1-7 所示，此时系统正在安装 Microsoft Visual Studio 2010。

图 1-7　安装 Visual Studio 2010 的过程

（6）最后安装成功，如图 1-8 所示。

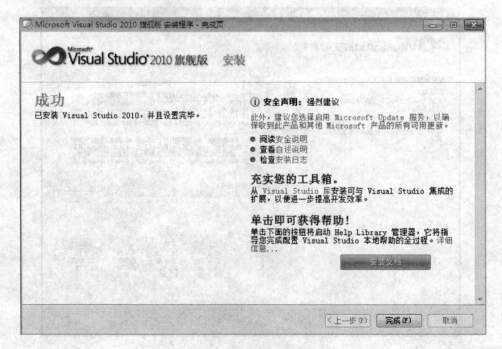

图 1-8　Visual Studio 安装完毕

1.3.4 配置集成开发环境 IDE

(1) 初次使用 Visual Studio 2010 时，会出现"选择默认环境设置"对话框，在其中选择"Visual C# 开发设置"，单击"启动 Visual Studio"按钮，进入 Visual Studio 2010 开发环境，如图 1-9 所示。

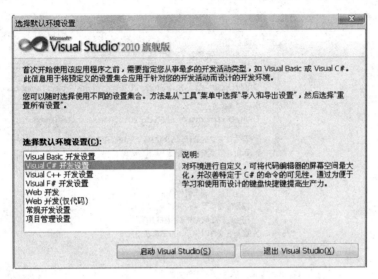

图 1-9 选择 Visual C# 开发设置

(2) 进入 Visual Studio 2010 后，在菜单栏中选择"工具"|"选项"命令，弹出"选项"对话框，在此可以配置"环境"、"项目和解决方案"和"源代码管理"等多个选项。选择"环境"选项，如图 1-10 所示，可以配置窗口布局、最近的文件等属性。

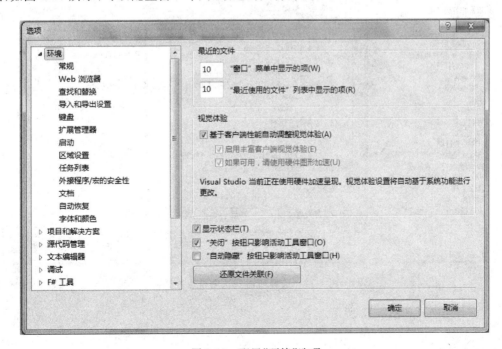

图 1-10 配置"环境"选项

（3）选择"项目和解决方案"选项，如图 1-11 所示，可以配置 Visual Studio 项目位置、Visual Studio 用户项目模板位置、Visual Studio 用户项模板位置等属性。例如，要将新建的项目统一放到 D:\asp.net 下，那么应单击"项目位置"后的浏览按钮找到 D:\asp.net，单击"项目位置"对话框中的"确定"按钮，最后单击"选项"对话框中的"确定"按钮使设置生效，如图 1-12 所示。此后新建项目时的默认路径为 D:\asp.net。

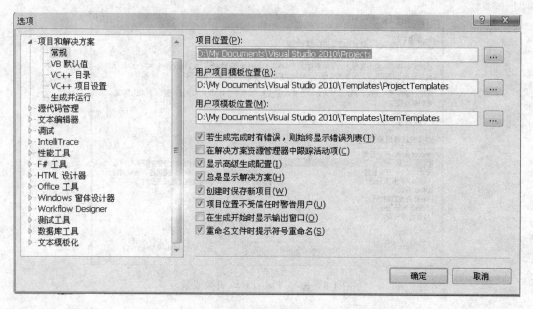

图 1-11　配置"项目和解决方案"选项

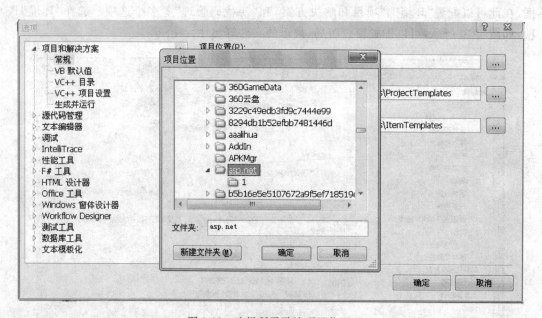

图 1-12　选择所需默认项目位置

（4）新建网页如图 1-13 所示。

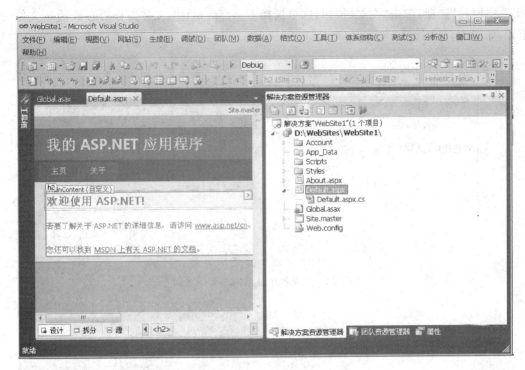

图 1-13　新建网页

1.4　创建 ASP.NET 网站包括的主要文件

1. 一个或多个扩展名为 aspx 的网页文件

网页文件也称为 Web 窗体，一个 ASP.NET 网站由多个 aspx 文件组成。

2. 一个 web.config 配置文件

web.config 是一个基于 XML 的配置文件，对于 ASP.NET 网站进行统一的配置，如客户端的认证方式、数据库的连接、远程处理等，在网站所覆盖的范围内自动生效。

3. App_Code 和 App_Data 的专用目录

ASP.NET 允许向网站中添加一些具有特定用途的目录，如 App_Code 和 App_Data，App_Code 用来存放网站中所有网页都可以使用的共享文件，如将类文件存放在这里，可被所有网页调用。App_Data 存放数据库文件，将一些专用的数据库文件放在该目录下。

1.5　开发一个简单程序

为帮助读者快速掌握 ASP.NET(C#)的开发过程，这里讲解一个简单的实例。

【例 1-1】　显示一个 Web 页面，其中包括三个标签和一个按钮。第一个标签显示欢迎语句，当单击按钮时，第二个标签显示当前系统时间，第三个标签显示"我们有信心学好 Visual Studio 2010！"，如图 1-14 所示。

1. 创建 ASP.NET Web 网站

(1) 在起始页中单击"新建"|"网站"菜单，弹出"新建网站"对话框。选择其中的"ASP.

NET 空网站"选项,单击"浏览"按钮,这里选择 D:\asp.net\1 文件夹作为存放网站文件的位置,如图 1-15 和图 1-16 所示。

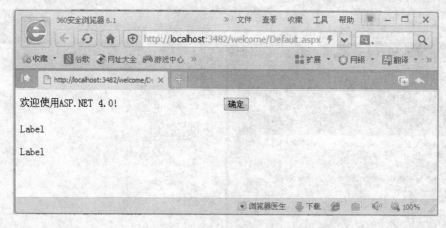

图 1-14 浏览器中显示网站起始页面

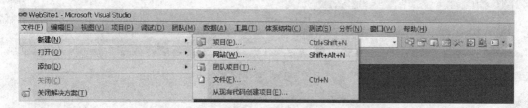

图 1-15 新建网站步骤(一)

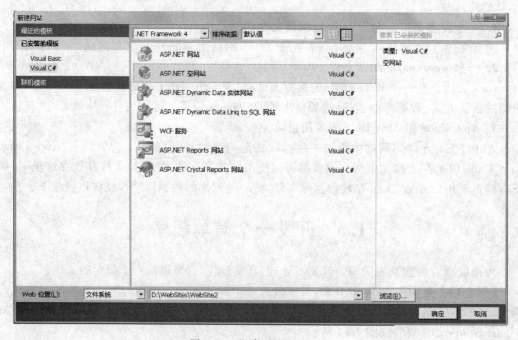

图 1-16 新建网站步骤(二)

(2) 单击图 1-16 中的"确定"按钮将生成新网站，在开发环境右侧出现"解决方案资源管理器"面板，该面板显示当前网站名称、所在位置，并以树形结构显示网站中包含的文件。可见在网站中已自动创建了一个 web.config 文件，如图 1-17 所示。

2. 为网站添加新项

(1) 鼠标右键单击网站选择快捷菜单中的"添加新项"选项，如图 1-18 所示。在弹出的"添加新项"对话框中选择"Web 窗体"，使用默认名称 Default.aspx 作为文件名，单击"添加"按钮，如图 1-19 所示。

图 1-17　解决方案资源管理器

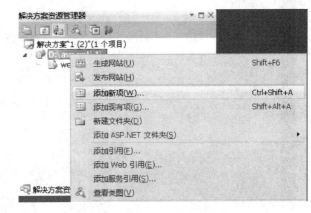

图 1-18　为网站添加新项

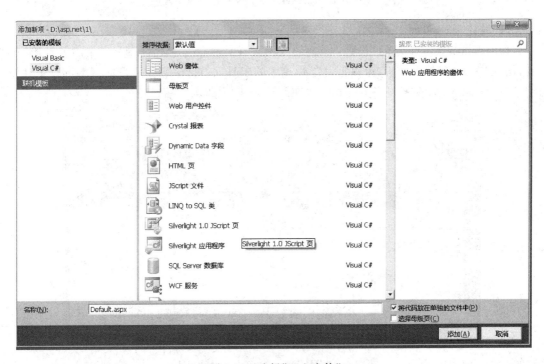

图 1-19　选择"Web 窗体"

(2) 这样就在网站中添加了一个 ASP.NET 文件 Default.aspx 和一个 C# 文件 Default.aspx.cs，在解决方案资源管理器中双击文件名，在设计窗口中将显示对应的文件内容，如图1-20所示。当前显示的内容为Visual Studio 2010提供的默认文件内容，可以根据编程需要对其进行修改。

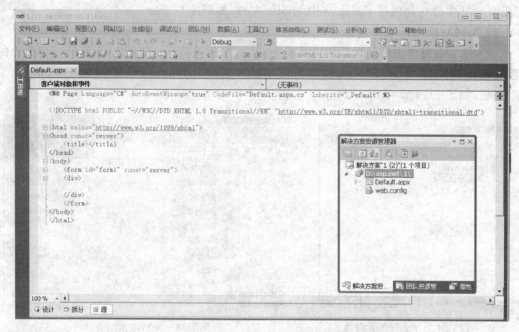

图1-20　添加ASP.NET默认文件后的显示效果

3. 设计Web页面

（1）单击界面左下角的"设计"标签进入网页设计视图。单击工具栏上的"工具箱"工具，出现"工具箱"浮动面板，可以拖动工具箱中的工具到设计区域完成设计。本例题中共使用了三个Label（标签）和一个Button（按钮），如图1-21所示。

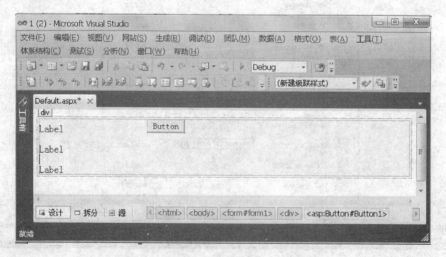

图1-21　设计Default.aspx的设计视图

（2）鼠标右键选择Label1，选择快捷菜单中的"属性"选项，打开"属性"面板，在面板中设置Label1的Text属性为"欢迎使用ASP.NET 4.0！"，这样在设计视图上可以看到

Label1 的显示文本变为"欢迎使用 ASP.NET 4.0!"。用同样的方法可以设置按钮的显示文字为"确定",Label2 和 Label3 的显示文字为默认值"Label"不变,如图 1-22 所示。

图 1-22　设计 Default.aspx 的属性

4. 设计 C#应用程序

双击 Default.aspx 的设计视图中的"确定"按钮,自动跳转到 Default.aspx.cs 文件的设计区域,而且光标自动定位到 protected void Button1_Click(object sender, EventArgs e)方法,在该方法中填入以下两条语句。

```
Label2.Text = "现在的时间是" + DateTime.Now.ToString();
Label3.Text = "我们有信心学好 Visual Studio 2010!";
```

文件中的其他语句不变,完成 C#应用程序设计。

说明:

此处添加的第一条语句是对 Label2 标签的显示文本进行设置,使其变为"现在的时间是"字符串连接上当前的系统时间一起显示。其中＋号表示两个字符串的连接运算。DateTime.Now.ToString()方法完成将系统时间以字符串形式显示的功能。第二条语句是对 Label3 标签的显示文本进行设置,使其变为"我们有信心学好 Visual Studio 2010!"。在网站运行状态当单击 Button1 按钮时,Button1_Click 方法将自动执行,也就是自动将 Label2 和 Label3 的显示文字按要求改变。单击工具栏上的"全部保存"按钮,将所做修改保存,如图 1-23 所示。

5. 运行网站

(1) 单击"运行"按钮,首先运行如图 1-24 所示的"未启用调试"对话框。

在图 1-24 中,选择第一个单选按钮,系统会将调试符号插入到已编译的网页中,会对网

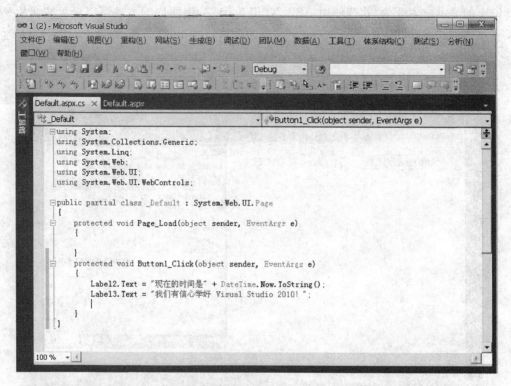

图 1-23 设计 Default.aspx.cs 文件

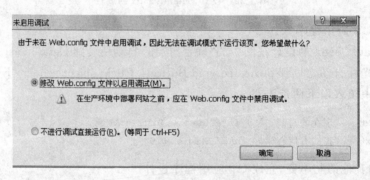

图 1-24 "未启用调试"对话框

站的性能产生一些影响。如关闭调试，在解决方案资源管理器中打开 web.config 文件，将 ＜compilation debug="true"/＞改为＜compilation debug="false"/＞；选择第二个单选按钮，不进行调试直接运行，此后将不再出现"未启用调试"对话框。

（2）运行网站将自动打开浏览器，如图 1-25 所示，此时页面上显示了三个 Label 和一个 Button 控件。

（3）第一次运行网站之后，Visual Studio 2010 就为该网站创建一个虚拟站点，把鼠标指针放置在该站点图标上，即可显示站点的虚拟目录地址，如图 1-26 所示。

（4）双击该地址可以查看该站点的详细信息，如根 URL、端口、虚拟路径等，如图 1-27 所示。

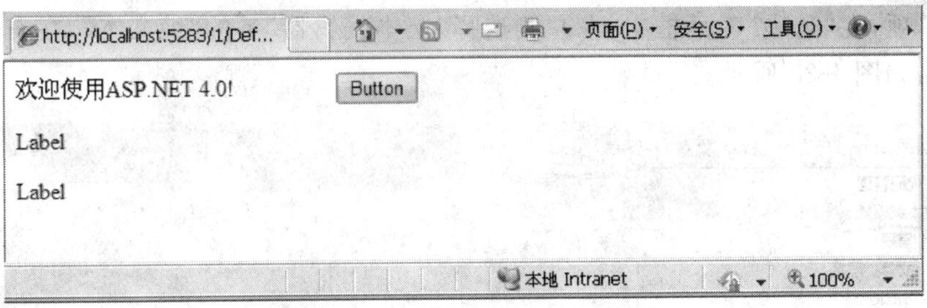

图 1-25 运行 Default.aspx 网页

图 1-26 网站虚拟站点

图 1-27 网站基本信息

1.6 解决方案资源管理器

解决方案资源管理器中提供了解决方案及其项目的状态更新的信息和项目,以便可以同时处理多个项目的分层显示,例如,窗体、源文件和类的显示。

1.7 ASP.NET Development Server 组件

该组件可以使用户的 ASP.NET 网站发布到 Web 服务器之前在本地进行测试,而且不要求在本地的计算机上安装 IIS 服务器。

1.8 Visual Studio 的技巧

在使用 Visual Studio 时,可以事先使用它的一些设置,以方便阅读和编写代码。

1.8.1 代码区域显示行号

在程序编写过程中,经常会遇到提示错误,哪行有错误。方法是在"工具"菜单中选择

"选项"菜单项,在"选项"对话框中,在左侧选择"文本编辑器"下的"纯文本",在右侧选择"行号"复选框,如图 1-28 所示。

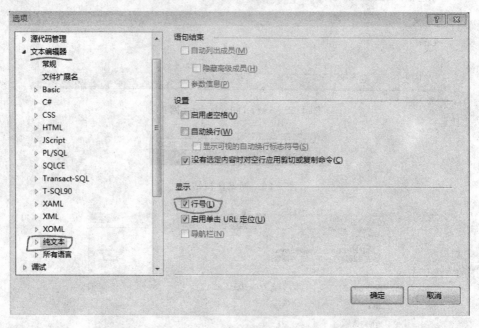

图 1-28 在代码区域显示行号

1.8.2 选择浏览器

现在的浏览器种类很多,在运行 Visual Studio 2010 时,可以指定浏览器。

(1) 在解决方案资源管理器中选中网站,单击鼠标右键,在弹出的菜单中选择"浏览方式"命令,如图 1-29 所示。

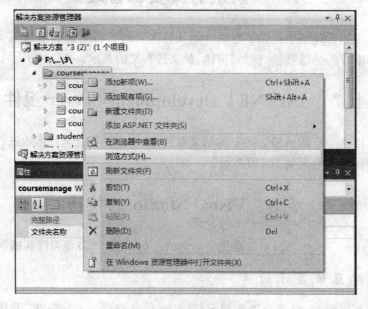

图 1-29 选择"浏览方式"命令

(2) 在"浏览方式"对话框中,选择需要的浏览器,如图 1-30 所示。

图 1-30 选择合适的浏览器

小　　结

本章讲解了 ASP.NET 和 .NET Framework 的基本概念。对 .NET Framework 的跨平台特性进行了分析。使用 Visual Studio 2010 搭建了一个 ASP.NET 应用程序开发环境,并且结合一个具体的实例说明 Web 网站开发的详细过程,对程序中用到的一些关键文件进行了分析。通过本章的学习,应初步认识 Visual Studio 2010 的集成开发环境及相关操作,熟记 Visual Studio 2010 系统开发的具体过程。

习　　题

1. 填空题

(1) .NET Framework 主要包括(　　)和(　　)。

(2) 一个 IIS Web 服务器 IP 地址为 210.78.60.19,网站端口号为 8000,则要访问虚拟目录 xxxy 中 default.aspx 的 URL 为(　　)。

(3) C#使用的类库就是(　　)提供的类库。

(4) URL 的中文意思是(　　)。

2. 选择题

(1) 下面(　　)是静态网页文件的扩展名。

　　A. net　　　　　　B. html　　　　　　C. aspx　　　　　　D. jsp

(2) web.config 文件不能用于(　　)。

　　A. Application 事件定义　　　　　　B. 数据库连接字符串定义

　　C. 对文件夹访问授权　　　　　　　D. 基于角色的安全性控制

(3) 在 .NET 中 CLS(Common Language Specification)的作用是(　　)。
    A. 存储代码　　　　　　　　　　　B. 防止病毒
    C. 源程序跨平台　　　　　　　　　D. 对语言进行规范
(4) 在 ASP.NET 中源程序代码先被生成中间代码(IL 或 MSIL),然后再转变成各个 CPU 需要的代码,其目的是(　　)。
    A. 提高效率　　B. 保证安全　　C. 源程序跨平台　　D. 易识别
(5) 下面哪一个不是网页文件的后缀名？(　　)
    A. .htm　　　　B. .aspx　　　　C. .asp　　　　D. .txt

3. 思考题
为什么说 .NET Framework 是跨平台的平台？

4. 操作题
使用 Visual Studio 2010 开发环境新建一个网站。设计该 Web 页包含两个文本框和一个"显示"按钮。当运行该网站时,在第一个文本框中输入内容,单击"显示"按钮后,在第二个文本框中显示与第一个文本框相同的内容。

第 2 章 网页设计基础知识

在网页设计中,常用的语言有 HTML、XHTML、JavaScript 和 CSS 等,来实现对网页的美化和布局。

本章主要内容:
- HTML 介绍;
- XHTML 介绍;
- JavaScript 语言;
- CSS 样式表的应用。

2.1 HTML 基础

HTML(HyperText Markup Language,超文本标记语言)是用来描述网页文档的。HTML 的标记总是封装在由小于号(<)和大于号(>)构成的一对尖括号之中,以<标记>开始,以</标记>结束。

通常由三对标记来构成一个 HTML 文档的骨架,它们是:

```
< HTML >
    < HEAD >
        < TITLE >头部信息< /TITLE >
    </HEAD >
    < BODY >
    <! -- 注释内容 -->
        文档主体,正文部分
    </BODY >
</HTML >
```

其中,<HTML>在最外层,表示这对标记间的内容是 HTML 文档。<HEAD>之间包括文档的头部信息,如文档总标题等,若不需头部信息则可省略此标记。<BODY>标记一般不省略,表示正文内容的开始。

2.1.1 HTML 常用标记

1. 标题元素

标题元素由标签<h1>到<h6>定义。<h1>定义了最大的标题元素,<h6>定义了最小的标题元素。

< h1 >一级标题</h1 >
< h2 >二级标题</h2 >
< h3 >三级标题</h3 >
< h4 >四级标题</h4 >
< h5 >五级标题</h5 >
< h6 >六级标题</h6 >

HTML 自动在一个标题元素前后各添加一个空行。

2. 段落

段落是用<p>标签定义的，如下：

<p>段落</p>

HTML 自动在一个段落前后各添加一个空行。

3. 换行

当需要结束一行，并且不想开始新段落时，使用
标签。

标签不管放在什么位置，都能够强制换行，
标签是一个空标签，它没有结束标记。

4. HTML 中的注释

注释标签用来在 HTML 源文件中插入注释。注释会被浏览器忽略。对代码进行注释，方便阅读，如下：

<! -- 加入注释 -->

5. Font 属性

对文字的字体和颜色要求用到 Font 属性。

< font face = 黑体 size = 6 color = "red" >欢迎</font >
< font face = 隶书 size = 6 color = "green">学习中</font >

6. 超链接

链接是网页页面中最重要的元素之一，是一个网站的灵魂。

< a href = "url">链接的显示文字</a>
< a href = "http://www.sina.com.cn">新浪网</a>

7. 图像

图像可以将多媒体的信息综合在一起，使显示的信息多姿多彩。

< img src = 图片文件名 width = 图像的宽度 height = 图像的高度 border = 边框高度>
< img src = "http://www.baidu.com/img/bdlogo.gif" width = "270" height = "129" />

2.1.2 案例分析

【例 2-1】 创建一个简单网页

利用 HTML 创建一个欢迎界面 index.html，如图 2-1 所示。

图 2-1　欢迎界面

代码如下：

```
< html >
< head >
<title>这是我的第一个网页</title>
</head>
< body >

< h1 >欢迎</h1 >
<p>学习是一个快乐的事情。</p>
< br >
<p>如果学习中遇到问题,可以上网去找答案。</p>
< br >
< font face = 黑体 size = 5 color = "red" >欢迎使用 MSDN 资源库</font >
< br >
< a href = "http://msdn.microsoft.com/library/" >< font size = 10 >MSDN 资源库</font ></a >

</body >
</html >
```

2.2　XHTML

　　XHTML(Extended Hypertext Markup Language,扩展超媒体标记语言)对大多数 HTML 标签提供了更严格但也更清晰的语法实现,XHTML 中的标记是严格区分大小写的。

　　XHTML 是一种描述 Web 内容的新技术。它通过用户友好的 XML 语法实现了更稳固而且更标准的 HTML。且不论 HTML 和 XHTML 之间所存在的这些差异,大多数用户用到 XHTML 的时候还是很方便的。

一个标准的 XHTML 网页包含一个 DOCTYPE 声明,该声明用于将网页标识为 XHTML 类型。

在用 Visual Studio 创建网页时系统自动添加如下代码:

```
<!DOCTYPE html PUBLIC "-//W3C//DTD XHTML 1.0 Transitional//EN" "http://www.w3.org/TR/xhtml1/DTD/xhtml1-transitional.dtd">
<html xmlns="http://www.w3.org/1999/xhtml">
```

代码的第一部分指明使用的 XHTML 是 XHTML 1.0 Transitional 版本,第二部分包含在<html>标记内,xmlns 是 XML namespace 的缩写,即 XHTML 的命名空间。

2.3 JavaScript 语言

JavaScript 是一种脚本语言,在 ASP.NET 中,服务器端的程序需要一次浏览器与 Web 服务器的交互,一次页面的提交,需要来回传送大量的数据,而很多工作,如输入验证、删除确定、关闭窗口等可以使用 JavaScript 来实现,因此,讨论在 ASP.NET 中使用 JavaScript 仍然很有必要。

JavaScript 在 ASP.NET 中的常用方法。

1. 打开新窗口

格式为:

```
window.open(新的网页)
```

【例 2-2】 在 Default.aspx 网页中打开 Default1.aspx 的网页。

新建网站 JsOpen,建两个网页 Default.aspx,Default1.aspx。在 Default.aspx 网页上放置几个控件。

```
//方法一
Response.Write("<script language=javascript>window.open('Default2.aspx')</script>");
//方法二
Response.Write("<script>window.open('Default2.aspx','_blank');</script>");

//弹出提示窗口跳到 Default2.aspx 页
Response.Write(" <script language=javascript>alert('打开成功');
window.window.location.href='Default2.aspx';</script> ");
```

2. 关闭窗口

格式为:

```
window.close()
```

【例 2-3】 在 Default1.aspx 网页上关闭窗口。

改写例 2-1,在 Default1.aspx 中添加几个控件,实现对窗口的关闭。

```
//关闭当前窗口,并提示用户关闭,yes 关闭,no 退出
  Response.Write(@"<script language='javascript'>window.close();</script>");
  //延迟关闭窗口(下面的代码表示 2s 后关闭,无须确认)
```

```
Response.Write(@"< script language = 'javascript'> setTimeout('self.close()',2000);</script>");
```

3. 弹出提示或警告窗口

```
Response.Write(@"< script language = 'javascript'> alert('添加成功 ');</script>");
```

4. Button 控件添加确认功能

【例 2-4】 在 Default1.aspx 中添加按钮,单击按钮时弹出对话框确定。

```
protected void Page_Load(object sender, EventArgs e)
{
    //要想为服务器控件添加客户端的事件,需要用到 Attributes 属性.Attributes 属性是所有的
    //服务器控件都有的一个属性,它用来为最终生成的 HTML 添加自定义的一些标记.
    Button1.Attributes.Add("onclick", "javascript:return confirm('需要保存吗?')");
    //要注意的是"return"是不可省略的,否则即使用户单击了"取消"按钮,数据仍然会保存.
}
```

2.4 CSS 样式表

使用 CSS 进行 Web 设计有其独特的优势,具有灵活性、呈现性和可访问性的特点。

1. 灵活性

有时布置好页面,完成所有的表格后,还需要一点小小的修改,这种修改让人痛苦,解决的方法是采用 CSS,可以进行集中更改。通过修改样式表,实现对网页的管理。

2. 呈现性

Web 设计的代码越多,浏览器理解页面所花的时间就越长。
在设计中使用 CSS,可减少下载代码的数量。仅减少某些页面中的字体,就可以减少代码的数量,也就意味着页面下载的速度加快。

3. 可访问性

单击页面时,人们往往关心页面中自己感兴趣的内容,而忽略页面顶部的导航和其他内容。
使用 CSS 可以在页面中完整定义不可视元素,使用这些元素快速导航,有效处理文档。
在 ASP.NET 中使用 CSS 大体有三种情况:静态添加,在网页文件中定义 CSS 样式表和创建独立的 CSS 样式表文件。

2.4.1 静态添加

【例 2-5】 定义某项的属性

(1) 新建网站 CSS,建立网页 Default.aspx,在网页需要定义 CSS 的地方,单击鼠标右键选择"属性"命令,如图 2-2 所示。

(2) 在"属性"面板中,在属性 Style 处单击 按钮,如图 2-3 所示。

(3) 修改样式,如图 2-4 所示。

(4) 在 Default.aspx 文件中,相应的代码如下:

```
<p style = "font - family: 宋体; font - size: x - large; font - weight: 200; font - style: normal;
font - variant: normal; text - transform: uppercase; color: #FF00FF">    1.静态添加</p>
```

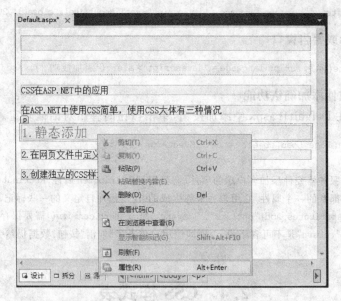

图 2-2 单击鼠标右键选择"属性"命令

图 2-3 Style 属性

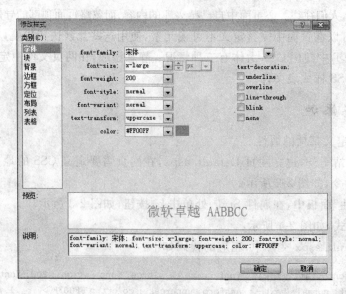

图 2-4 设置样式

(5)在浏览器中浏览的效果如图 2-5 所示。

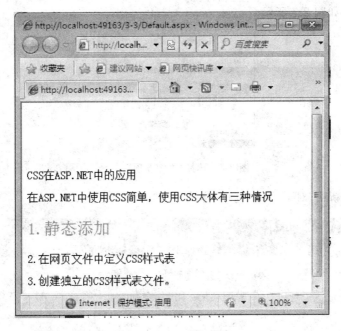

图 2-5 网页浏览界面

2.4.2 创建独立的 CSS 样式表文件

【例 2-6】 定义 CSS 样式表。

先定义一个 CSS 样式表,在网页中使用,运行结果如图 2-6 所示。

图 2-6 设计样式表的运行结果

(1)新建网站,建立网页 Default.aspx,在解决方案资源管理器中在网站上右击选择"添加新项"命令,如图 2-7 所示。

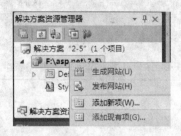

图 2-7 选择"添加新项"命令

(2)在"添加新项"对话框中,选择"样式表",如图 2-8 所示。

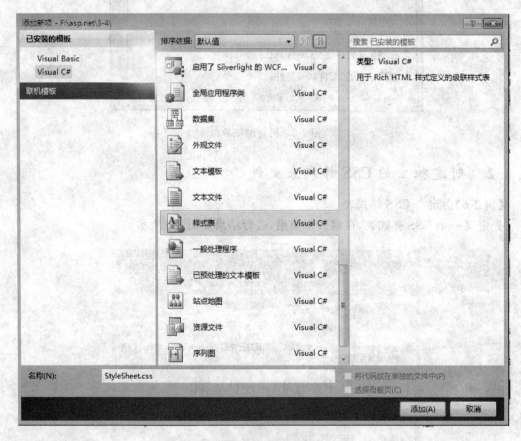

图 2-8 添加样式表

(3)添加样式表后,在页面中有样式表文件,如图 2-9 所示。

(4)在菜单栏中选择"样式"|"添加样式规则"命令,或在如图 2-8 所示的设计界面中单击右键选择"添加样式规则"命令,如图 2-10 所示。

(5)在图 2-10 中将类名设置为 h1。

(6)在 StyleSheet.css 的设计页面中,单击鼠标右键,选择"生成样式"命令,如图 2-11 所示。

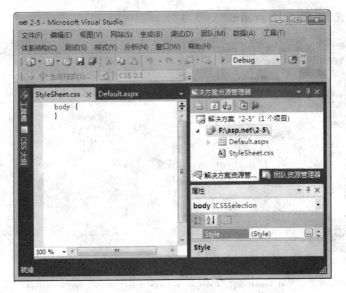

图 2-9 样式表文件

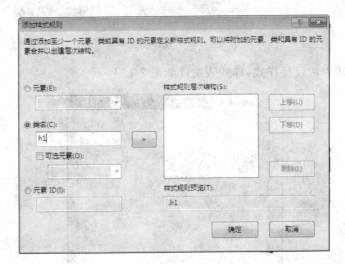

图 2-10 添加样式规格

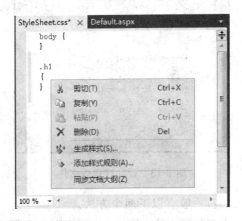

图 2-11 生成样式

(7) 设计样式,如图 2-12 所示。

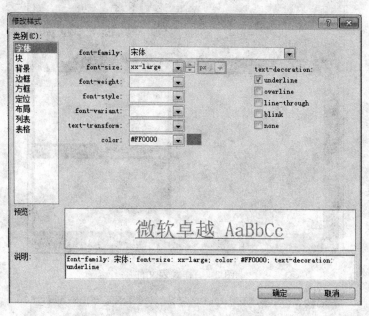

图 2-12 设计样式

(8) 按照上述方法设计样式,样式表文件如图 2-13 所示。

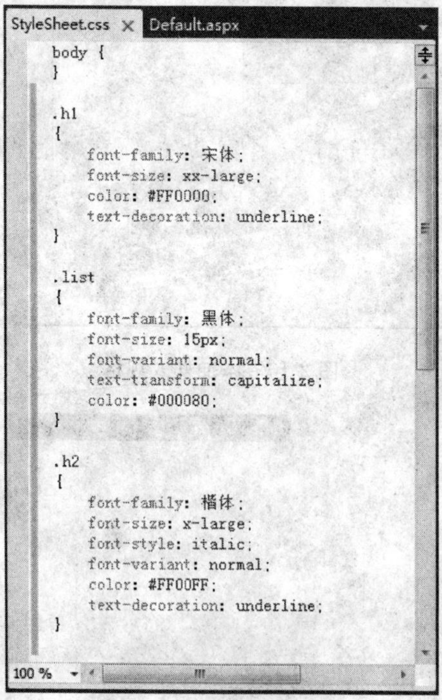

图 2-13 设计样式表文件

(9) 在网页中使用样式表,一般有以下两个方法。

① 将设计完的样式表应用到网页中,在解决方案资源管理器中将样式表文件拖到页面

源视图的<head>和</head>之间,系统自动添加如下的代码。

< link href = "StyleSheet.css"rel = "stylesheet"type = "text/css"/>

② 在 Default.aspx 网页中,选择菜单"格式"|"附加样式表"命令,如图 2-14 所示。

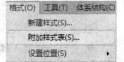

图 2-14　附加样式表

选择合适的样式表,如图 2-15 所示。

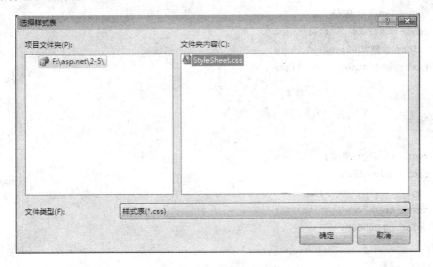

图 2-15　选择样式表文件

2.4.3　在网页文件中定义 CSS 样式表

【例 2-7】　在网页中使用 CSS 样式。

在网页中先定义样式,再引用,运行界面如图 2-16 所示。

图 2-16　运行界面

设计样式,代码如下:

```
<head runat="server">
    <title>潜入样式</title>
    <style type="text/css">
    h1
    {
        font-family: 宋体;
        font-size: xx-large;
        color: #FF0000;
        text-decoration: underline;
    }

    list
    {
        font-family: 黑体;
        font-size: 15px;
        font-variant: normal;
        text-transform: capitalize;
        color: #000080;
    }

    h2
    {
        font-family: 楷体;
        font-size: x-large;
        font-style: italic;
        font-variant: normal;
        color: #FF00FF;
        text-decoration: underline;
    }

    </style>
</head>
<body>
    <form id="form1" runat="server">
    <div>
    <h1>CSS 在 ASP.NET 中的应用</h1>
    <list>在 ASP.NET 中使用 CSS 简单,使用 CSS 大体有三种情况。</list>
    <h2>1.静态添加</h2>
    <h2>2.在网页文件中定义 CSS 样式表</h2>
    <h2>3.创建独立的 CSS 样式表文件</h2>
    </div>
    </form>
</body>
</html>
```

小　　结

本章主要讲解了网页设计的一些常用语言，如 HTML、XHTML、JavaScript 和 CSS，通过对语言的简单介绍和简单的实例，学习在 ASP.NET 中如何对这些语言进行访问，对网页的设计起到画龙点睛的作用。

习　　题

1. 填空题

(1) HTML 文件的扩展名为(　　)。

(2) 使用 CSS 进行 Web 设计有其独特的优势，具有(　　)、(　　)和(　　)。

2. 选择题

(1) 在 HTML 页面上编写 JavaScript 代码时，应编写在(　　)标签中间。

　　A．<javascript>和</javascript>　　　　B．<script>和</script>

　　C．<head>和</head>　　　　　　　　D．<body>和</body>

(2) 在 JavaScript 中，可以使用 Date 对象的(　　)方法返回一个月中的每一天。

　　A．getDate　　　　B．getYear　　　　C．getMonth　　　　D．getTime

3. 编程题

(1) 实现在标题栏和状态栏上动态显示当前时间的效果。

(2) 利用 CSS 样式表，设计一个简单的网页。

第3章 C#语法基础

C#是一种安全、稳定、简单、高效及面向对象的编程语言,属于微软.NET框架的一部分。每个C#程序都是一些语句的集合,用以完成某一个任务。在编写较复杂的C#程序之前,必须首先掌握它的一些基本语句的使用。本章从实用的角度出发,详细介绍了C#的一些基本要素,主要包括标识符、数据类型、变量、常量、运算符和控制语句的使用方法。此外还包括C#提供的一些类和结构的使用方法。

本章主要内容:
- C#语法基础;
- C#流程控制语句;
- 类与对象的定义和创建;
- 类的继承;
- 接口;
- 委托和事件。

3.1 C#语言

C#作为与.NET框架同时推出的语言,具有先天的优势。它不但结合了C++的强大灵活和Java语言简洁的特性,还吸取了Delphi和Visual Basic所具有的易用性,因而是一种使用简单、功能强大、表达力丰富,并且对面向对象特性支持最好的语言之一。

C#是专门为.NET应用而开发的语言,与.NET框架完美结合。在.NET类库的支持下,C#能够全面地表现.NET Framework的各种优点。总体来说,C#具有以下突出的优点。

1. 简洁的语法

C#源自C和C++,在默认的情况下,C#的代码在.NET框架提供的"可操纵"环境下运行,不允许直接的内存操作。它所带来的最大的特色是没有了指针。另外,C#简化了C++语法中的冗余问题,比如"const"和"#define"、各种各样的字符类型等。C#只保留了常见的形式,而别的冗余形式从它的语法结构中被清除了。

2. 彻底的面向对象设计

C#具有面向对象的语言所应有的一切特性:封装、继承与多态性,通过精心地面向对象设计,从高级商业对象到系统级应用,C#建造广泛组件的绝对选择。在C#的类型系统中,每种类型都可以看作一个对象。C#极大地提高了开发的效率,缩短了软件开发周期。

3. 与 Web 应用紧密结合

C#与 Web 紧密结合,支持绝大多数的 Web 标准,如 HTML、XML、SOAP 等。利用简单的 C#组件,开发者能够快速地开发 Web 服务,并通过 Internet 使这些服务能被运行于任何操作系统上的应用所调用。

4. 完整的安全性机制

C#的先进设计思想可以消除软件开发中的许多常见错误,并提供了包括类型安全在内的完整的安全性能。这不但减轻了编程人员的工作量,同时更有效地避免了错误的发生。另外,.NET 提供的垃圾回收器能够帮助开发者有效管理内存资源。

5. 完善的错误、异常处理机制

语言的安全性与错误、异常处理能力,是衡量一种语言是否优秀的重要依据。任何人都会犯错误,即使是最熟练的程序员也不例外。C#提供完善的错误和异常触发机制,使程序在交付应用时能够更加健壮。

6. 版本处理技术

C#在语言中内置了版本控制功能。例如,函数重载必须被显式声明,而不会像在 C++或 Java 中经常发生的那样不经意地被进行,这可以防止代码级错误和保留版本化的特性,同时可以减少开发费用,因此,使用 C#将会使开发人员更加轻易地开发和维护各种商业用户。

7. 灵活性和兼容性

在简化语法的同时,C#并没有失去灵活性。尽管它不是一种无限制语言,比如:它不能用来开发硬件驱动程序,在默认的状态下没有指针等。但是,在学习过程中将发现,它仍然是那样的灵巧。C#遵守.NET 公用语言规范(Common Language Specification,CLS),从而保证了 C#组件与其他语言组件间的互操作性。

3.2 变量和常量

变量是用来描述一条信息的名称,在变量中可以存储各种类型的信息。那么数据和变量有什么关系呢?假设某班级有 30 名学生,那么"学生"变量的值就为 30,如果班级中转来一名新同学,那么可以说"学生增加 1",这时"学生"变量的值改变为 31。

3.2.1 声明变量

在 C#中,使用变量的基本原则是:先定义,后使用。C#中的变量命名规则如下。
(1) 必须以字母或下划线开头;
(2) 只能由字母、数字、下划线组成,不能包含空格、标点符号、运算符,以及其他符号;
(3) 不能与 C#中的关键字、类库名相同,如不能使用 class、char、new 等关键字;
(4) 严格区分大小写。

需要注意的是,C#中变量名可以以@作为前缀,这时就可以使用"@"+关键字作为变量名,如@new。但是"@"本身不是变量名的一部分,例如,在本例中真正的变量名仍然是 new。

例如,以下是合法的标识符:

_tina、Name、apple_2

以下是不合法的标识符：

2md、tina + lily、S.mary

变量的声明非常简单，只需要在数据类型后面加上变量名即可，具体定义变量的语法格式如下。

[访问修饰符] 数据类型　变量名 [= 初始值];

其中，[访问修饰符]关键字可选，是变量的作用域，有5个关键字可选，这5个关键字含义如下。

(1) public：全局变量。
(2) private：局部变量。
(3) protected：受保护的变量。
(4) internal：可在同一个链接库中访问。
(5) new：创建新变量。不继承父类同名变量。

可以声明一个变量并赋初始值，例如：

string S = "我爱 ASP.NET";   //定义一个字符串变量 S,并赋值为"我爱 ASP.NET"
int i;   //定义一个整型变量 i

也可以同时声明多个变量，例如：

int apple,banana,pear;   //同时定义三个变量,变量名分别是 apple、banana 和 pear

3.2.2　声明常量

同变量一样，常量也是用来存储数据的，两者的区别在于，常量一旦初始化其值就不再发生变化了，可以解释为符号化的常数。

变量的声明非常简单，只需要在数据类型后面加上变量名即可，具体定义变量的语法格式如下：

[访问修饰符] const 数据类型　常量名 = 初始值;

使用常量可以使程序变得更加灵活易读，例如：

public const PI = 3.1415926

用常量 PI 代替圆周率之后，一方面程序可以变得易读，另一方面，当需要修改 PI 精度时，无须每一处都修改，只需在代码中改变 PI 的初始值即可。

3.3　数　据　类　型

C#是一种强类型语言，每个变量和常量都有一个数据类型，每个表达式的值也有一个数据类型。C#中的数据类型的分类如图 3-1 所示，作为完全面向对象的语言，C#中的所有的数据类型是一个真正的类，具有格式化、序列化以及类型转换等方法。根据在内存中存储位置不同，C#的数据类型分为值类型和引用类型两大类。

(1) 值类型：数据长度固定，存放在栈内。
(2) 引用类型：数据长度可变，存放在堆内。

另外，将结构、类、接口和枚举类型称为自定义类型，将简单类型、object(对象)和 string (字符串)类型称为内置数据类型。

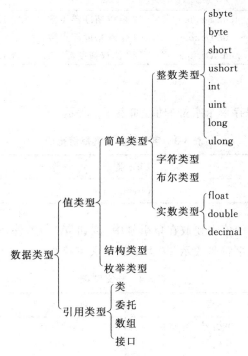

图 3-1 C♯中的数据类型分类

3.3.1 值类型

C♯中的值类型是最基本的数据类型，可以分为整数、实数、字符、布尔类型、结构类型和枚举类型。

1. 整数类型

C♯内置支持 8 种整数类型，具体含义如表 3-1 所示。

表 3-1 整数类型及其取值范围

类 型 名 称	CTS 类型	说　明	范　围
sbyte	System.SByte	8 位有符号整数	$-128 \sim 127 (-2^7 \sim 2^7-1)$
short	System.Int16	16 位有符号整数	$-32\,768 \sim 32\,767 (-2^{15} \sim 2^{15}-1)$
int	System.Int32	32 位有符号整数	$-2^{31} \sim 2^{31}-1$
long	System.Int64	64 位有符号整数	$-2^{63} \sim 2^{63}-1$
byte	System.Byte	8 位无符号整数	$0 \sim 255 (0 \sim 2^8-1)$
ushort	System.UInt16	16 位无符号整数	$0 \sim 65\,535 (0 \sim 2^{16}-1)$
uint	System.UInt32	32 位无符号整数	$0 \sim 2^{32}-1$
ulong	System.UInt64	64 位无符号整数	$0 \sim 2^{64}-1$

2. 实数类型

实数类型又称浮点数类型,C#中支持三种实数类型,如表3-2所示。

表3-2 实数类型及其取值范围

类型名称	CTS类型	说明	范围
float	System.Single	32位单精度浮点数	$\pm 1.5 \times 10^{-45} \sim \pm 3.4 \times 10^{38}$
double	System.Double	64位双精度浮点数	$\pm 5.0 \times 10^{-324} \sim \pm 1.7 \times 10^{308}$
decimal	System.Decimal	128位双精度浮点数	$\pm 1.0 \times 10^{-28} \sim \pm 7.9 \times 10^{28}$

3. 字符类型

C#的字符型可以保存单个字符的值,如表3-3所示。

表3-3 字符类型及其取值范围

类型名称	CTS类型	值域
char	System.Char	表示一个16位的Unicode字符

在C#中,char类型的值需要放在单引号中,例如'A'。另外,对于一些特殊的字符,例如单引号,可以通过转义字符来表示。C#中的转义字符如表3-4所示。

表3-4 转义字符

转义字符	意义	转义字符	意义
\'	单引号	\f	换页
\"	双引号	\n	换行
\\	反斜杠	\r	回车
\0	空字符	\t	水平制表符
\a	警告(产生峰鸣)	\v	垂直制表符
\b	退格		

4. 布尔类型

C#的布尔型是bool,其取值包括True和False,如表3-5所示。

表3-5 布尔类型及其取值范围

类型名称	CTS类型	值域
bool	System.Boolean	True/False

在C#中,bool类型的数据和整数不能够相互转换,即如果声明变量为bool型,就只能对其赋值True和False,而不能使用1或者0。

5. 结构类型

除了上面介绍的简单值类型之外,用户还可以定义复合值类型。常用的复合值类型包括结构和枚举。首先介绍一下结构。

一个结构(struct)包括多个基本类型或复合类型的统一体,在C#中可以用struct关键字来定义结构。例如,一个学生的信息结构如下。

```
public struct Student
{
    public int Sno;              //编号
    public char Sname;           //姓名
    public char Sex;             //性别
    public int Sage;             //年龄
}
```

在这里使用了值类型中的结构,而不是引用类型中的类,这是由于与类相比,结构具有如下优点。

(1) 结构占用栈内存,对其操作的效率要比类高;
(2) 结构在使用完后能够自动释放内存分配;
(3) 结构很容易复制,只需要使用等号就可以把一个结构赋值给另一个结构。

6. 枚举类型

枚举(enum)其实是一个整数类型,用于定义一组基本整型数据,并可以给每个整数指定一个便于记忆的名字。以下代码声明了一个方向枚举类型。

```
public enum Direction
{
    East = 1,                    //东
    South = 2,                   //南
    West = 3,                    //西
    North = 4                    //北
}
```

建立枚举之后,便可以使用名称来表示特定的整数值,如 Direction.East 即代表整数 1。从长远来看,在编程中创建枚举可以节省大量时间,因此要适当地应用枚举。

3.3.2 引用类型

与值类型不同,引用类型存储的不是真正的数值,而是对数值地址的引用。C♯中不允许在安全代码中使用指针,因此要处理堆中的数据就需要使用引用类型,使用 new 关键字实例化引用数据类型的对象,并指向堆中的对象数据。对象的使用方法将在后面章节详细介绍,此处首先了解一下 C♯中内置的一些数据的引用。

1. 内置引用类型

C♯支持两种预定义的引用类型,如表 3-6 所示。

表 3-6 C♯中预定义的引用类型

类型名称	CTS 类型	说明
object	System.Object	基类型,CTS 中的其他类型都是从它派生而来
String	System.String	Unicode 字符串类型

(1) object 类型是所有其他类的基类。任何一个类定义,如果不指定基类,默认 object 为基类。C♯语言规定,基类的引用变量可以引用派生类的对象。因此,对一个 object 的变量可以赋予任何类型的值;

(2) String 类型可以方便地处理字符串操作,该类型的值需要放在双引号中。通过特

定的方法,可以完成如字符串连接、字符定位等操作。

2. 数组

C#把数组看作是一个带有方法和属性的对象,并存储在堆内存中。数组类型是从抽象基类型 Array 派生的引用类型。通过 new 运算符创建数组并将数组元素初始化为它们的默认值。数组可以分为一维、多维和交错数组。这里只简单介绍一下一维数组,其他形式可参考相关书籍的相关内容。

声明数组的语法如下:

type[ ] arrayName

(1) type:数组存储数据的数据类型。
(2) arrayName:数组名称。

例如,

int[ ] nVar;

这里只定义了数组变量 nVar,并没有初始化,即并没有为其开辟存储空间,如要初始化特定大小的数组,需要使用 new 关键字,如下:

int[ ] nVar = new int[10];

同 C 语言一样,C#使用下标来引用数组元素,其下标从 0 开始。另外,C#还可以使用数组的实例来初始化数组,如:

int[ ] nVar = {0,1,2,3,4,5};

上面的写法等价于

int[ ] nVar = new int[ ] {0,1,2,3,4,5};

数组作为一个对象,有自己的属性和方法,常用的属性有以下两个。

(1) Length:一维数组的长度。
(2) Rank:数组的维数。

常用的方法是 GetLength(int dimension),用来获取多维数组中的指定维长度。

3. 类和接口

类在 C#和.NET Framework 中是最基本的用户自定义类型,也是一种复合数据类型,包括属性和方法。接口用于实现一个类的定义,包括属性、方法的定义等,但没有具体的实现,也不能实例化接口。该部分内容将在后面介绍。

3.3.3 类型转换

在 C#中只有具有相同数据类型的对象才能相互操作,很多时候,为了能够进行不同数据类型之间的操作,需要把一个数据类型转换为另一种数据类型,即进行类型转换。C#语言中类型转换分为:隐式转换和显式转换。

1. 隐式转换

隐式转换就是系统默认的、不需要加以声明就可以进行的转换。例如,从 int 类型转换到 long 类型就是一种隐式转换。例如:

```
int m = 10;
long n = m;
```

但是由于C#中各种数据类型具有不同的存储空间,因此在隐式转换过程中,如果需要将一个需要较大空间的数据转换为一个需要较少空间的数据类型的时候,就会失败,例如:

```
int m;
long i = 1;
long j = 2;
m = i + j;
```

运行将会出错:无法将 long 数据类型隐式转换为 int 数据类型。

C#支持的隐式类型转换如表 3-7 所示。

表 3-7　C#支持的隐式类型转换

源 类 型	目 标 类 型
sbyte	short、int、long、float、double 或 decimal
byte	short、ushort、int、uint、long、ulong、float、double 或 decimal
short	int、long、float、double 或 decimal
ushort	int、uint、long、ulong、float、double 或 decimal
int	long、float、double 或 decimal
uint	long、ulong、float、double 或 decimal
char	ushort、int、uint、long、ulong、float、double 或 decimal
float	double
ulong	float、double 或 decimal
long	float、double 或 decimal

2. 显式转换

显式类型转换,又叫强制类型转换。与隐式转换正好相反,显式转换需要明确地指定转换类型,显示转换可能导致信息丢失。下面的例子把长整型变量显式转换为整型:

```
long m = 5000;
int n = (int)m;              //如果超过 int 取值范围,将产生异常
```

另外,对于复杂的数据类型,如类、结构等,它们往往具有类型转换的方法,将在后续小节进行介绍。

3. 装箱和拆箱

装箱是值类型转换为引用类型,拆箱是引用类型转换为值类型。

1) 装箱操作

把一个值类型变量装箱也就是创建一个 object 对象,并将这个值类型变量的值复制给这个 object 对象。例如:

```
int i = 10;
object obj = i;              //隐式转换,obj 为创建的 object 对象的引用
```

也可以用显式的方法来进行装箱,例如:

```
int i = 10;
```

```
object obj = object(i);            //显式转换
```

2) 拆箱操作

拆箱操作是指将一个引用类型显式地转换成一个值类型。例如：

```
object obj = new object();
int j = (int)obj;                  //拆箱操作
```

3.4 数据运算

C#中的运算符是用来对变量、常量或数据进行计算的符号，它指挥计算机进行符号表示的操作。本节将介绍C#中运算符的应用。

1. 算术运算符

算术运算符是数学中的基础运算，C#中的算术运算符如表3-8所示。

表3-8　C#中的算术运算符

符 号	示 例	意 义
＋	a＋b	加法运算
－	a－b	减法运算
＊	a＊b	乘法运算
/	a/b	除法运算
%	a%b	取余数
++	a++	累加
－－	a－－	递减

另外，＋运算符还可以连接多个字符串合成一个新的字符串，例如：

```
string S1 = "Hello";
string S2 = "ASP.NET";
string S = S1 + S2;
Console.WriteLine(S);              //输出 Hello ASP.NET
```

2. 赋值运算符

赋值运算符最常用的是等号，即将等号右边的变量的值赋给等号左边的变量。除此之外，为了应对比较复杂的运算，C#中还定义了其他赋值运算符。C#中的赋值运算符如表3-9所示。

表3-9　C#中的赋值运算符

符 号	示 例	意 义
＝	a＝b	将b的值赋给a
＋＝	a＋＝b	将a＋b的值赋给a(a和b可以为数字或字符串)
－＝	a－＝b	将a－b的值赋给a
＊＝	a＊＝b	将a＊b的值赋给a
/＝	a/＝b	将a/b的值赋给a
%＝	a%＝b	将a对b取余的值赋给a

3. 逻辑运算符

逻辑运算符通常用来测试真假值。C#中的逻辑运算符如表 3-10 所示。

表 3-10 C#中的逻辑运算符

符 号	示 例	为真的条件
<	a<b	当 a 的值小于 b 的值时
>	a>b	当 a 的值大于 b 的值时
<=	a<=b	当 a 的值小于或等于 b 的值时
>=	a>=b	当 a 的值大于或等于 b 的值时
==	a==b	当 a 的值等于 b 的值时
!=	a!=b	当 a 的值不等于 b 的值时
&&	a&&b	当 a 为真并且 b 也为真时
||	a||b	当 a 为真或者 b 也为真时
!	!a	当 a 为假时

4. 位运算符

位运算符用于进行一些快速的数字运算。C#中的位运算符如表 3-11 所示。

表 3-11 C#中的位运算符

符 号	示 例	意 义
&	a&b	按位与运算
|	a|b	按位或运算
^	a^b	按位异或运算
<<	a<<	向左移位
>>	a>>	向右移位
~	~a	按位取反

5. 其他运算符

除了上面介绍的运算符之外，C#还包括一些特殊的运算符，其意义如表 3-12 所示。

表 3-12 C#中的位运算符

符 号	示 例	意 义
new	new tina();	创建一个类的实例
typeof	typeof(int);	获取数据类型说明
.	Obj.method();	获取对象的方法或属性
?:	(expr1)? (expr2):(expr3);	若 expr1 则 expr2，否则 expr3

6. 运算符的优先级

运算符的优先级是指在表达式中哪一个运算符应该首先计算。C#语言运算符从高到低的优先级顺序如表 3-13 所示。

表 3-13　C#中常用运算符的优先级、功能和结合性

级别	运算符	功能说明	结合性
1	( )	改变优先级	从左至右
	++ --	后缀自增、自减	
	.	成员访问符	
	new	创建对象	
	typeof	获取类型信息	
2	++ --	前缀自增、自减	从左至右
	+ -	一元加、减运算符	
	!	逻辑非	
	~	按位求反	
	( )	显式类型转换	
3	* / %	乘法、除法、取余	从左至右
4	+ -	加法、减法	从左至右
5	<< >>	左移位、右移位	从左至右
6	< > <= >= is as	关系运算、类型测试、转换	从左至右
7	== !=	等于、不等于	从左至右
8	&	逻辑与/按位与	从左至右
9	^	逻辑异或/按位异或	从左至右
10	|	逻辑或/按位或	从左至右
11	&&	条件与	从左至右
12	||	条件或	从左至右
13	? :	条件运算符	从右至左
14	= += -= *= /= %= &= ^= |= <<= >>=	赋值运算符	从右至左

3.5　控制语句

通常情况下，程序中的语句按它们出现的前后顺序执行。如果要改变程序中的语句执行的顺序，就要使用控制语句。本节详细介绍 C#语言中的控制语句，包括选择语句、循环语句、跳转语句和异常处理。

3.5.1　选择语句

选择语句控制程序执行流程的方法是：根据给定的条件，决定执行哪些语句，不执行哪些语句。C#语言中，提供的选择语句有 if 语句和 switch 语句。

1. if 语句

1) if 语句格式

```
if(expression)
    { statement }
```

其中：expression 为值为布尔类型的表达式，statement 为符合条件执行区段程序，若程序只有一行，可以省略大括号。第一种形式的语句含义是：如果 expression 表达式的返回

值为 true，则执行 statement；否则不执行 statement，直接执行其后面的语句。

2）if…else 语句格式

```
if(expression)
    { statement1 }
else
    { statement2 }
```

含义：如果 expression 表达式的返回值为 true，则执行 statement1；否则执行 statement2。

【例 3-1】 本例在窗体中添加两个标签，两个文本框和一个按钮，通过 if…else 语句实现一个用户登录窗口的设计，操作如下。

（1）创建一个 Windows 窗体应用程序。

（2）程序界面如图 3-2 所示，其中包括两个标签（Label）控件、两个文本框（TextBox）控件和一个按钮（Button）控件，其中将第二个文本框控件的 passwordChar 属性设置为 *。

（3）添加按钮的事件代码。

图 3-2　用户登录界面

```
namespace 登录
{
    public partial class Form1 : Form
    {
        public Form1()
        {
            InitializeComponent();
        }
        private void button1_Click(object sender, EventArgs e)
        {
            string T1 = textBox1.Text;           //接收文本框 1 的输入内容
            string T2 = textBox2.Text;           //接收文本框 2 的输入内容
            if(T1 == "admin" && T2 == "123")     //判断
                MessageBox.Show("欢迎登录！");    //输入正确
            else
                MessageBox.Show("用户名或密码错误！");  //输入错误
        }
    }
}
```

（4）编译并执行代码，运行效果如图 3-3 和图 3-4 所示。在控制台输入 admin 和 1234 则弹出"用户名或密码错误！"的消息框，输入 admin 和 123 则弹出"欢迎登录！"的消息框。

3）if…else if 语句格式

```
if(expression1)
    { statement1 }
else if(expression2)
    { statement2 }
```

```
else
    { statement3 }
```

含义：如果 expression1 表达式的返回值为 true，则执行 statement1；否则如果 expression2 表达式的返回值为 true，则执行 statement2，否则执行 statement3。

图 3-3　程序运行结果 1

图 3-4　程序运行结果 2

【例 3-2】　本例在窗体中添加一个文本框和一个按钮，通过 if…else if 语句实现一个简单的猜数字游戏的设计，操作如下。

（1）创建一个 Windows 窗体应用程序。

（2）程序界面如图 3-5 所示，其中包括一个标签（Label）控件、一个文本框（TextBox）控件和一个按钮（Button）控件。

（3）添加按钮的事件代码。

图 3-5　猜数字游戏界面

```
namespace 猜数
{
    public partial class Form1 : Form
    {
        public Form1()
        {
            InitializeComponent();
        }

        private void button1_Click(object sender, EventArgs e)   //设置按钮事件代码
        {
            int i ;
            i = Convert.ToInt32(textBox1.Text);                  //获取数据
            if (i > 6)
            {
                MessageBox.Show("当前数字太大");                  //弹出消息窗显示"当前数字太大"
            }
            else if (i == 6)
            {
                MessageBox.Show("恭喜你猜对了!");                 //弹出消息窗显示"恭喜你猜对了!"
            }
```

```
            else if (i < 6)
            {
                MessageBox.Show("当前数字太小");        //弹出消息窗显示"当前数字太小"
            }
            else
            {
                MessageBox.Show("错误输入");            //弹出消息窗显示"错误输入"
            }
        }
    }
}
```

(4) 编译并执行代码,运行效果如图 3-6 和图 3-7 所示。在控制台输入不同的 10 以内的整数,根据提示猜出正确数字。

图 3-6 程序运行结果 1

图 3-7 程序运行结果 2

2. switch 语句

使用 if…else 分支时,如果太多层分支会显得程序混乱,降低程序可读性,这时可以考虑使用 switch 语句实现分支操作。

switch 语句的语法结构为:

```
switch(variable)
{
    case value1;
        statement1
        break;
    case value2;
        statement2
        break;
    …
    default;
        statement
        break;
}
```

其中,每个可能的分支都对应着一个 case 语句。switch 判断被检查的变量 variable 符合哪一个 case 语句的 value,就执行匹配成功的分支语句。如果 case 分支中没有 break 语句,那么即使匹配了此分支,程序也将继续进入下一个 case 分支,直到遇到 break 关键字为止。若没有任何分支满足条件,程序将进入 default 分支。

【例 3-3】 本例在窗体中添加一个文本框和一个按钮,通过 switch 语句实现一个简单的日程表设计,操作如下。

(1) 创建一个 Windows 窗体应用程序。

(2) 程序界面如图 3-8 所示,其中包括一个标签(Label)控件、一个文本框(TextBox)控件和一个按钮(Button)控件。

(3) 添加按钮的事件代码。

```
namespace 日程表
{
public partial class Form1 : Form
    {
        public Form1()
        {
            InitializeComponent();
        }
        private void button1_Click(object sender, EventArgs e)
        {
            int i = Convert.ToInt32(textBox1.Text);      //获取输入数据
            switch (i)
            {
                case (int)enumweek.Sunday:               //类型转换
                    MessageBox.Show("泽泽的生日");         //弹出消息窗口,星期日泽泽的生日
                    break;
                case (int)enumweek.Monday:
                    MessageBox.Show("上班第一天");         //星期一上班第一天
                    break;
                case (int)enumweek.Wednesday:
                    MessageBox.Show("见客户");             //星期三见客户
                    break;
                case (int)enumweek.Friday:
                    MessageBox.Show("去公园");             //星期五去公园
                    break;
                default:
                    MessageBox.Show("今日无日程");         //其他日子"今日无日程"
                    break;
            }
        }
    }
    public enum enumweek                                  //创建一个枚举类型
    {
        Sunday,
        Monday,
        Tuesday,
        Wednesday,
        Thursday,
```

图 3-8 日程表窗口界面

```
        Friday,
        Saturday
    }
}
```

（4）编译并执行代码，运行效果如图 3-9 所示。在控制台输入不同的星期编码，显示不同的信息，其中星期 enumweek 的值使用了枚举类型。

从上面的代码中不难看出，这种多路选择也可以使用嵌套的 if … else if … else 完成。与后者相比，switch 看起来逻辑更为清晰，不过它只能对一个变量进行判断。

图 3-9　程序运行结果

3.5.2　循环语句

程序中，往往需要能在满足给定条件的基础上，重复执行相关语句。循环语句就是具有这样功能的语句，循环语句中给定的条件称为循环条件，需要重复执行的语句称为循环体。

1. while 语句

while 语句的一般形式为：

```
while(expression)
{
statement
}
```

其中，expression 表达式为判断条件，如果 expression 表达式计算返回的结果为 true，则会执行 statement 语句块。

【例 3-4】　利用 while 循环输出 1～10 的平方值。

核心代码如下：

```
int i = 0;
    while(j++<10)
      {
          Console.WriteLine("{0}的平方值为{1}", i, i * i);
      }
```

2. do…while 语句

do…while 语句的一般形式为：

```
do
{
statement
} while(expression);
```

【例 3-5】　利用 do…while 循环输出 1～10 的平方值。

核心代码如下：

```
int j = 1;
do
{
    Console.WriteLine("{0}的平方值为{1}", j, j * j);
} while(j++<10)
```

do…while 语句与 while 语句的差别在于:do…while 语句首先执行循环体,再求布尔表达式的值,如其值为 true,则再次执行循环体,直至布尔表达式的值为 false;而 while 语句首先求布尔表达式的值,再按其值为 true 或 false 决定是否执行循环体。因此,do…while 语句中的循环体至少执行一次。

3. for 语句

for 语句同样是用来实现循环结构,同 while 功能类似,语法为:

```
for(expression1;expression2;expression3)
{
statement
}
```

(1) expression1:条件的初始值。

(2) expression2:判断条件,通常用逻辑运算符作为判断的条件。

(3) expression3:执行 statement 后要执行的语句,用来改变条件的值,供下次循环判断,如自增、自减表达式等。

(4) statement:符合条件时执行的语句,若程序只有一行,可以省略大括号。

【例 3-6】 利用 for 循环语句在控制台输出一个九九乘法表。

(1) 创建一个控制台应用程序。

(2) 在 Main()方法中添加代码。

```
namespace for_text
{
    class Program
    {
        static void Main(string[] args)
        {
            int i, j;
            for (i = 1; i < 10; i++)
            {
                for (j = 1; j < 10; j++)
                {
                    if (j > i)
                        break;
                    Console.Write("{0} * {1} = {2}\t", i, j, i * j);
                }
                Console.WriteLine();
                Console.ReadKey();
            }
        }
    }
}
```

(3) 编译并执行代码,运行效果如图 3-10 所示。

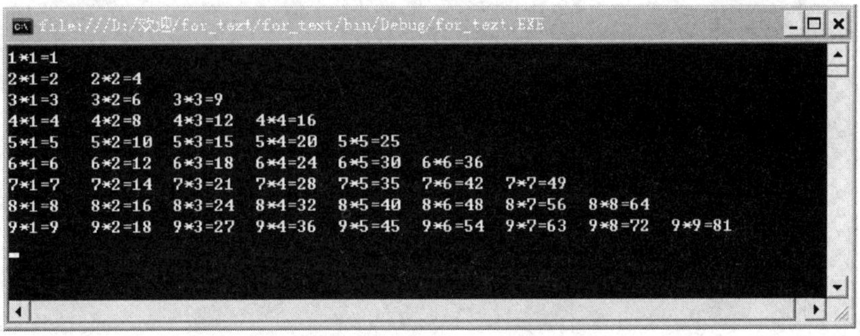

```
1*1=1
2*1=2    2*2=4
3*1=3    3*2=6    3*3=9
4*1=4    4*2=8    4*3=12   4*4=16
5*1=5    5*2=10   5*3=15   5*4=20   5*5=25
6*1=6    6*2=12   6*3=18   6*4=24   6*5=30   6*6=36
7*1=7    7*2=14   7*3=21   7*4=28   7*5=35   7*6=42   7*7=49
8*1=8    8*2=16   8*3=24   8*4=32   8*5=40   8*6=48   8*7=56   8*8=64
9*1=9    9*2=18   9*3=27   9*4=36   9*5=45   9*6=54   9*7=63   9*8=72   9*9=81
```

图 3-10　程序运行结果

4. 循环控制

如果在循环中突然想结束循环,需要使用跳转语句 break 或 continue 语句。

break 语句不仅可以用在 switch 语句中,还可以用在循环语句中,用于中断循环并从循环中跳出。而 continue 语句的作用在于可以提前结束一次循环过程中执行的循环体直接进入下一次循环。

【例 3-7】 利用 while 语句、break 语句、continue 语句编写一个验证用户名的应用程序,要求判断用户输入次数,超过三次则退出并提示。

(1) 创建一个控制台应用程序。

(2) 在 Main() 方法中添加代码。

```csharp
namespace bc_text
{
    class Program
    {
        static void Main(string[] args)
        {
            int p = 0;
            while (true)
            {
                if (p < 3)
                {
                    Console.Write("请输入用户名: ");
                    string user = Console.ReadLine();
                    if (user == "admin")
                    {
                        Console.WriteLine("欢迎登录!");
                        break;
                    }
                    else
                    {
                        p++;
                        Console.WriteLine("请重新输入!");
                        continue;
                    }
```

```
                }
                else
                {
                    Console.WriteLine("输入次数超过 3 次,不能再登录!");
                    Console.ReadKey();
                    break;
                }
                Console.ReadKey();
            }
        }
    }
```

(3) 编译并执行代码,运行效果如图 3-11 所示。

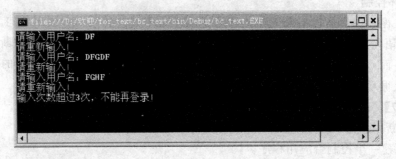

图 3-11 程序运行结果

3.5.3 异常处理

程序中的异常是指当程序执行时遇到错误或者意外行为,使用异常处理语句就可以精确地捕捉这些异常,C#中的异常处理语句主要包括两种:try…catch…finally 语句和 throw 语句。

1. try…catch…finally 语句

在程序执行过程中,异常情况时有发生,例如,在读取远程数据库时,可能会发生网络断开、数据库服务器负载过大、数据结构错误等异常情况。那么连接服务器的代码就需要写在 try 语句块中,一旦在连接和操作数据库中发生异常,catch 就会捕获到相关信息。无论是否发生数据库连接异常,都会执行 finally 语句块中的断开数据库连接的代码。

try…catch…finally 语句用法相当灵活,其语法结构如下:

```
try
{
    //程序代码
}
//e是异常处理类 Exception 的实例对象,通过该类可以获取异常的详细信息
catch(Exception e)
{
    //错误代码处理
}
finally
```

```
    {
        //程序代码
    }
```

【例3-8】 下面是使用try…catch…finally语句实现异常情况的捕获。

```
namespace t_c_f_test
{
    class Program
    {
        static void Main(string[] args)
        {
            int i = 0;
            string s = "i love ASP.NET";
            try
            {
                i = int.Parse(s);
            }
            catch (Exception e)
            {
                Console.WriteLine("类型转换失败:" + e.Message);
            }
            finally
            {
                Console.WriteLine("转换后结果:{0}", i);
            }
            Console.ReadKey();
        }
    }
}
```

注意,每个try块后至少必须紧接一个catch块或finally语句块。无论try块是否引发异常,相应的finally语句块都会被执行。事实上,即使在try语句块中出现了break、continue、return语句,finally语句块也会被执行。运行上述代码,其结果如图3-12所示。

2. throw语句

throw语句用于将程序代码中的异常抛出,并让调用这个方法的程序进行捕捉和处理,这样就减少了将异常立即输出并显示的麻烦。

图3-12　程序运行结果

throw语句语法格式为:

throw[表达式];

【例3-9】 使用try…catch语句和throw语句实现异常情况的捕获和抛出。

```
namespace throw_test
{
    class Program
    {
        static void Main(string[] args)
        { Console.WriteLine("请输入一个数: ");
```

```
            double i = Double.Parse(Console.ReadLine());    //强制转换成 double 型
            double s,j = 4.56;
            try
            {
            if (i == 0) throw new DivideByZeroException("除数不能为0!");    //抛出异常
            s = j / i;
            }
            catch (DivideByZeroException e)
            {
              Console.WriteLine(e);
            }
            Console.ReadKey();
        }
    }
}
```

运行上述代码,其结果如图 3-13 所示。

图 3-13　程序运行结果

3.6　类和对象

3.6.1　类和对象的概念

面向对象程序设计的最初思想来源于生活,所以可以举个生活中的例子说明类和对象的概念的区别。

例如,去超市买一个灯泡,那么灯泡就可以看作是一个类,类的名称可以称作"灯泡类"。它代表所有灯泡的特征,如型号、瓦数、光的颜色等。灯泡类是一个抽象的概念,并不是一个实实在在的东西,所以,类同样也是抽象的。当去超市,选到了需要的那一只灯泡,那这只灯泡就是一个实体了,看得见摸得着的东西。所以,买到的这只灯泡为一个对象。当在购买灯泡的时候,实际上是将"灯泡类"具体化成真正的灯泡的过程,将这个过程称为类的实例化。

通过这个例子,可以总结出以下两点。

(1) 对象可以代表任何事物,从一个学生到整个学校,从一个正整数到一个正整数集合,从一滴水到一条河等,这些都可以看作是一个对象。对象不仅表示有形的实体,也可以表示无形的抽象的事物,如学习、工作、课程等。

(2) 类可以看作是对象的抽象化,并不是一个具体的事物。

类是对象概念在面向对象编程语言中的反映,是相同对象的集合。类描述了一系列在概念上有相同含义的对象,为这些对象统一定义了编程语言上的属性和方法。

3.6.2 类的定义

从软件设计的角度来看,类是C#中功能最为强大的数据类型。类描述了该类对象的状态和行为。在C#中,类可以使用关键字class来定义,类的声明格式如下:

```
[访问修饰符] class 类名
{
//添加字段、属性、方法及事件等
}
```

在上面的代码中,类名通常定义为一个有实际意义的单词,并符合标识符命名规则,类名首字母要大写。

类和对象是密不可分的。那么,如何通过代码实例化一个类,从而创建一个对象呢?在C#中,实例化类的关键字为new。例如,通过学生类,可以创建一个学生对象的代码如下所示。

```
Student stu = new Student();
```

上面的代码中,"stu"是对象名称,"Student"是类名称。通过new关键字把Student实例化为stu。

3.6.3 类的成员

每个对象都包括特性和行为,既然类是对象的抽象化,那么,类中也自然包括特性和行为。长方体类中拥有的成员如图3-14所示。

从图3-14中可以看出,长方体类包含的成员可以分为特性和行为两种。其中,特性有长方体的长、宽和高等,行为有计算长方形的表面积和体积等。在C#中,特性就是属性,可以使用变量、常量等来表示,行为可以使用方法来表示。所以,类的成员主要包括变量、常量和方法等。

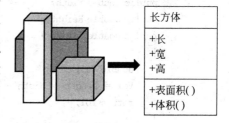

图 3-14 长方体类

1. 创建成员变量

类的特性可以通过成员变量体现出来。如果成员变量的修饰符是public,则在创建类的实例时,就可以直接访问。如果成员变量的修饰符是private,则该成员变量只能在类的内部访问。

如创建长方体类的成员变量方法如下。

```
class Cuboid
{
    double Length;
    double Width;
    double Height;
     ⋮
}
```

2. 创建方法

通过方法可以封装一段功能完整的代码，这样有利于代码的复用性。如计算一个圆的面积时，如果把计算公式封装在一个方法中，在调用时可以通过传递不同的半径参数而获取不同的面积。创建方法的语法格式如下所示。

```
[作用域]返回类型 方法名()
{
方法体；
}
```

方法执行完成后，需要返回一个值，那么就应该定义返回类型，同时还要使用 return 关键字定义返回的变量，如长方体的体积计算方法 Volume() 中，需要返回一个 double 类型的结果。那么定义方法时，返回类型就是 double。有很多时候方法是没有返回值的，这时需要用 void 关键字表示。

【例 3-10】 编写程序计算出长方体的体积。

(1) 在 VS2010 中创建一个控制台应用程序。右键单击项目名称，在弹出的菜单中选择 "添加" | "类" 命令，创建一个 Cuboid 类。在类中创建长方体的成员变量，并创建计算体积的方法 Volume()。

```csharp
namespace Cuboid_text
{
    public class Cuboid                                 //创建类
    {
        public double Length;
        public double Width;
        public double Height;
        public double Volume()                          //定义返回值类型为 double 型的方法
        {
            double Vol;
            Vol = Length * Width * Height;
            return Vol;
        }
    }
}
```

(2) 在入口程序文件 Program.cs 的代码中，添加如下代码。

```csharp
namespace Cuboid_text
{
    class Program
    {
        static void Main(string[] args)
        {
            Cuboid cuboid = new Cuboid();               //初始化对象
            cuboid.Length = 3.50;
            cuboid.Width = 2.40;
            cuboid.Height = 5.50;
            System.Console.WriteLine("长方体的体积为: {0}", cuboid.Volume());
```

```
            Console.ReadKey();
        }
    }
}
```

（3）在入口程序中初始化对象 cuboid，设置对象的属性，即分别为 Cuboid 类中的三个变量赋值，并调用 Volume()方法求得长方体体积。编译并执行代码，运行结果如图 3-15 所示。

图 3-15 程序运行结果

3.6.4 方法中的参数

参数是方法中的重要元素，基本语法格式如下所示。

```
[作用域]返回类型 方法名(数据类型　参数 1,数据类型　参数 2,…)
{
方法体;
}
```

一个方法的参数可以是一个或多个，每个参数之间用逗号分隔，每个参数必须指明具体的参数类型。

方法的参数类型有以下几种。

1. 值类型的参数

值参数是常用的参数，通常情况下方法中默认的参数是值参数。当用值参数向方法传递参数时，程序给实参的值做一份拷贝，并且将此拷贝传递给该方法，被调用的方法不会修改实参的值，所以使用值参数时，可以保证实参的值是安全的。如果参数类型是引用类型，例如是类的引用变量，则拷贝中存储的也是对象的引用，所以拷贝和实参引用同一个对象，通过这个拷贝，可以修改实参所引用的对象中的数据成员。

如例 3-10 中编写一个计算长方体体积的方法 Volume()，设置长、宽、高为参数，代码如下所示。

```
public double Volume(double L,double W,double H)
{
    return L * W * H;
}
```

则在调用该方法时可以将不同变量值传递过去，以求出不同的长方体的体积。

```
System.Console.WriteLine("长方体的体积为：{0}",cuboid.Volume(2,3,5));
```

2. 引用参数

与值参数不同，引用参数传递到方法中的是其本身，而不是副本，因此，在执行完方法后，作为参数外部变量的值可能会发生变化，引用参数使用关键字 ref 表示。

3. 输出参数

有时一个方法计算的结果有多个，而 return 语句一次只能返回一个结果值，这时就用到了 out 关键字，使用 out 表明该引用参数是用于输出的，而且调用该参数时不需要对参数进行初始化。

【例 3-11】 创建一个控制台应用程序,分别创建传递值参数、引用参数和输出参数的方法,并调用方法,以此来比较不同参数的特点。

(1) 创建一个控制台应用程序。

(2) 在 Main()方法中调用方法并输出参数变量。

```
namespace para_text
{
    class Program
    {
        static void Main(string[] args)
        {
            string a = "变量 1";
            string s1 = "变量 2";
            F2(a);                      //值参数,不能修改外部的 a
            Console.WriteLine(a);       //因 a 未被修改,显示"变量 1"
            F1(ref a);                  //引用参数,函数修改外部的 a 的值
            Console.WriteLine(a);       //a 被修改为"方法参数 1",显示"方法参数 1"
            string j;
            F3(out j);                  //输出参数,结果输出到外部变量 j
            Console.WriteLine(j);       //显示"方法参数 3"
            F4(s1);                     //值参数,参数类型是字符串,s1 为字符串引用变量
            Console.WriteLine(s1);      //显示:"方法参数 4",字符串 s1 不被修改
            F5(ref s1);                 //引用参数,参数类型是字符串,s1 为字符串引用变量
            Console.WriteLine(s1);      //显示:"方法参数 5",字符串 s1 被修改
            Console.ReadKey();
        }
        public static void F1(ref string i)//引用参数
        { i = "方法参数 1"; }
        public static void F2(string i)    //值参数,参数类型为值类型
        { i = "方法参数 2"; }
        public static void F3(out string i)//输出参数
        { i = "方法参数 3"; }
        public static void F4(string s)    //值参数,参数类型为字符串
        { s = "方法参数 4"; }
        public static void F5(ref string s)//引用参数,参数类型为字符串
        { s = "方法参数 5"; }
    }
}
```

(3) 编译并执行代码,运行效果如图 3-16 所示。

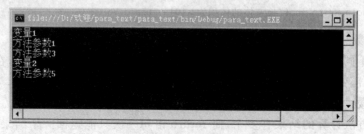

图 3-16 程序运行结果

4. 方法的重载

方法的重载是实现"多态"的一种方法,在面向对象的程序设计语言中,有一些方法的含义相同,但带有不同的参数,这些方法是用相同的名字,这就叫作方法的重载(Overloading)。

方法的重载中参数的类型是关键,仅仅是参数的变量名不同是不行的。也就是说参数的列表必须不同,即:或者参数个数不同,或者参数类型不同,或者参数的顺序不同。

【例 3-12】 创建一个窗体应用程序,实现通过输入圆的半径求得圆的周长,输入矩形的长和宽求得矩形的周长,求周长的方法采用重载的方式建立,具体做法如下。

(1) 创建一个 Windows 窗体应用程序。

(2) 程序界面如图 3-17 所示,其中包括 5 个标签控件、5 个文本框控件和两个按钮控件,按照由上至下,由左至右编号。

(3) 右键单击项目名称,在弹出的菜单中选择"添加"|"类"命令,创建一个 zc 类,类中定义两个同名方法 circumference(),其中第一个方法带有参数 r,第二个方法带有参数 a 和 b,两个方法中参数个数不同,能够实现方法重载。

图 3-17 窗体界面

```
namespace overload_text
{
    class zc
    {
        public double circumference(double r)
        {
            double PI = 3.14;
            return 2 * PI * r;
        }
        public double circumference(double a,double b)
        {
            return 2 * (a + b);
        }
    }
}
```

(4) 分别为两个按钮添加事件代码。

```
namespace overload_text
{
    public partial class Form1 : Form
    {
        public Form1()
        {
            InitializeComponent();
        }
```

```
        zc s1 = new zc();                              //初始化对象 s1
        private void button1_Click(object sender, EventArgs e)   //按钮 1 事件
        {
            double R = Double.Parse(textBox1.Text);              //接收文本框 1 的输入数据
            //调用 zc 类中的方法求圆的周长赋值给文本框 2
            textBox2.Text = Convert.ToString(s1.circumference(R));
        }
        private void button2_Click(object sender, EventArgs e)   //按钮 2 事件
        {
            double A = Double.Parse(textBox3.Text);              //接收文本框 3 的输入数据
            double B = Double.Parse(textBox4.Text);              //接收文本框 4 的输入数据
            //调用 zc 类中的方法求矩形的周长赋值给文本框 5
            textBox5.Text = Convert.ToString(s1.circumference(A,B));
        }
    }
}
```

(5) 运行结果如图 3-18 所示。

3.6.5 构造函数和析构函数

1. 构造函数

构造函数是一种特殊的函数，主要用于完成对象的初始化操作，它是在进行类的实例化时首先执行的函数。构造函数的定义方法与方法的声明相类似，但是没有返回值，同时构造函数名必须与所在类的类名相同。

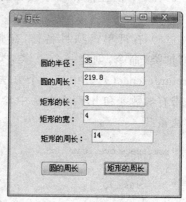

图 3-18 程序运行结果

构造函数的声明语法格式为：

```
类名(数据类型  参数 1,数据类型  参数 2,…)
{
    函数体;
}
```

每个类至少有一个构造函数，即使程序代码中没有构造函数，系统也将会提供一个默认的构造方法，构造函数同样可以重载。实例化对象时可以根据传递参数的不同来选择基于哪个构造函数进行操作。

【例 3-13】 通过构造函数分别基于日薪制和月薪制计算出员工的年薪情况。

(1) 在 VS2010 中创建一个控制台应用程序。右键单击项目名称，在弹出的菜单中选择"添加"|"类"命令，创建一个计算员工工资的类。在类中创建构造函数分别计算基于日薪制和月薪制的员工一年的工资额。

```
namespace gouzao_text
{
    class Salary
    {
        public int year_salary;
        public Salary(int day_salary)
```

```
        {
            year_salary = day_salary * 290;
        }
        public Salary(int month_salary, int months)
        {
            year_salary = month_salary * months;
        }

    }
}
```

（2）在入口程序文件 Program.cs 的代码中，添加如下代码。

```
namespace gouzao_text
{
  class Program
  {
    static void Main(string[] args)
    {
        Salary sad = new Salary(500);
        System.Console.WriteLine("按照日薪制计算员工年工资为：{0}",sad.year_calary);
        Salary saz = new Salary(6000,12);
        System.Console.WriteLine("按照月薪制计算员工年工资为：{0}",saz.year_salary);
        Console.ReadKey();
    }
  }
}
```

（3）在代码中创建 Salary 类的实例 sad 和 saz 时分别调用了相对应的类的构造函数。编译并执行代码，运行结果如图 3-19 所示。

图 3-19　程序运行结果

2. 析构函数

析构函数是在类被删除之前最后执行的函数，用来释放基于该类创建实例所占用的资源。在 C# 语言中每个类都有一个默认的析构函数，用来在对象被清除时释放所分配的内存资源。

析构函数的表示方法为：

```
class Student
{
...
~Student()
{
```

```
Console.WriteLine("Student 对象已被删除");
    }
}
```

析构函数的特点如下。

(1) 析构函数是自动调用的,程序员无法调用。

(2) 析构函数没有参数,也没有返回值。

(3) 一个类只能有一个析构函数,即析构函数不能重载。

由于 C#采用垃圾回收器的方法来自动管理内存,垃圾回收器工作在后台,通过相应的垃圾回收机制判断并回收所有废弃的对象。所以大部分内存释放工作基本上可以交给垃圾回收器而不需要编程员写太多的代码。

3.6.6 继承

继承(Inheritance)是指一个类从它的父类中继承除构造函数以外的所有数据的定义和功能。继承能够提高代码的可重用性。通过继承子类将获取父类已有的非私有的成员变量和成员方法,而不必重新编写。

在 C#中被继承的类称为基类或者父类,继承了基类的类称为派生类或子类。类之间的继承关系是通过"冒号"实现的,"冒号"的前面是派生类,后面是基类。语法格式如下所示。

```
[类修饰符] class 派生类名:基类名
{
    类的成员;
}
```

【例 3-14】 定义 Person 类,并定义 Employee 类继承自 Person 类,实现输出某个职工的姓名、年龄、部门和薪金。

(1) 创建一个控制台应用程序。

(2) 定义 Person 类和 Employee 类。

```
namespace Inheritance_text
{
    class Person
    {
        private String name = "张三";              //类的数据成员声明
        private int age = 12;
        public void Display()                      //类的方法(函数)声明,显示姓名和年龄
        {
            Console.WriteLine("姓名:{0},年龄:{1}", name, age);
        }
        public Person(string Name, int Age)        //构造函数,函数名和类同名,无返回值
        {
            name = Name;
            age = Age;
        }
```

```
class Employee : Person                    //Person 类是基类
{
    private string department;             //部门,新增数据成员
    private decimal salary;                //薪金,新增数据成员
    public Employee(string Name, int Age, string D, decimal S)
        : base(Name, Age)
    {
//注意 base 的第一种用法,根据参数调用指定基类构造函数,注意参数的传递
        department = D;
        salary = S;
    }
    public new void Display()   //覆盖基类 Display()方法,注意用 new,不可用 override
    {
        base.Display();                    //访问基类被覆盖的方法,base 的第二种用法
        Console.WriteLine("部门:{0}  薪金:{1}", department, salary);
    }
}
```

(3) 在主程序入口添加代码。

```
class Program
{
    static void Main(string[] args)
    {
        Employee OneEmployee = new Employee("李四", 30, "计算机系", 2000);
        OneEmployee.Display();
        Console.ReadKey();
    }
}
```

(4) 编译并运行程序,结果如图 3-20 所示。

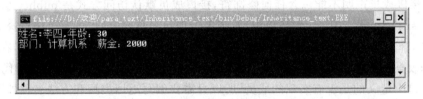

图 3-20　程序运行结果

　　Employee 类继承基类 Person 的方法和数据成员,即认为基类 Person 的这些成员也是 Employee 类的成员,但不能继承构造函数和析构函数。添加了新的数据成员 department 和 salary,覆盖了方法 Display()。

　　C#语言类继承具有如下特点。

　　(1) C#语言只允许单继承,即派生类只能有一个基类。

　　(2) C#语言继承是可以传递的,如果 C 从 B 派生,B 从 A 派生,那么 C 不但继承 B 的成员,还要继承 A 中的成员。

　　(3) 派生类可以添加新成员,但不能删除基类中的成员。

　　(4) 派生类不能继承基类的构造函数、析构函数和事件,但能继承基类的属性。

(5) 派生类可以覆盖基类的同名成员,如果在派生类中覆盖了基类同名成员,基类该成员在派生类中就不能被直接访问,只能通过"base.基类方法名"访问。

(6) 派生类对象也是其基类的对象,但基类对象却不是其派生类的对象。例如,前边定义的雇员类 Employee 是 Person 类的派生类,所有雇员都是人类,但很多人并不是雇员,可能是学生、自由职业者、儿童等。因此 C#语言规定,基类的引用变量可以引用其派生类对象,但派生类的引用变量不可以引用其基类对象。

3.7 接　　口

接口是一种程序约定,其本身并不去实现成员的方法,而是通过派生类来实现,接口可以使得程序更加清晰,更加具有条理。

3.7.1 创建接口

接口声明是一种类型声明,它定义了一种新的接口类型。接口声明格式如下:

[接口修饰符] interface 接口名:基接口
{
接口成员;
}

其中,关键字 interface、接口名和接口体是必需的,其他项是可选的。接口修饰符可以是 new、public、protected、internal 和 private。

声明接口时,需注意以下内容。

(1) 接口成员只能是方法、属性、索引指示器和事件,不能是常量、域、操作符、构造函数或析构函数,不能包含任何静态成员。

(2) 接口成员声明不能包含任何修饰符,接口成员默认访问方式是 public。

在 Visual Studio 2010 开发环境中,右键单击项目名称,在弹出的菜单中选择 Add|New Item 命令,弹出 Add New Item 对话框,在项目类型列表中选择 Interface 类型,在 Name 文本框中修改默认的接口名称,单击 Add 按钮,系统会创建接口文件,并添加框架代码。

在接口中定义的是没有实现的成员,所以只需要编写返回类型和方法名称即可,如接口 IShape 的成员代码如下所示:

```
interface IShape
{   double Area();
    double Perimeter();
}
```

3.7.2 实现接口

接口的实现是在派生类中完成的。派生类实现了接口所定义的全部方法,所以,首先派生类要继承接口。继承接口和继承类方式相同,都使用"冒号"。"冒号"前是派生类,而后面是接口。

【例 3-15】 创建一个接口,然后创建继承该接口的派生类 Rectangle,通过此派生类实现了计算周长和面积的方法。

(1) 创建一个控制台应用程序。

(2) 创建一个接口文件 IShape,其中定义两个方法,分别求面积和周长。

```
namespace Interface_text
{
    interface IShape
    {
        double Area(double a, double b);
        double Perimeter(double c, double d);
    }
}
```

(3) 创建一个派生类 Rectangle,继承接口 IShape,并实现接口的两个方法。

```
namespace Interface_text
{
    class Rectangle : IShape
    {
        public double Area(double x, double y)
        {
            return x * y;
        }
        public double Perimeter(double x, double y)
        {
            return (x + y) * 2;
        }
    }
}
```

(4) 在程序入口 Main() 函数中,调用 Rectangle 对象中的方法,求出面积和周长。

```
namespace Interface_text
{
    class Program
    {
        static void Main(string[] args)
        {
            Rectangle rect = new Rectangle();
            double x = 200;
            double y = 300;
            Console.WriteLine("矩形的面积为:{0}", rect.Area(x,y));
            Console.WriteLine("矩形的周长为:{0}", rect.Perimeter(x, y));
            Console.ReadKey();
        }
    }
}
```

(5) 编译代码,运行效果如图 3-21 所示。

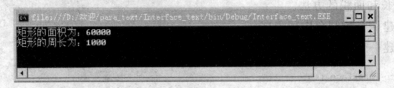

图 3-21 程序运行结果

3.8 委托与事件

委托(Delegate)也是一种类型,它表示对具有特定参数列表和返回类型的方法的引用。通过委托,开发人员能够将方法作为实体赋值给变量和作为参数传递。委托类似 C++语言中的函数指针。下面的实例声明了一个名为 Delegate 的委托。该委托可以封装一个采用字符串作为参数并返回的方法。

```
Public delegate void Delegate(string message);
```

委托具有以下特点。
(1) 委托类似于 C++函数指针,但它是类型安全的。
(2) 委托允许将方法作为参数进行传递。
(3) 委托可以用于定义回调方法。
(4) 委托可以连接在一起;例如,可以对一个事件调用多种方法。
(5) 方法不需要与委托签名精确匹配。
(6) 匿名方法允许将代码块作为参数传递,以替代单独定义的方法。

事件(Event)是一种特殊的委托,它是一种使对象或类能够提供通知或消息的成员。客户端可以通过提供事件处理程序为相应的事件添加可执行代码。

事件具有以下特点。
(1) 事件是类用来通知对象需要执行某种操作的方式。
(2) 事件通常用于图形界面中。
(3) 事件通常使用委托事件处理程序进行声明。
(4) 事件可以调用匿名方法来替代委托。

【例 3-16】 在控制台输入数据,利用委托来实现函数回调,在回调函数中实现两个数的求和。

(1) 在 VS2010 中创建一个控制台应用程序,声明委托,在主程序入口处使用该方法实例化委托。

```
namespace Delegate_text
{
    class Program
    {
        public delegate void add(string message);  //声明一个名为 add 的委托
        public static void DelegateMethod(string message)
```

```
        {
            System.Console.WriteLine(message);
        }
        //定义 MethodWithCallback 方法,该方法把委托作为第三个参数,然后在该方法的内部调用
        //委托。
        public static void MethodWithCallback(int Param1,int Param2,add callback)
        {
            callback("两数之和为:" + (Param1 * Param2).ToString());
        }
        static void Main(string[] args)
        {
            Console.WriteLine("请输入第一个数字: ");
            int a = Convert.ToInt32(Console.ReadLine());        //从键盘读入数据
            Console.WriteLine("请输入第二个数字: ");
            int b = Convert.ToInt32(Console.ReadLine());        //从键盘读入数据
            add handler = DelegateMethod;                        //创建委托对象
            MethodWithCallback(a, b, handler);                   //调用委托方法,计算结果
            Console.ReadKey();
        }
    }
}
```

(2) 编译并执行代码,运行结果如图 3-22 所示。

图 3-22　程序运行结果

委托类型是密封的,不能从 Delegate 中派生委托类型,也不能从中派生自定义类,由于实例化委托是一个对象,所以可以将其作为参数进行传递,也可以将其复制给属性,这样类的方法便可以将一个委托作为参数来接受,并且以后可以调用该委托。这称为异步回调,是在较长的进程完成后用来通知调用方的常用方法,以这种方式使用委托时,使用委托的代码无须了解所用方法是如何实现的。

3.9　命　名　空　间

命名空间的作用是将程序中可能包含的类、结构、枚举、委托和接口等逻辑地组合起来。这种组合类似于文件的保存方式,把类保存到不同的命名空间,一个命名空间可以包含另一命名空间,不同的命名空间下的类名可以同名也可以不同名,在使用同名类时,只需要说明是哪个命名空间即可。

3.9.1 声明命名空间

用关键字 namespace 声明一个命名空间,命名空间的声明要么是源文件 using 语句后的第一条语句,要么作为成员出现在其他命名空间的声明之中,也就是说,在一个命名空间内部还可以定义命名空间成员。全局命名空间应是源文件 using 语句后的第一条语句。在同一命名空间中,不允许出现同名命名空间成员或同名的类。在声明时不允许使用任何访问修饰符,名字空间隐式地使用 public 修饰符。

具体声明示例如下所示。

1. 嵌套形式

```
using System;
namespace NS1              //NS1 为全局命名空间的名称,应是 using 语句后的第一条语句
{  namespace NS2           //命名空间 NS1 的成员 NS2
   {  class A              //在 NS2 命名空间定义的类不应重名
      {  void f1(){};}
      class B
      {  void f2(){};}
   }
}
```

2. 非嵌套形式

```
namespace NS1              //类 A、B 在命名空间 NS1 中
{  class A
   {  void f1(){};}
   class B
   {  void f2(){};}
}
```

3. 拆分形式

```
namespace NS1              //类 A 在命名空间 NS1 中
{  class A
   {  void f1(){};}
}
namespace NS1              //类 B 在命名空间 NS1 中
{  class B
   {  void f2(){};}
}
```

3.9.2 使用命名空间

如在程序中,需引用其他命名空间的类或函数等,可以使用 using 语句,例如,需使用 3.9.1 节中定义的方法 f1(),可以采用如下代码:

```
using NS1;
class WelcomeApp
{   A a = new A();
    a. f1();
}
```

小 结

本章主要讲解了 C#语法的基础知识和面向对象的一些概念,介绍了数据类型及类型之间的相互转换、变量、运算符、语句结构以及类、接口、方法、继承等。通过本章学习,读者应该对 C#语法有了初步的了解,可以编写较简单的语句结构,对面向对象编程的方法有初步的了解。

习 题

1. 填空题

(1) C#的数据类型可分为(　　　)类型和(　　　)类型。

(2) 在 C#中定义一个命名空间使用的关键字是(　　　)。

(3) 在 C#中定义类的关键字是(　　　)。

2. 选择题

(1) 下列数据类型属于值类型的是(　　　)。

　　A. class　　　　　　B. interface　　　　　C. struct　　　　　D. abstruct

(2) 如果类名为 Myclass,那么(　　　)可以作为它的析构函数。

　　A. ~Myclass() 　　　　　　　　　　　B. Myclass(double a)

　　C. ~Myclass(double a) 　　　　　　　D. void Myclass()

(3) 下列给出的变量名正确的是(　　　)。

　　A. float void 　　　　　　　　　　　B. char static

　　C. int.1 　　　　　　　　　　　　　D. char using123_bat

(4) 封箱和拆箱操作发生在(　　　)。

　　A. 引用类型与值类型之间　　　　　　B. 引用类型与引用类型之间

　　C. 类与对象之间　　　　　　　　　　D. 对象与对象之间

3. 编程题

(1) 编写程序模拟商场打折器。创建一个 Windows 窗体应用程序,要求根据文本框内输入的商品标价打折,如果商品价格大于 500 元,对商品进行 8 折销售,如果商品价格大于 1000 元,对商品进行 7 折销售。将折后价格显示在相应文本框内。

(2) 编写控制台应用程序,设计一个楼房类 Building,在控制台输入楼的长、宽、楼层数及每平方米单价等数据,求楼房的总面积和总价。

第 4 章　内置对象概述

ASP.NET 提供了许多内置对象,如 Page、Request、Response、Application、Session、Server 等。这些对象使用户更容易收集通过浏览器请求发送的信息、响应浏览器以及存储用户信息,以实现其他特定的状态管理和页面信息的传递。

本章主要内容:
- Page 对象和 Response 对象;
- Server 对象和 Request 对象;
- Cookie 对象和 Session 对象;
- Application 对象。

4.1　Page 对象

Page 对象用于一个后缀名为 aspx 的文件,也称为 Web 窗体页,主要用于网页的加载、网页判断和网页的有效性等方面。

4.1.1　Page 对象的常用事件

Page 对象是网页运行的首要对象,一般完成网页的初始化,其事件如表 4-1 所示。

表 4-1　Page 对象的常用事件

事件	描述
Page_Init 事件	完成页面的初始化工作
Page_Load 事件	在初始化的基础上进行加载内容
Page_UnLoad 事件	页面已经处理完毕,需要做些清理工作

【例 4-1】　Page_Init 事件和 Page_Load 事件的区分。

程序分析:

(1) 在 Page_Init 和 Page_Load 事件中分别输入相同的代码。

(2) 理解两事件的区别。

步骤如下:

(1) 新建一个空网站 Page,在解决方案资源管理器中,单击鼠标右键,在弹出的右键菜单中选择"建立新项"命令,名称为 Default.aspx。

(2) 在页面上放置一个列表框和一个命令按钮,设置相应的属性。

(3) 在 Page_Init 事件中输入代码,如图 4-1 所示。

```
Default                                    Page_Init(object sender, EventArgs e)
using System;
using System.Collections.Generic;
using System.Linq;
using System.Web;
using System.Web.UI;
using System.Web.UI.WebControls;

public partial class _Default : System.Web.UI.Page
{
    protected void Page_Load(object sender, EventArgs e)
    {
        // ListBox1.Items.Add("辽宁");
        // ListBox1.Items.Add("沈阳");
    }

    protected void Page_Init(object sender, EventArgs e)
    {
        ListBox1.Items.Add("辽宁");
        ListBox1.Items.Add("沈阳");
    }

    protected void Button1_Click(object sender, EventArgs e)
    {

    }
}
```

图 4-1　Page_Init 事件的代码

(4) 运行网页，单击命令按钮，结果如图 4-2 所示。

图 4-2　Page_Init 事件的运行结果

(5) 在 Page_Load 事件中输入代码，如图 4-3 所示。

```
Default                                    Page_Load(object sender, EventArgs e)
using System;
using System.Collections.Generic;
using System.Linq;
using System.Web;
using System.Web.UI;
using System.Web.UI.WebControls;

public partial class _Default : System.Web.UI.Page
{
    protected void Page_Load(object sender, EventArgs e)
    {
        ListBox1.Items.Add("辽宁");
        ListBox1.Items.Add("沈阳");
    }

    protected void Page_Init(object sender, EventArgs e)
    {
        // ListBox1.Items.Add("辽宁");
        // ListBox1.Items.Add("沈阳");
    }

    protected void Button1_Click(object sender, EventArgs e)
    {

    }
}
```

图 4-3　Page_Load 事件的代码

(6) 运行网页,单击命令按钮,结果如图 4-4 所示。

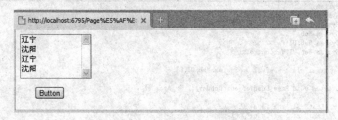

图 4-4　Page_Load 事件的运行结果

从上面的程序上看,代码是一样的,放置的位置不同,结果有很大的变化。

Page_Init 事件和 Page_Load 事件的不同:Page_Init 是初始化页面,Page_Load 是读取加载。Page_Init 事件,只有第一次加载页面时执行,这个方法先于 Page_Load,也在控件初始化前执行;Page_Load 事件当页面被读入内存,进行处理时引发,是最常用的事件,每次刷新又会重新执行。

4.1.2　Page 对象的属性

Page 对象的属性很多,常用属性如表 4-2 所示。

表 4-2　Page 对象的常用属性

属性	描述
IsPostBack	布尔值,如果是 True,表示当前页为了响应客户端回发而加载的,否则表示当前页面是首次加载和访问
IsValid	属性在使用验证控件时常用

【例 4-2】　运用 Page 对象的属性 IsPostBack 来判断是否首次加载,改写例 4-1 的程序。改写代码如图 4-5 所示。

```
using System;
using System.Collections.Generic;
using System.Linq;
using System.Web;
using System.Web.UI;
using System.Web.UI.WebControls;

public partial class Default2 : System.Web.UI.Page
{
    protected void Page_Load(object sender, EventArgs e)
    {
        if (IsPostBack == false)
        {
            ListBox1.Items.Add("辽宁");
            ListBox1.Items.Add("沈阳");
        }
    }
    protected void Page_Init(object sender, EventArgs e)
    {
        //  ListBox1.Items.Add("辽宁");
    }
    protected void Button1_Click(object sender, EventArgs e)
    {
    }
}
```

图 4-5　改写 Page_Load 事件的代码

在图 4-5 中,利用了 Page 对象的 IsPostBack 属性,实现了多次单击命令按钮,Page_Load 事件不再运行,列表框中的内容不再变化,结果如图 4-2 所示。

4.2 Response 对象

Response 对象是用来访问所创建的客户端响应,向客户端输出信息。在 ASP.NET 中,一般提倡利用控件或消息框输出信息。

4.2.1 Response 对象的属性

Response 对象常用属性如表 4-3 所示。

表 4-3 Response 对象常用属性及说明

属　性	说　明
Buffer	用来设置是否缓冲输出,并在完成处理整个响应之后将其发送
Cache	获取 Web 页的缓存策略,如过期时间、保密性
CharSet	设定或获取 HTTP 的输出字符编码
Expires	设置缓存过期时间
Cookies	获取当前请求的 Cookie 集合
IsClientConnected	传回客户端是否仍然和 Server 连接
SuppressContent	设定是否将 HTTP 的内容发送至客户端浏览器

4.2.2 Response 对象的方法

Response 对象常用方法如表 4-4 所示。

表 4-4 Response 对象常用方法及说明

方　法	说　明
AddHeader	将一个 HTTP 头添加到输出流
AppendToLog	将自定义日志信息添加到 IIS 日志文件
Clear	将缓冲区的内容清除
End	将目前缓冲区中所有的内容发送到客户端后关闭
Flush	将缓冲区中所有的数据发送至客户端
Redirect	将网页重新导向另一个网页
Write	将数据输出到客户端
WriteFile	将指定的文件直接写入 HTTP 内容输出流

1. Write 方法

Write 方法,将数据输出,但是显示信息位置不像 Label 控件一样容易控制,所以不提倡这种输出方法。

【例 4-3】 利用 Response.Write 向页面输出数据。

```
string user_nanme;
user_name = "老师";
```

Response.Write(user_name + "您好!");

2. Redirect 方法

Response 对象的 Redirect 方法用于将客户端重定向到新的 URL,实现页面间的跳转。

【例 4-4】 实现页面间的跳转。

Response.Redirect("http://www.sina.com.cn");

3. End 方法

【例 4-5】 实现客户端的关闭。

```
Response.Write("这是第一句");
Response.End();                    //停止运行,不再执行任何语句
Response.Write("这是第二句");
```

4.2.3 Response 对象与 JavaScript 的使用

有时处理时不必用到服务器,在客户端运行 JavaScript 就可以了。

【例 4-6】 JavaScript 的使用。

```
protected void Button1_Click(object sender, EventArgs e)
{
    Response.Write ("<script> alert(关闭窗口?')</script>");
}
protected void Button2_Click(object sender, EventArgs e)
{
    Response.Write("<script> windows.close();</script>");
    Response.Write("<script language = 'javascript'> windows.close();</script>");
}
```

4.3 Server 对象

Server 对象提供用于处理当前请求的助手,并提供访问服务器上的方法和属性的访问以及进行 HTML 编码的功能,这些功能分别由 Server 对象相应的方法和属性完成。

4.3.1 Server 对象的属性

Server 对象的属性如表 4-5 所示。

表 4-5 Server 对象的属性

属 性	说 明
MachineName	获取服务器的计算机名称
ScriptTimeout	用于设置脚本程序执行的最大时间

【例 4-7】 得到服务器的计算机名称。

```
//服务器机器名
Response.Write("服务器机器名:" + Server.MachineName);
```

```
//超时时间为:
Response.Write("超时时间为: " + Server.ScriptTimeout);
```

4.3.2 Server 对象的方法

Server 对象常用方法如表 4-6 所示。

表 4-6 Server 对象常用方法及说明

方法	说明
Execute	跳转到新的网页,执行完毕后返回当前页
Transfer	终止当前页,跳转到新的页面
MapPath	返回服务器上的指定物理路径
HtmlDecode	对 HTML 字符串进行解码,发送到输出流
HtmlEncode	对字符串进行 HTML 编码,发送到输出流
ClearError	清除前一个异常
CreateObject	创建一个 COM 对象的服务器对象
GetLastError	返回前一个异常

4.3.3 页面间的跳转

Response 对象的 Redirect 方法实现的页面跳转是在客户端完成的,而 Server 对象的 Execute 方法和 Transfer 方法都是在服务器端执行的。

【例 4-8】 理解 Execute 和 Transfer 方法的区别。

建立网站,创建两个页面 Default.aspx 和 Default1.aspx,实现页面的跳转。

程序分析:

(1) Execute 方法在新页面中的程序执行完毕后自动返回到原页面,继续执行后续代码;

(2) Transfer 方法在执行了跳转后不再返回原页面,后续语句也永远不会被执行。

步骤如下:

(1) 创建网站 ServerExecuteTransfer,添加两个网页 Default.aspx 和 Default1.aspx。

(2) 在两个网页中编写代码。

在 Default.aspx 中编写如下代码:

```
protected void Page_Load(object sender, EventArgs e)
{
    Response.Write("开始调用 Execute 方法" + "<br/>");
    Server.Execute("Default1.aspx");
    Response.Write("调用 Execute 方法返回到 Default.aspx");
}
```

在 Default1.aspx 中编写如下代码:

```
protected void Page_Load(object sender, EventArgs e)
{
    Response.Write("这是 Default1.aspx 中的代码");
}
```

（3）运行结果，如图 4-6 所示。

图 4-6　Execute 的方法

（4）修改 Default.aspx 页面的 Page_Load 事件处理程序，修改后的代码如下所示：

```
protected void Page_Load(object sender, EventArgs e)
{
    Response.Write("开始调用 Transfer 方法" + "<br/>");
    Server.Transfer("Default1.aspx");
    Response.Write("调用 Transfer 方法返回到 Default.aspx");
}
```

（5）运行结果如图 4-7 所示。

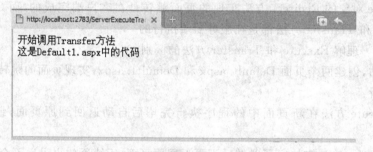

图 4-7　Transfer 方法

4.4　Request 对象

Request 对象有很多用途，如用来在不同网页之间传递数据，获取用户所使用的浏览器的信息，显示 Web 服务器的一些信息，获得 Cookie 信息。

4.4.1　Request 对象的属性

通过其属性，可以获得用户的 IP 地址、操作系统的信息、传递参数等，其属性如表 4-7 所示。

表 4-7　Request 对象的常用属性及说明

属　　性	说　　明
Browser	客户端浏览器的信息
FilePath	当前执行网页的路径名

续表

属　性	说　明
QueryString	接收客户端传递的参数
UserHostName	客户端主机的 DNS 名称
UserHostAddress	客户端主机的 IP 地址
UserLanguages	客户端主机所使用的语言
UserAgent	客户端浏览器版本
Url	当前要求的 URL
RequestType	客户端网页的传送方式(Get/Post)
PhysicalPath	当前网页在服务器端的实际路径
PhysicalApplicationPath	当前在服务器端执行的实际文件夹
Params	获取 URL 和接收客户端参数的全部集合

4.4.2 Request 对象的方法

Request 对象常用方法如表 4-8 所示。

表 4-8　Request 对象常用方法及说明

方　法	说　明
MapPath	浏览器中输出指定网页所在的物理路径
SaveAs	将请求的信息储存到磁盘中

4.4.3 获得页面间传送的参数

Request 对象的功能是从客户端得到数据，常用的三种取得数据的方法是：Request.Form、Request.QueryString 和 Request。第三种是前两种的缩写，可以取代前两种情况。前两种主要对应两种不同的提交方法：Post 方法和 Get 方法。

【例 4-9】　利用 QueryString 属性在页面间传递参数。

新建两个网页：Default.aspx 和 PassParam.aspx，在 Default.aspx 网页上输入课程名、学生名和成绩。在 PassParam.aspx 网页中显示出输入的信息。

程序分析：

(1) 输入参数用 Response.Redirect 方法来传递参数，其格式为：

Response.Redirect("接收页面?参数 1 = " + 要传递的参数 1 + "& 参数 2 = " + 要传递的参数 2 + "& 参数 3 = " + 要传递的参数 3)

(2) 接收参数用 Request.QueryString 属性，其格式为：

Request.QueryString["参数 1"];

步骤如下：

(1) 建立两个网页：Default.aspx 和 PassParam.aspx。

(2) 在 Default.aspx 网页上，放置三个 Label 控件、三个 TextBox 控件和两个命令按钮,如图 4-8 所示。

在图 4-8 中,"提交"按钮事件的代码如下:

```
//定义参数 ClassName,StudentName,Grade
string ClassName = TextBox1.Text.Trim();
string StudentName = TextBox2.Text.Trim();
string Grade = TextBox3.Text.Trim();
//传递参数:课程名,学生名,成绩
Response.Redirect("PassParam.aspx?CN=" + ClassName + "&SN=" + StudentName + "&Gr=" + Grade);
```

(3) 在 PassParam.aspx 网页上,放置三个 Label 控件,如图 4-9 所示。

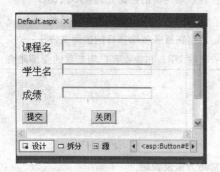
图 4-8　输入的设计界面

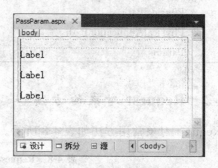
图 4-9　得到参数的设计界面

在图 4-9 中,Page_Load 事件的代码如下:

```
//接收传递的参数
Label1.Text = "课程名称为:" + Request.QueryString["CN"];
Label2.Text = "学生名称为:" + Request.QueryString["SN"];
Label3.Text = "成绩为:" + Request.QueryString["Gr"];
```

(4) 运行结果。

当在如图 4-10 所示的网页输入参数后,在如图 4-11 所示的网页显示得到的参数。

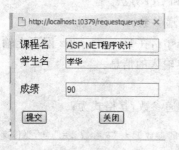
图 4-10　输入参数界面

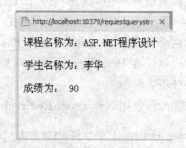
图 4-11　获得参数的运行结果

【例 4-10】 改写例 4-9,利用 Request 接收参数。

程序分析:

(1) 输入参数用 Response.Redirect 方法,其格式为:

Response.Redirect("接收页面?参数 1=" + 要传递的参数 1 + "&参数 2=" + 要传递的参数 2 + "&参数 3=" + 要传递的参数 3)

（2）接收参数用 Request 属性，其格式为：

Request["参数 1"];

在例 4-9 中，只需要改写 Passparam.aspx 网页的 Page_Load 事件的代码，其代码如下：

```
//接收传递的参数
Label1.Text = "课程名称为：" + Request["CN"];
Label2.Text = "学生名称为：" + Request["SN"];
Label3.Text = "成绩为：" + Request["Gr"];
```

4.4.4 获取客户端的信息

在访问网页时，服务器通常会记录一些客户端的信息，一般是由 Request 的 Browser 属性来实现。

【例 4-11】 利用 Request 获得用户的信息。

```
Response.Write("客户端计算机名：" + Request.UserHostName + "<BR />");
Response.Write("客户端 IP：" + Request.UserHostAddress + "<BR />");
Response.Write("浏览器：" + Request.Browser.Browser + "<BR />");
Response.Write("浏览器版本：" + Request.Browser.Version + "<BR />");
Response.Write("浏览器类型：" + Request.Browser.Type + "<BR />");
Response.Write("客户端操作系统：" + Request.Browser.Platform + "<BR />");
Response.Write("是否支持 Java：" + Request.Browser.JavaApplets + "<BR />");
Response.Write("是否支持框架网页：" + Request.Browser.Frames + "<BR />");
Response.Write("是否支持 Cookie：" + Request.Browser.Cookies + "<BR />");
Response.Write("客户端.NET Framework 版本：" + Request.Browser.ClrVersion + "<BR />");
Response.Write("JScript 版本：" + Request.Browser.JScriptVersion + "<BR />");

Response.Write("请求的虚拟路径：" + Request.Path + "<BR />");
//Response.Write("title：" + Request.He + "<BR />");
for (int i = 0; i < Request.Headers.Count; i++)
{
Response.Write(Request.Headers.Keys[i] + "：" + Request.Headers[Request.Headers.Keys[i]] + "<BR />");
}
Response.Write("请求的物理路径：" + Request.PhysicalPath + "<BR />");
Response.Write("浏览器类型和版本：" + Request.ServerVariables["HTTP_USER_AGENT"] + "<BR />");
Response.Write("用户的 IP 地址：" + Request.ServerVariables["REMOTE_ADDR"] + "<BR />");
Response.Write("请求的方法：" + Request.ServerVariables["REQUEST_METHOD"] + "<BR />");
Response.Write("服务器的 IP 地址：" + Request.ServerVariables["LOCAL_ADDR"] + "<BR />");
//将用户的请求保存到 abc.txt 文件中，在 C# 中"\"表示转义符，所以在表示路径时使用"//"
Request.SaveAs("d:\\lihua.txt", true);
```

运行结果如图 4-12 所示。

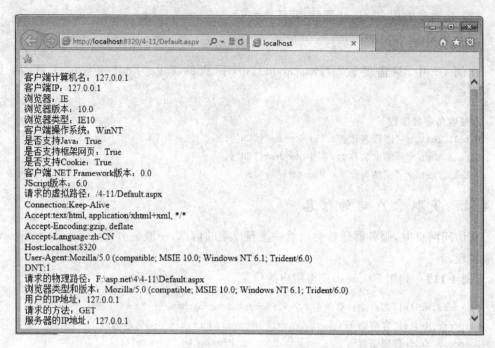

图 4-12 Request 获得用户的信息

4.5 Session 对象

Session 对象,简单来说就是服务器给客户端的一个编号。当一台服务器运行时,可能有若干个用户正在浏览服务器上的网站。当用户首次与这台服务器建立连接时,即建立了一个 Session,同时服务器会自动分配一个 SessionID,用以标识这个用户的唯一身份。

4.5.1 Session 对象的属性

Session 对象的属性如表 4-9 所示。

表 4-9 Session 对象的属性及说明

属 性	说 明
mode	设置将 Session 信息存储的位置
Off	设置为不使用 Session 功能
InProc	设置为将 Session 存储在进程内
StateServer	设置为将 Session 存储在独立的状态服务中
SQLServer	设置将 Session 存储在 SQL Server 中
SessionID	用于标识 Session 的唯一编号
CookieLess	设置用户浏览器是否支持 Cookie 启用会话状态
Timeout	设置服务器自动放弃 Session 信息的时间
StateConnectionString	设置状态服务器连接字符串
SqlConnectionString	设置与 SQL Server 连接时的连接字符串
StateNetworkTimeout	设置使用 StateServer 模式存储 Session 状态的时间

4.5.2 Session 对象的方法

Session 对象的方法如表 4-10 所示。

表 4-10 Session 对象的方法及说明

方　　法	说　　明
Count	获取会话状态下的 Session 对象的个数
Abandon	取消当前对话
Add	新增一个 Session 对象
Remove	删除会话集合中的某项
RemoveAll	删除所有会话状态值

4.5.3 Session 对象的事件

Session 对象的事件如表 4-11 所示。

表 4-11 Session 对象的事件及说明

方　　法	说　　明
OnStart	第一个访问服务器的用户第一次访问页面的发生
End	最后一个用户的会话结束并且该会话的 OnEnd 事件所有代码执行完毕后发生

4.5.4 Session 举例

【例 4-12】 实现简单登录页面。

在网页上输入用户名和密码,不需要后台数据库的支持,如图 4-13 和图 4-14 所示。

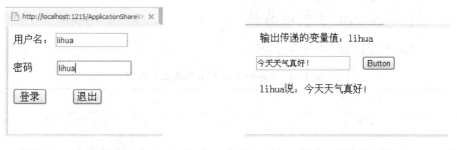

图 4-13 简单登录界面　　　　　　　　图 4-14 输出界面

程序分析:

利用 Session 的属性传递参数。

步骤如下:

(1) 创建一个网站 ApplicationShareVary,建立两个网页 Default.aspx 和 Default1.aspx。

(2) 在网页 Default.aspx 中放置控件,设置属性,如图 4-13 所示,代码如下:

```
protected void Button1_Click(object sender, EventArgs e)
{
```

```
        if (TextBox1.Text == "lihua" && TextBox2.Text == "lihua")
        {
            Session["name"] = TextBox1.Text;
            //跳转到新的页面
            Response.Redirect("Default1.aspx");
        }
    }
```

(3) 在网页 Default1.aspx 中放置控件,设置属性,如图 4-14 所示,代码如下:

```
protected void Page_Load(object sender, EventArgs e)
{
    Label1.Text = Session["name"].ToString();
}

protected void Button2_Click(object sender, EventArgs e)
{
    Application["content"] = TextBox1.Text;
    //输出内容
    Label2.Text = Label2.Text + "\n" + Label1.Text + "说: " + Application["content"].ToString();
}
```

4.6 Application 对象

Application 对象用于共享应用程序的信息,在服务器内存中存储数量较少又独立于用户请求的数据。由于它的访问速度非常快而且只要应用程序不停止,数据一直存在,可利用该对象完成网站在线人数的统计、多用户聊天和多用户游戏等。

4.6.1 Application 对象的属性

Application 对象的属性如表 4-12 所示。

表 4-12 Application 对象的属性及说明

属 性	说 明
AllKey	获取集合中的访问键
Count	获取集合中的对象数

4.6.2 Application 对象的方法

Application 对象的常用方法如表 4-13 所示。

表 4-13 Application 对象常用方法及说明

方 法	说 明
Add	新增一个 Application 对象变量
Clear	清除全部 Application 对象变量
Lock	锁定全部 Application 对象变量

续表

方法	说明
Remove	使用变量名称移除一个 Application 对象变量
RemoveAll	移除全部 Application 对象变量
Set	使用变量名称更新一个 Application 对象变量的内容
UnLock	解除锁定的 Application 对象变量

4.6.3 Application 对象的事件

Application 对象的事件如表 4-14 所示。

表 4-14 Application 对象的事件及说明

事件	说明
OnStart	在第一次 ASP.NET 的请求中被调用。Application_Start 在整个程序运行周期中仅会被调用一次。可以在这个方法中执行一些启动时的初始化的操作
End	只在程序被卸载时调用,并且运行周期内只调用一次

4.6.4 全局配置文件 Global.asax

Global.asax 是全局应用程序文件,该文件主要有两种用途：定义应用程序级和会话级的变量、对象和数据；对应用程序内发生的基于应用程序和会话的事件处理程序。

添加该文件的方法是,在解决方案资源管理器中单击右键,选择"添加新项"命令,在如图 4-15 所示对话框中选择"全局应用程序类",添加 Global.asax 文件到网站中。

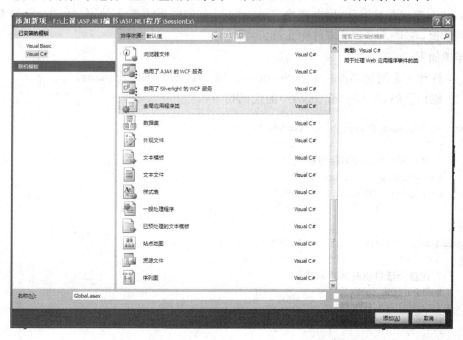

图 4-15 添加 Global.asax

Global.asax 文件一旦被添加到站点中,系统将自动打开该代码,在该文件中创建 Application、Session 对象的 Start 和 End 的空事件过程。

4.6.5 设计访问人数的程序

【例 4-13】 利用 Application、Session 对象和全局配置文件。

设计访问网页的人数,如图 4-16 所示。

图 4-16 访问网页的点击数

程序分析:

(1) 页面单击数。页面被单击一次+1,不管是否是同一个用户多次单击页面。

用户访问数。来了一个用户+1,一个用户打开多个页面不会影响这个数字。

(2) 在 Application_Start 中初始化两个变量。

(3) 用户访问数根据 Session 来判断,因此可以在 Session_Start 的时候去增加这个变量。

(4) Application 的作用范围是整个应用程序,可能有很多用户在同一个时间访问 Application 造成并发混乱,因此在修改 Application 的时候需要先锁定 Application,修改完成后再解锁,在 Page_Load 事件中完成。

步骤如下:

(1) 设计一个网站 ApplicationSession,添加一个网页 Default.aspx。

(2) 添加代码,在 Global.asax 中的代码如下:

```
void Application_Start(object sender, EventArgs e)
{
    //在应用程序启动时运行的代码
    Application["PageClick"] = 0;
    Application["UserVisit"] = 0;
}

void Session_Start(object sender, EventArgs e)
{
    //在新会话启动时运行的代码
    Application.Lock();

    Application["UserVisit"] = (int)Application["UserVisit"] + 1;
    Application.UnLock();
}
```

(3) 在 Default.aspx 中的代码如下:

```
protected void Page_Load(object sender, EventArgs e)
{
    if (!IsPostBack)
    {
        Application.Lock();
        Application["PageClick"] = (int)Application["PageClick"] + 1;
        Application.UnLock();
        Response.Write(string.Format("页面单击数: {0}<br/>", Application["PageClick"]));
        Response.Write(string.Format("用户访问数: {0}<br/>", Application["UserVisit"]));
    }
}
```

4.7 Cookie 对象

与 Session 对象一样，Cookie 也是用来保存浏览器信息，Cookie 的数据是保存在客户端的，当用户再次访问时，就可以访问以前保存的信息。Cookie 对象不属于 Page 对象，而是分别属于 Response 对象和 Request 对象，每一个 Cookie 变量都是被不同的 Cookie 对象所管理。

4.7.1 Cookie 对象的属性

Cookie 对象的属性如表 4-15 所示。

表 4-15 Cookie 对象的属性及说明

属 性	说 明
Expires	Cookie 的有效日期
Value	获取 Cookie 的内容
Path	获取 Cookie 的虚拟路径
Domain	默认当前 URL 中的域名部分

4.7.2 Cookie 对象的方法

Cookie 对象的方法如表 4-16 所示。

表 4-16 Cookie 对象的方法及说明

方 法	说 明
Equals	检验两个 Cookie 是否相等
ToString	返回字符串值
Add	增加 Cookie 变量，将指定的 cookie 保存到 Cookies 集合中
Remove	通过 Cookie 变量名或索引删除 Cookie 对象

4.7.3 Cookie 对象事例

【例 4-14】两种不同的方法，创建 Cookie 对象，如图 4-17 所示。

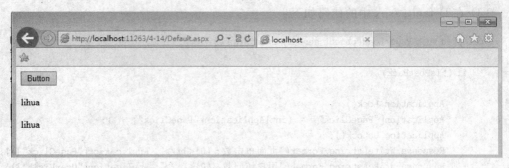

图 4-17 创建 Cookie 对象

程序分析：
(1) 直接设置 Cookie 对象。
(2) 用 HttpCookie 创建 Cookie 对象。

步骤如下：
(1) 创建网站 Cookie，创建网页。
(2) 在网页上设置两个 Label 标签和一个命令按钮。
(3) 代码如下：

```csharp
protected void Page_Load(object sender, EventArgs e)
{
    //直接使用 Cookie 对象
    String strName = "lihua";
    Response.Cookies["username"].Value = strName ;

    Response.Cookies["username"].Expires = DateTime.Now.AddDays(1);
    //用 HttpCookie 创建 Cookie 对象
    HttpCookie aC = new HttpCookie("visited");
    aC.Value = DateTime.Now.ToString();
    aC.Expires = DateTime .Now .AddDays(1);
    Response .Cookies .Add(aC);

    Response.AppendCookie(aC);        //将一个 HTTP Cookie 添加到内部 Cookie 集合中
    Response.Cookies.Add(aC);
}
protected void Button1_Click(object sender, EventArgs e)
{
    if (Request.Cookies["username"] != null)
    {
    Label1 .Text = Server .HtmlEncode (Request.Cookies["username"].Value);
    }
    if (Request.Cookies["username"] != null)
    {
        HttpCookie aC = Request.Cookies["userName"];

        Label2.Text = Server.HtmlEncode(aC.Value);
    }
}
```

小　　结

本章主要讲解了 ASP.NET 内置对象,包括 Page 对象、Response 对象、Request 对象、Server 对象等,通过具体事例,理解它们的属性、方法和一些事件,学习对象间的交叉使用,完成网站的统计人数、访问页面的次数等程序设计。

习　　题

1. 创建两个网页:Default.aspx 和 WelParam.aspx,在 Default.aspx 网页上输入名字和年龄,单击命令按钮跳转到 WelParam.aspx 网页输出"欢迎×× 你的年龄是××",要求采用 Request 对象实现数据的传输。运行图如图 4-18 和图 4-19 所示。

图 4-18　输入参数页面

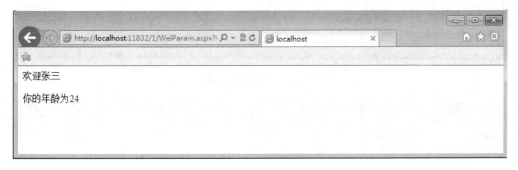

图 4-19　输出参数页面

2. 通过 Session 对象保存访问页面的次数,并设置 Session 对象保存数据的有效时间。运行图如图 4-20 所示。

图 4-20　Session 对象的运行页面

3. 利用 Application 对象和 Global.asax 文件,实现统计网站在线人数的功能。运行图如图 4-21 所示。

(1) 应用程序第一次启动时,将引发 Application_Start 事件,在该事件中将计数器的值设为 1。

(2) 当用户访问该网页时,将建立与用户的会话(Session),并引发 Session_Start 事件,在该事件中将计数器的值增加 1。

(3) 当用户离开该网页时,将取消与用户的会话(Session),并引发 Session_End 事件,在该事件中将计数器的值减 1。

图 4-21　在线人数统计页面

4. 利用 Cookie 对象存储一个用户的姓名,当找到用户的名字时,页面上出现一个欢迎的信息。如图 4-22 所示,在图 4-22 中的文本框中输入用户姓名,单击"保存 Cookie"按钮后,用户信息被保存,再次刷新页面,显示保存的用户姓名,如图 4-23 所示。

图 4-22　刚访问的页面

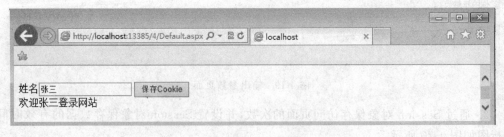

图 4-23　显示 Cookie 内容的页面

第 5 章　ASP.NET 控件技术与组件开发

ASP.NET 是一种完全面向对象的程序设计方法，它将页面中的所有元素都看成一个对象，而 Web 窗体就是承载这些对象的一个容器。

所谓控件是一种可重用的组件或对象，这个组件有自己的外观、属性和方法，大部分控件可以响应系统或用户事件。在 Visual Studio 中，系统内置了大量的控件，显示在工具箱中。

学习 ASP.NET 时，经常会调到控件和组件的开发，而控件是从 Control 类中继承，它封装了用户界面及其相关的功能；组件是一种技术，把功能相同的对象放在一起就可以形成组件。

ASP.NET 的类库中包含大量的控件，从大类上可划分为：服务器控件、HTML 控件、数据验证控件、用户控件、Web 部件。

本章主要内容：
- 服务器控件；
- 数据验证控件。

5.1　服务器控件

ASP.NET 服务器控件是一种服务器端组件，封装了用户界面及其相关的功能组件。包含用于为 Web 提供结构化程序更高的编程模型的内置的服务器控件，能够创建用户控件和自定义控件。

服务器控件有以下三种。

(1) Web 服务器控件——新的 ASP.NET 标签。
(2) HTML 服务器控件——传统的 HTML 标签。
(3) 验证服务器控件——用来验证输入有效性。

5.2　ASP.NET 常用控件介绍

在 Visual Studio 的工具箱中，除了客户端控件，其他控件都是 Web 服务器端控件。其中"标准"选项卡中的控件是最常用的控件。在类库中，所有 Web 控件都是从 System.Web.UI.Control.WebControls 直接或间接派生而来的。

5.2.1 标签控件 Label

1. 功能

Label 控件又称标签控件,主要用于在页面上显示用户提示信息或用于说明某个控件的用途,其属性设置如图 5-1 所示。

2. 属性

(1) ID 属性:获取或设置分配给服务器控件的唯一标识符,在开发过程中用户可以通过 Label 控件 ID 值来访问该控件的属性、方法以及事件。

对 ID 属性的设置有以下两种方法。

① 用户可以在"设计"页中使用"属性"面板对 Label 控件的 ID 属性进行设置,如图 5-2 所示;

② 在"源"页中使用 HTML 标签代码设置 Label 控件的 ID 属性,代码如下:

< asp: Label ID = "Label1" runat = "server" Text = "Label1"></asp:Label >

注意:在 ASP.NET 中,每个服务器控件都可以通过这两种方式对其属性进行设置。

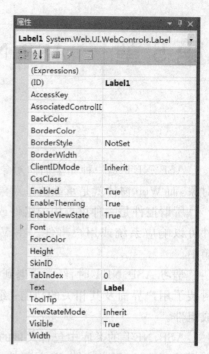

图 5-1 Label 控件的属性

(2) Text 属性:设置 Label 控件所显示的文本内容。对 Text 属性的设置同 ID 属性设置相同,"属性"面板中的设置如图 5-3 所示,"源"页中源代码编辑如图 5-4 所示。除此以外,还可以使用程序对 Label 控件进行处理。

图 5-2 在"属性"页中设置 ID 属性

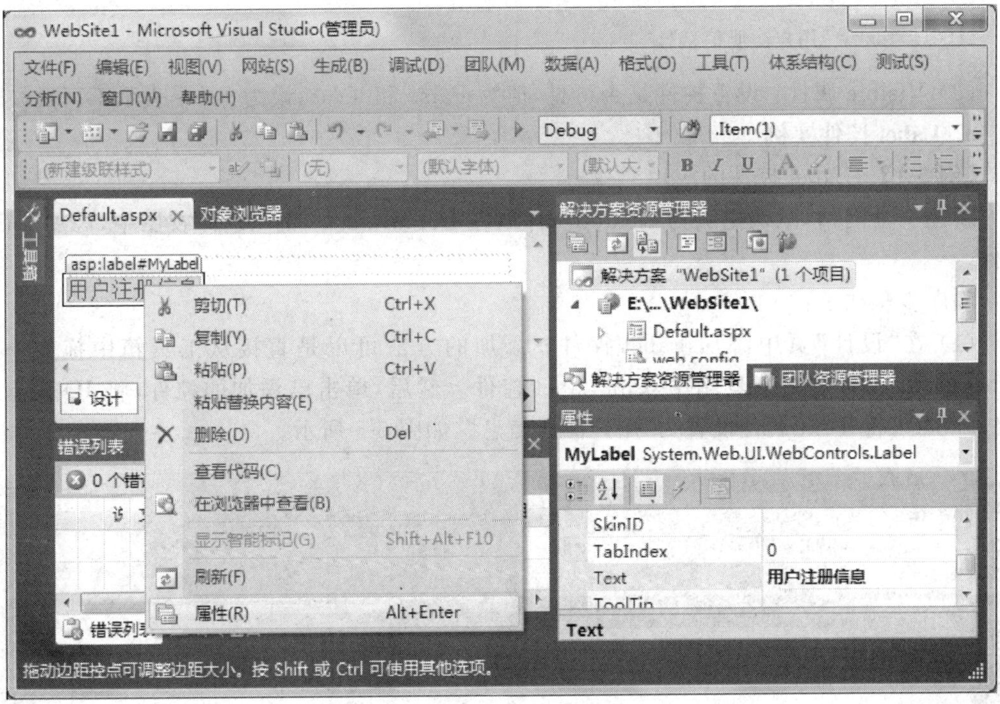

图 5-3 Text 属性设置

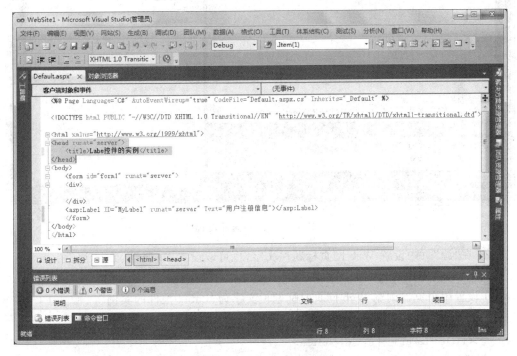

图 5-4 Text"源"代码编辑

程序：

Label1.Text = "用户注册信息";

(3) Visible 属性：设置控件是否可见，值为 False 和 True，设为 False 表示不可见。

3. Label 控件实例

【例 5-1】 Label 控件的应用

新建一个网站，默认主页为 Default.aspx，在 Default.aspx 的"设计"视图中，添加 Label 控件。

程序步骤如下：

(1) 在"设计"页中添加 Label 控件。添加的方法可以是直接从工具箱中拖曳一个 Label 控件，或者是在工具箱中双击 Label 控件。然后，单击已添加的控件，将 ID 设置为 "MyLabel"，将 Text 属性设置为"用户注册信息"，如图 5-5 所示。

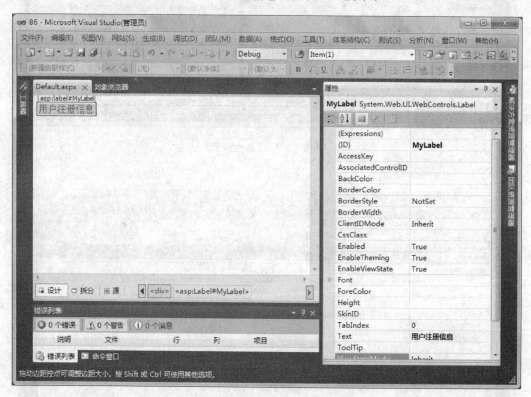

图 5-5 ID、Text 属性设置

(2) 在"源"页中设置 Web 网页标题栏文字，也可以设置 ID 属性、Text 属性。

在源代码视图中的代码如下。

① 设置用浏览器浏览 Web 网页时标题栏文字为"Label 控件的实例"：

```
< head runat = "server">
    < title > Label 控件的实例</title >
</head >
```

注意：<head>…</head>是 HTML 的头说明；runat="server"表示此控件在服务

器端执行。

② 设置 ID 属性、Text 属性：

```
<body>
    <form id="form1" runat="server">
    <div>
        <asp:Label ID="MyLabel" runat="server" Text="用户注册信息"></asp:Label>
    </div>
    </form>
</body>
```

注意：<body>…</body>表示 HTML 语法体；

<form id="form1" runat="server">表示 Web 窗体的 ID 为 form1，并运行在服务器端；

… 表示 Web 窗体中的层；

ID=" MyLabel 1"设置 ID 属性；

Text="用户注册信息"设置 Text 属性。

(3) 按 Ctrl+F5 键，得到运行结果如图 5-6 所示。

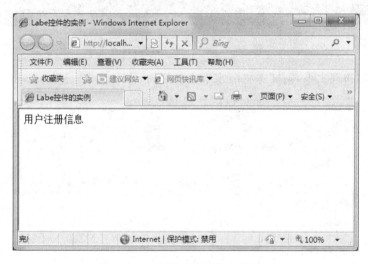

图 5-6　Label 控件实例的运行界面

5.2.2　文本框控件 TextBox

1. 功能

TextBox 控件又称文本框控件，用于输入并显示一行文字。

2. 属性

由于控件的属性设置基本相似，对于相同的属性设置和用法不再重复介绍。

(1) TextMode 属性。TextBox 控件有三种编辑框：单行编辑框、多行编辑框和密码文本框编辑框，"属性"面板设置如图 5-7 所示。

单行编辑框（SingleLine），使 TextBox 控件用于输入、显示一行文字，如图中的"用户姓名"和"用户密码"文本框均为单行模式，如图 5-8 所示。如果用户输入的文本超过了

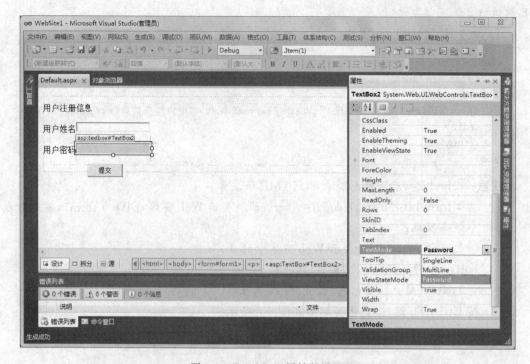

图 5-7　TextMode 属性的设置

TextBox 控件的物理大小,则文本将沿水平方向滚动。

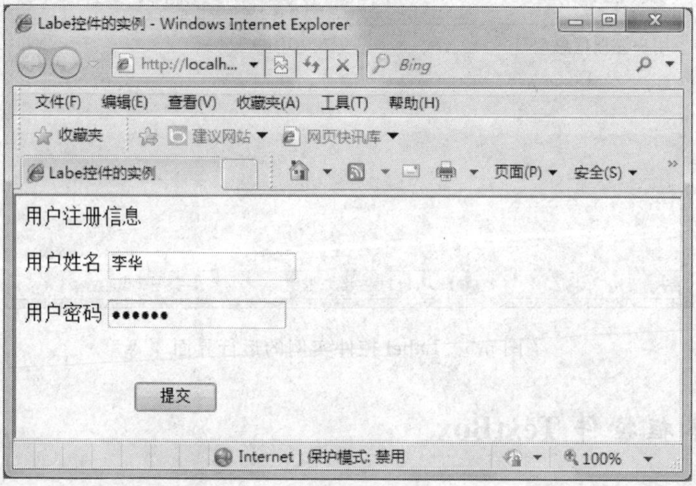

图 5-8　单行编辑框的运行界面

多行编辑框(MultiLine),可以输入较多的内容,如个人简介和备注等,它有滚动条,当文本内容超过编辑框所能容纳的内容时,可以使用滚动条查看信息,并且允许数据项位于多行上。如果 Wrap 属性设置为 True,则文本将自动换行。如果用户输入的文本超过了 TextBox 的物理大小,则文本将相应地沿垂直方向滚动,并且将出现滚动条,如图 5-9 所示。

【例 5-2】　TextBox 控件的应用。

密码编辑框(Password),可以将用户输入的字符用黑点屏蔽,以隐藏相应的信息,如

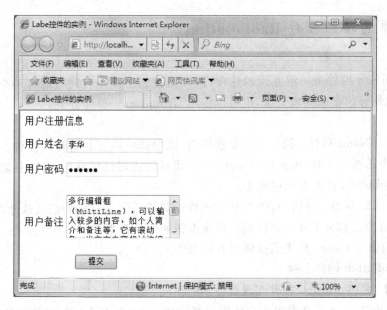

图 5-9　多行编辑框的运行界面

图 5-8 所示。

TextMode 属性分别设为 SingleLine、MultiLine、Password 时的程序代码如下：

protected void Page_Load(object sender, EventArgs e)
　　{
　　this.txtSingleLine.TextMode = TextBoxMode.SingleLine;
　　this.txtMultiLine.TextMode = TextBoxMode.MultiLine;
　　this.txtSingleLine.TextMode = TextBoxMode.Password;
　　}

（2）ReadOnly 属性：可以使用该属性指定文本框的只读状态，当设置为 True 时，将禁止用户输入值或更改现有值。

3．事件

TextChanged：当用户更改 TextBox 的文本内容时触发的事件。

5.2.3　Button 控件

1．功能

使用 Button 控件，可让用户指示已完成表单或要执行特定的命令。

2．属性

（1）CausesValidation 属性：可以指定或确定当单击 Button 控件时，是否同时在客户端和服务器上执行验证。若要禁止执行验证，请将 CausesValidation 属性设置为 false。

（2）OnClientClick 属性：指定在引发某个 Button 控件的 Click 事件时所执行的附加客户端脚本。除了控件的预定义客户端脚本外，为此属性指定的脚本也呈现在 Button 控件的 OnClick 属性中。

（3）AccessKey 属性：获取或设置使用户得以快速导航到 Web 服务器控件的访问键。

5.2.4 单选按钮控件 RadioButton

1. 功能

RadioButton 控件是一组互斥的选项,同一组按钮中同一时间只能有一个按钮处于选中状态,可使用分组框来实现分组,也可以使用 GroupName 属性分组。

2. 属性

(1) GroupName 属性:指定一组单选按钮,以创建一组互相排斥的控件。当只能从可用选项列表中选择一项时,可使用 GroupName 属性。设置该属性后,每次只能设置该组中的一个 RadioButton 控件为选中状态。

(2) Checked 属性:分组中,如果某个控件的属性设置为 True,则默认此项已被选中。或者可以通过检查 Checked 的属性判断单选按钮的值是否为 True,当值为 True 时,表明按钮被选中;当值为 False 时,表明按钮没有被选中。

3. RadioButton 控件实例

【例 5-3】 RadioButton 控件实现对性别的访问。

使用 RadioButton 控件设置用户性别选择的单选按钮,单击"提交"按钮后显示用户的性别选择,如图 5-10 所示。

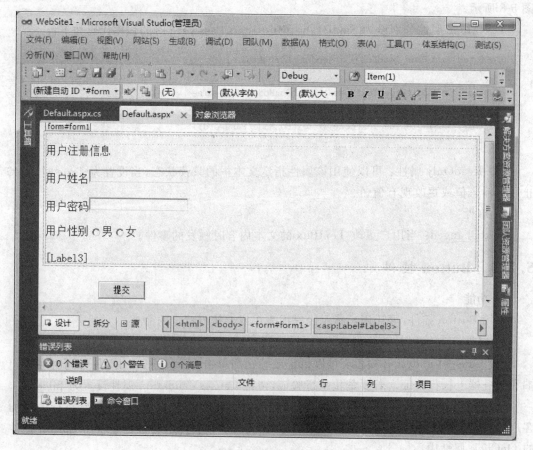

图 5-10 RadioButton 控件实例

(1)"源"页的源代码如下：

```
<head runat="server">
    <title>RadioButton 控件实例</title>
</head>
<body>
    <form id="form1" runat="server">
        <div>
            <asp:Label ID="MyLabel" runat="server" Text="用户注册信息"></asp:Label>
        </div>
            <asp:Label ID="Label1" runat="server" Text="用户姓名："></asp:Label>
            <asp:TextBox ID="TextBox1" runat="server"></asp:TextBox>
        <p>
            <asp:Label ID="Label2" runat="server" Text="用户密码："></asp:Label>
            <asp:TextBox ID="TextBox2" runat="server" TextMode="Password"></asp:TextBox>
        </p>
        <p>
            <asp:Label ID="Label3" runat="server" Text="用户性别："></asp:Label>
            <asp:RadioButton ID="RadioButton1" runat="server" GroupName="rbsex" Text="男" />
            <asp:RadioButton ID="RadioButton2" runat="server" GroupName="rbsex" Text="女" />
        </p>
        <p>
            <asp:Label ID="Label4" runat="server" Text="Label"></asp:Label>
            <asp:Button ID="Button1" runat="server" style="position: relative; top: 53px; left: 78px; width: 63px; height: 25px" Text="提交" onclick="Button1_Click" />
        </p>
    </form>
</body>
```

(2)"提交"按钮的代码如下：

```
protected void Button1_Click(object sender, EventArgs e)
    {
        if (RadioButton1.Checked)
        {
            Label4.Text = TextBox1.Text + "您是男士";
        }
        if (RadioButton2.Checked)
        {
            Label4.Text = TextBox1.Text + "您是女士";
        }
        if (!RadioButton1.Checked && !RadioButton2.Checked)
        {
            Label4.Text = TextBox1.Text + "您好像没有选择性别";
        }
        TextBox1.Text = "";
    }
```

(3) 按 Ctrl+F5 键,得到运行结果如图 5-11 和图 5-12 所示。

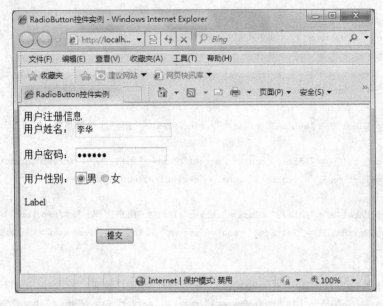

图 5-11 单击"提交"按钮前运行界面

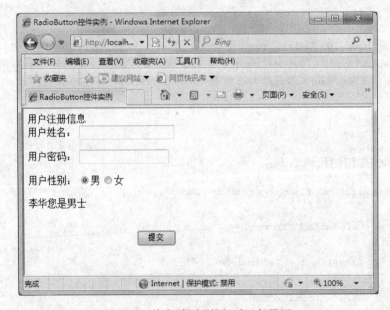

图 5-12 单击"提交"按钮后运行界面

5.2.5 复选框控件 CheckBox

1. 功能

与单选按钮相比,每个复选框都是独立的,常成组使用,若单击它则显示√,表示选中。

2. 属性

AutoPostBack 属性指定在单击时是否将 CheckBox 控件的状态回发到服务器。如果该属性值为 True,则在单击 CheckBox 控件时自动将其状态发送到服务器,否则为 False,默认值为 False。

注意：将此属性设置为 True 会导致每次单击控件时发生到服务器的往返行程。

3. 事件

当 Checked 属性的值在向服务器的各次发送过程间更改时,将引发 CheckedChanged 事件。此事件不将页面回发到服务器,除非 AutoPostBack 属性被设置为 True。用户可以在 CheckBox 控件的 CheckedChanged 事件中指定和编写处理程序。

4. CheckBox 控件实例

【例 5-4】 CheckBox 控件实现多选的应用。

使用 CheckBox 控件实例设置用户关注的复选框,单击"提交"按钮后显示用户的关注信息,如图 5-13 所示。

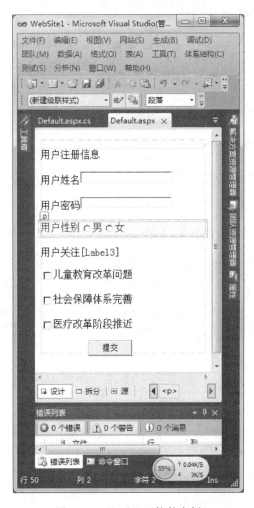

图 5-13 CheckBox 控件实例

(1)"提交"按钮的代码如下：

```
protected void Button1_Click(object sender, EventArgs e)
```

```
        {
            string strMessage = "";
            if (CheckBox1.Checked)
            {
                strMessage += CheckBox1.Text + "";
            }
            if (CheckBox2.Checked)
            {
                strMessage += CheckBox2.Text + "";
            }
            if (CheckBox3.Checked)
            {
                strMessage += CheckBox3.Text + "";
            }
            if (rbsex1.Checked)
            {
                Label3.Text = "——您是男士" + ",关心的问题是:" + strMessage;
            }
            else
            {
                Label3.Text = "——您是女士" + ",关心的问题是:" + strMessage;
            }
            if (!rbsex1.Checked && !rbsex2.Checked)
            {
                Label3.Text = "您好像没有选择性别";
            }
        }
```

(2) 按 Ctrl+F5 键得到运行结果,如图 5-14 所示。

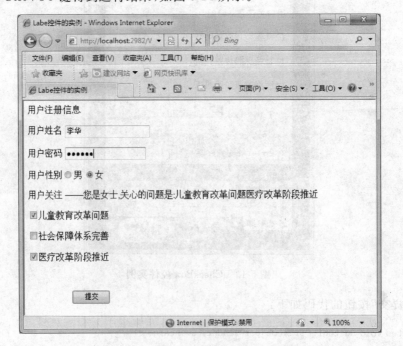

图 5-14 CheckBox 控件实例运行界面

5.2.6 组框控件 Panel

1. 功能

Panel 控件主要用于为其他控件提供可识别的分组。开发 Windows 应用程序时，通常使用 Panel 控件按功能细分窗体。在窗体设计时，所有控件都可以自由移动，而当移动 Panel 控件时，它包含的所有控件也将随着移动。

2. 属性

（1）Directory 属性：用于指定在控件内的子控件的文本排列方向，如图 5-15 所示。

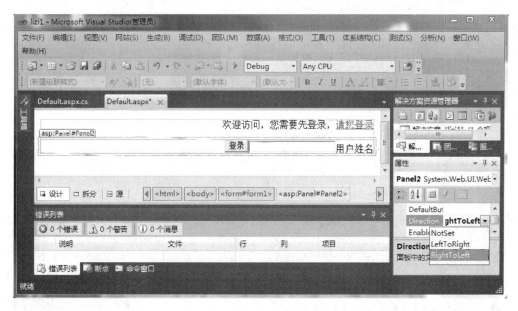

图 5-15 Directory 属性的设置

（2）DefaultButton 属性：指定在控件中按 Enter 键时所触发的按钮。如在页面中输入信息时，可使用此功能。

3. Panel 控件实例

【例 5-5】 Panel 控件实现用户的访问

（1）创建使用 Panel 控件的网站访问、登录页面，如图 5-16 所示。

```
public partial class _Default : System.Web.UI.Page
{
    //设置登录状态,登录名
    bool loginStatus = false;
    string strLoginName = "";
    protected void Page_Load(object sender, EventArgs e)
    {
        if (loginStatus == false)               //未登录
        {
            this.Panel2.Visible = false;
            this.Panel1.Visible = true;
            this.Label1.Text += "当前的时间是:" + DateTime.Now.ToLongDateString();
```

```
            }
            else
            {
                this.Panel2.Visible = false;
                this.Panel1.Visible = false;
                this.Label1.Text = "; 欢迎您," + strLoginName;
            }
        }
        protected void LinkButton1_Click(object sender, EventArgs e)
        {
            this.Panel2.Visible = true;
            this.Panel1.Visible = false;
        }
        protected void Button1_Click(object sender, EventArgs e)
        {
            loginStatus = true;
            this.Panel2.Visible = false;
            this.Panel1.Visible = false;
            strLoginName = this.TextBox1.Text;
            this.Label1.Text += "; 欢迎您," + strLoginName;
        }
    }
```

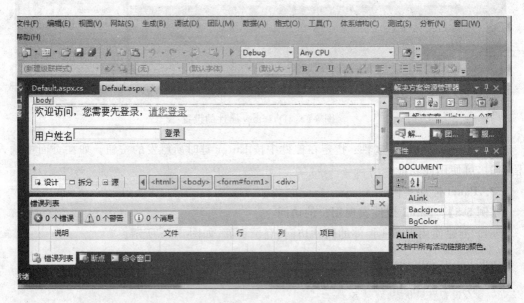

图 5-16 Panel 控件的实例

（2）按 Ctrl+F5 键得到运行结果，如图 5-17 所示。

5.2.7 列表框控件 ListBox

1. 功能

列表框控件用于在一个矩形框中以列表的方式显示多行文本，供用户来选择。如果列表项的总数超出矩形框，将自动添加滚动条。

图 5-17　Panel 控件实例的运行界面

2. 属性
（1）Items：获取控件集合。
（2）SelectionMode 属性：设置控件的模式。
（3）SelectIndex 属性：设置控件选中列表项的序号。
（4）SelectItem 属性：设置控件选中的列表项。

3. 事件
SelectedIndexChanged：当选择的序号发生改变时触发的事件。

4. 添加 ListBox 列表框的三种方法
（1）在 ListBox 集合编辑器中添加，如图 5-18 和图 5-19 所示。

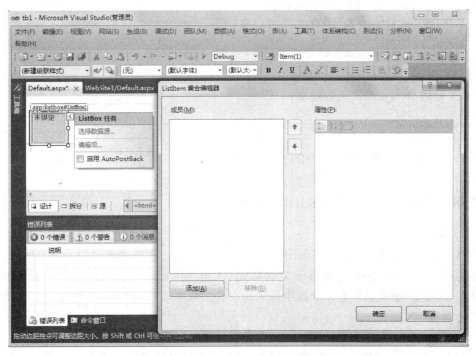

图 5-18　ListBox 集合编辑器

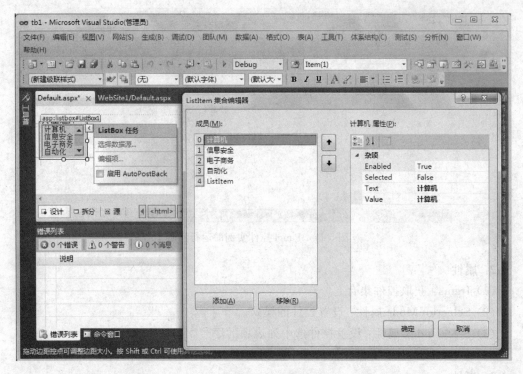

图 5-19 在 ListBox 集合编辑器添加列表项

（2）在"源"页中使用 HTML 标签代码设置，代码如下：

```
<asp:ListBox ID="ListBox1" runat="server">
    <asp:ListItem>计算机</asp:ListItem>
    <asp:ListItem>信息安全</asp:ListItem>
    <asp:ListItem>电子商务</asp:ListItem>
    <asp:ListItem>自动化</asp:ListItem>
</asp:ListBox>
```

（3）使用 Items.Add 函数添加：

```
protected void Page_Load(object sender, EventArgs e)
{
    ListBox1.Items.Add(new ListItem("交通轨道","交通轨道"));
}
```

5.2.8 列表框控件 CheckBoxList

1. 功能

CheckBoxList 控件扩展了 ListBox 控件，它几乎能完成列表框可以完成的所有任务，并且还可以在列表中的项旁边显示复选标记。CheckBoxList 控件与 ListBox 控件的主要差异在于复选列表框只能有一项选中或未选中任何项。注意，选定的项在窗体上突出显示，与已选中的项不同。

2. 属性

CheckedItems 属性：指 CheckBoxList 控件中所有选中项的集合。

3. 将 CheckBoxList 控件绑定到数据源

（1）在"设计"视图中，右键单击 CheckBoxList 控件，再单击"显示常用控制任务"命令。

（2）在"CheckBoxList 任务"菜单上，单击"选择数据源"命令，如图 5-20 所示。

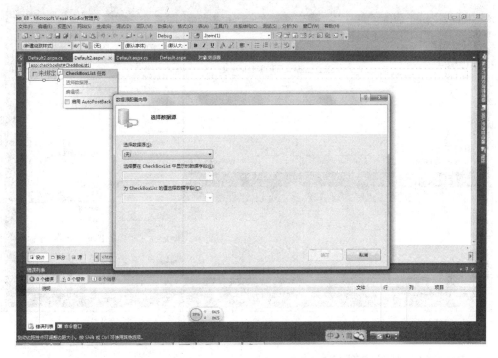

图 5-20　CheckBoxList 控件的数据源配置向导

（3）在"数据源配置向导"中，从"选择数据源"下拉列表框中为 CheckBoxList 控件选择数据源。在"选择要显示在 CheckBoxList 中的数据域"下拉列表框中，选择包含用户将看到的文本所对应的域。在"选择 CheckBoxList 的值所对应的数据域"下拉列表框中，选择用户通过选择列表中的项以编程方式访问数据所对应的域。

5.2.9　超链接控件 HyperLink

1. 功能

HyperLink 控件又称超链接控件，可在网页上创建链接，使用户可以在应用程序中的页间移动。

2. 属性

（1）NavigateUrl 属性：设置单击 HyperLink 控件时要链接到的网页地址。

（2）Target 属性：表示下一个框架或窗口显示演示，Target 属性值一般以下划线开始，如图 5-21 所示。

① _blank：在没有框架的新窗口中显示链接页。

② _self：在具有焦点的框架中显示链接页。

③ _top：在没有框架的全部窗口中显示链接页。

④ _parent：在直接框架集父级窗口或页面中显示链接页。

（3）ImageUrl 属性：要显示的图像的 URL。

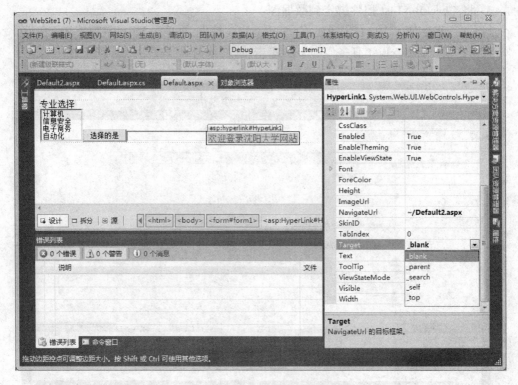

图 5-21　Target 属性的设置

3. HyperLink 控件实例

【例 5-6】　HyperLink 控件实现对网页的链接

使用 HyperLink 控件设置网页间的链接,单击"欢迎登录沈阳大学网站"后显示沈阳大学网站网页,如图 5-22 所示。

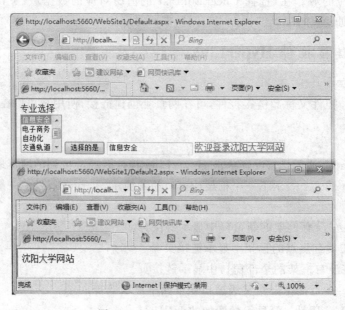

图 5-22　HyperLink 控件实例

5.2.10 文件上传控件 FileUpload

1. 功能

FileUpload 控件使用户能够上载图片、文本文件或其他文件,存储在服务器上的特定位置,在存储上载的文件之前检查其属性,限制可上载的文件的大小。当用户已选定要上载的文件并提交页时,该文件将作为请求的一部分上载。文件将被完整地缓存在服务器内存中。文件完成上载后,页代码开始运行。

2. 属性

(1) FileName 属性:返回要上传文件的名称,不包含路径信息。

(2) MaxRequestLength 属性:限定可上载的最大文件大小的值。如果用户试图上载超过最大文件大小的文件,上载就会失败。

(3) HasFile 属性:如果值为 true,表示控件有需要上传的文件。

(4) PostedFile 属性:获得上传文件的引用。

3. FileUpload 控件实例

【例 5-7】 FileUpload 控件实现文件的上传。

使用 FileUpload 控件上载的文件,限制文件的大小在 1MB 以内,将文件保存在站点中名为 upload 的子目录中,如图 5-23 所示。如果是 jpg 图像格式,显示图像的超链接;如果是其他文件格式,显示文本的超链接。

图 5-23 FileUpload 控件实例

(1) 在"源"页中使用 HTML 标签代码设置,代码如下:

< head runat = "server">
　< title >FileUpload 控件实例</title >

```
</head>
<body>
    <form id="form1" runat="server">
    <div>

    </div>
    <asp:FileUpload ID="fupMyFile" runat="server" />
    <p>
        <asp:Button ID="btnUpload" runat="server" onclick="btnUpload_Click" Text="上传" />
        <asp:Label ID="lblMessage" runat="server"></asp:Label>
    </p>
    <asp:HyperLink ID="hlkFile" runat="server" Visible="False">HyperLink</asp:HyperLink>
    </form>
</body>
```

(2) "上传"按钮的代码如下:

```
protected void btnUpload_Click(object sender, EventArgs e)
{
    if (fupMyFile.HasFile)
    {
        //获得上传文件的大小
        int intFileSize = fupMyFile.PostedFile.ContentLength;
        if (intFileSize > 1024 * 1024)
        {
            lblMessage.Text = "文件大小不能超过 1MB";
            return;
        }
        string strFileName = fupMyFile.FileName;
        //获取上传文件的类型
        string strFileType = fupMyFile.PostedFile.ContentType;
        //获取网站 upload 子目录的物理路径
        string strSavePath = Server.MapPath("~/upload/");   //请不要向用户显示所
//保存文件的路径和文件名; 这样做可能会将有用的信息泄露给恶意用户
        fupMyFile.PostedFile.SaveAs(strSavePath + strFileName);   //上传
        hlkFile.Visible = true;
        hlkFile.NavigateUrl = "~/upload/" + strFileName;
        if (strFileName == "image/pjpeg")
        {
            hlkFile.ImageUrl = "~/upload/" + strFileName;       //显示图像链接
        }
        else
        {
            hlkFile.Text = strFileName;
        }
        lblMessage.Text = "文件保存成功";
    }
    else
    {
        lblMessage.Text = "请指定上传的文件";
    }
}
```

(3) 按 Ctrl+F5 键得到运行结果,如图 5-24～图 5-27 所示。

图 5-24　FileUpload 控件实例的运行界面

图 5-25　浏览上传图片

图 5-26　上传图片成功

图 5-27　链接上传图片

5.2.11 DropDownList 控件

1. 功能

DropDownList 控件又称下拉菜单，用来创建下拉列表框，为单选列表框，且框中只显示被选中的列表项，其项列表在用户单击下拉按钮之前一直保持隐藏状态。

2. 属性

Selected 属性：指示当前是否已选定此项。

3. 将 DropDownList 控件绑定到数据源

（1）在"设计"视图中，右键单击 DropDownList 控件，再单击"显示常用控制任务"命令。

（2）在"DropDownList 任务"菜单上，单击"选择数据源"命令。

（3）在"数据源配置向导"中，从"选择数据源"下拉列表框中为 DropDownList 控件选择数据源。在"选择要显示在 DropDownList 中的数据字段"下拉列表框中，选择包含用户将看到的文本的字段。在"为 DropDownList 的值选择数据字段"下拉列表框中，选择当用户在列表中选中某项时可通过编程方式访问的数据所对应的字段，如图 5-28 所示。

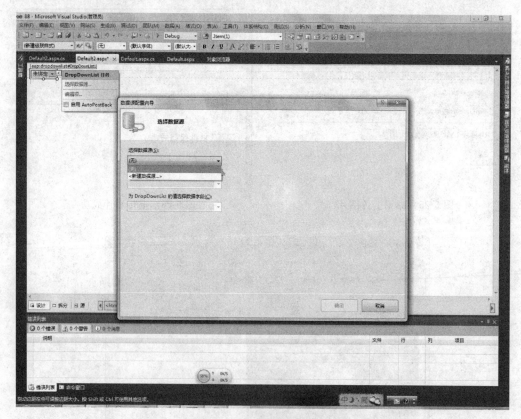

图 5-28 DropDownList 控件的数据源配置向导

5.2.12 Table 控件

1. 功能

Table 服务器控件使用户能够在 ASP.NET 页上创建服务器可编程的表，是一种 Web

控件,它允许用户使用与其他 Web 控件一致的对象模型来创建和操作表。

2. 向 Table 控件中添加行

(1) 在"设计"视图中,右键单击 Table 控件,再单击快捷菜单上的"属性"命令。

(2) 单击 Rows 属性旁的省略号按钮以打开"TableRows 集合编辑器"对话框。

(3) 单击"添加"按钮向表格中添加行。

(4) 在"TableRow 属性"区域中,为表格行设置属性。

3. 向 Table 控件的行中添加单元格

(1) 按照上面的"向 Table 控件中添加行"过程中的步骤执行操作。

(2) 在"成员"区域中,单击以选择要添加单元格的行。

(3) 在"TableRows 属性"区域中,选择 Cells 属性并单击省略号按钮以打开"TableCell 集合编辑器"对话框,如图 5-29 所示。

(4) 单击"添加"按钮向行中添加单元格。

(5) 在"TableCell 属性"区域中,设置单元格的属性。

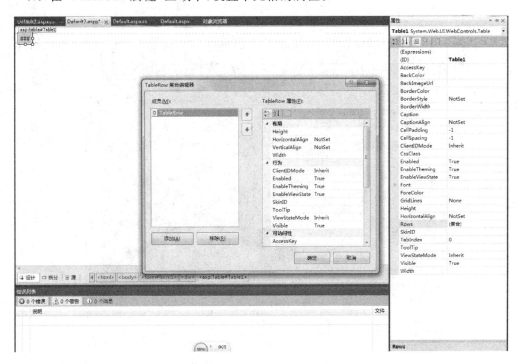

图 5-29　TableCell 集合编辑器

5.2.13　Image 控件

1. 功能

使用 Image 控件,可以在 ASP.NET 网页上显示图像,并用自己的代码管理这些图像。

2. 属性

ImageUrl 属性:获取或设置在 Image 控件中显示的图像的位置。

3. Image 控件实例

【例 5-8】 Image 控件实现图片的加载

（1）在"源"页中使用 HTML 标签代码设置，代码如下：

```
< head runat = "server">
    < title > Image 控件实例</title >
</head >
< body >
    < form id = "form1" runat = "server">
    < div >
        < asp:Image ID = "Image1" runat = "server" AlternateText = "Image Text"
            ImageAlign = "left"
            ImageUrl = "~/upload/Penguins.jpg"/>
    </div >
    </form >
</body >
```

（2）按 Ctrl+F5 键得到运行结果，如图 5-30 所示。

图 5-30　Image 控件实例的运行界面

5.2.14　ImageButton 控件

1. 功能

使用 ImageButton 控件将图片呈现为可单击的控件。当用户单击 ImageButton 控件时，将向控件的 Click 事件的事件处理程序传递包含指示用户单击位置坐标的参数。

2. 属性

AlternateText 属性：图像无法显示时显示的文本。

3. ImageButton 控件实例

【例 5-9】 ImageButton 实现图片的应用

(1) 在"源"页中使用 HTML 标签代码设置,代码如下:

```
< head runat = "server">
    < title > ImageButton 控件实例</title >
</head >
< body >
    < form id = "form1" runat = "server">
        < div >

        </div >
        < asp:ImageButton ID = "ImageButton1" runat = "server" AlternateText = "暂无图"
            Height = "353px" ImageUrl = "~/upload/Penguins.jpg" onclick = "ImageButton1_Click"
            PostBackUrl = "~/Default.aspx" Width = "461px" />
    </form >
</body >
```

(2) 按 Ctrl+F5 键得到运行结果,如图 5-31 和图 5-32 所示。

图 5-31 单击 ImageButton 控件之前

5.2.15 ImageMap 控件

1. 功能

ImageMap 控件可以创建一个图像,使其包含许多可由用户单击的区域,这些区域称为"热点"。每一个热点都可以是一个单独的超链接或回发事件。

2. 属性

(1) HotSpotMode 属性:获取或设置单击 HotSpot 对象时 ImageMap 控件的 HotSpot 对象的默认行为。

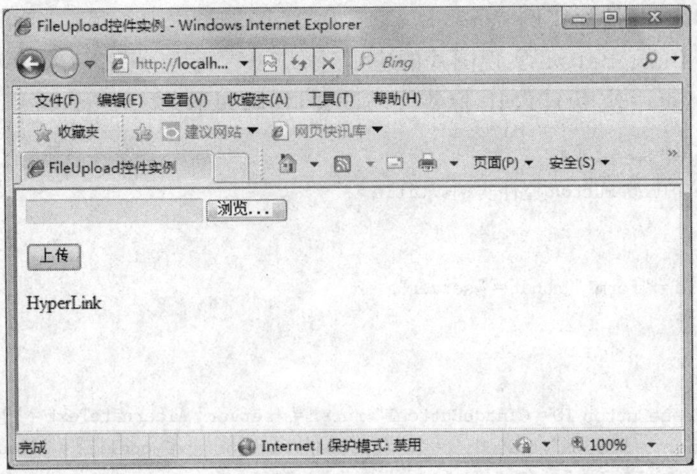

图 5-32　单击 ImageButton 控件之后

（2）HotSpots 属性：获取 HotSpot 对象的集合，这些对象表示 ImageMap 控件中定义的作用点区域。

（3）Target 属性：获取或设置单击 ImageMap 控件时显示链接到的网页内容的目标窗口或框架。

3．为 ImageMap 控件定义热点

（1）在"设计"视图中，右键单击 ImageMap 控件，再单击快捷菜单上的"属性"命令。

（2）单击 HotSpots 属性旁的省略号按钮以打开"HotSpot 集合编辑器"对话框，如图 5-33 所示。

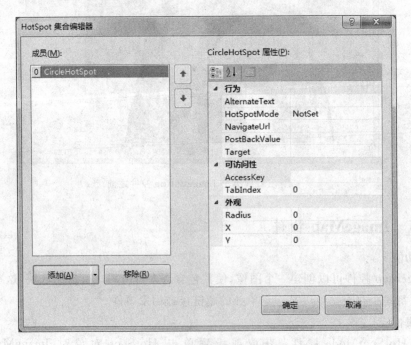

图 5-33　HotSpot 集合编辑器

(3) 单击"添加"按钮右边的箭头,再单击要添加的热点类型:CircleHotSpot、RectangleHotSpot 或 PolygonHotSpot。

(4) 在"属性"区域中,设置热点的属性。

5.3 数据验证控件

传统的动态 Web 技术中,如果需要验证某个数据是否有效,开发人员必须动手编写代码进行判断。如果需要判断的条件过多,代码也会相对冗长。ASP.NET 中提供了一系列容易使用且功能强大的数据验证控件,可按预定义的标准检查用户输入数据的合法性。

验证服务器控件是一个控件集合,这些控件允许验证关联的输入服务器控件,并在验证失败时显示自定义的错误消息。每个验证控件执行特定类型的验证过程。如通过使用比较验证控件 CompareValidator 和范围验证控件 RangeValidator 分别针对某个特定值或值范围进行验证。

1. 数据验证控件的主要类型

必须验证控件 RequiredFieldValidator:用于指定输入控件为必须验证控件,以确保用户不会遗漏或跳过输入。

比较验证控件 CompareValidator:将用户输入的数据与一个常数值或者另一个控件或特定数据类型的值进行运算符的比较。

范围验证控件 RengeValidator:用于检查输入数据是否在指定范围。

正则表达式验证控件 RegularExpressionValidator:用于检查检测项与正则表达式定义的模式之间的匹配。

自定义验证控件 CustomValidator:方便用户使用自定义的验证逻辑检查用户输入。

验证汇总控件 ValidatorSummary:以汇总的形式显示 Web 页中所有验证程序的错误情况。

2. 数据验证控件的主要属性

ControlToValidate 属性:获取或设置要验证控件的 ID 属性值。

Display 属性:获取或设置验证控件的错误信息的显示方式,该属性有以下三个值。

(1) None:表示验证控件无效时不显示信息。

(2) Static:表示验证控件在页面上占位是静态的,不能为其他控件所占。

(3) Dynamic:表示验证控件在页面上占位是动态的,可以被其他控件占用,当验证失效时验证控件才占据页面位置。

Enable 属性:设置验证控件的可用性。

ErrorMessage 属性:获取或设置验证错误时显示的错误信息文本。

IsValid 属性:获取或设置一个布尔值,表示验证是否通过。

Text 属性:获取或设置在验证失败时显示的出错信息。

ValidationGroup 属性:绑定验证程序所属的组。

3. 数据验证控件的通用方法

调用 Validate 方法,将对指定的验证控件进行验证,并更新 IsValid 属性值。若在程序中调用 Page 对象的 Validate 方法时,将调用该页上所有验证控件的 Validate 方法。

4. 数据验证控件的处理机制

客户端验证：在客户端验证数据，是用户的浏览器本身验证。当用户输入完数据后，在没有提交服务器端之前，在本地的客户端执行验证。一般通过编写 JavaScript 脚本代码实现。

服务器端验证：在服务器验证数据，是用户输入的数据发送到 Web 服务器后，有服务器端的程序代码对数据进行验证。

数据验证的处理机制：在处理用户输入时，Web 窗体将用户的输入传递给与输入控件相关联的验证控件。验证控件检测用户的输入，并设置属性以指示是否通过了验证。处理完所有的验证控件后，将设置 Web 窗体上的 IsValid 属性，当值为 True 时表示所有验证通过，否则为 False。如果验证控件发现用户输入的数据有误，则该验证控件在页面中显示错误信息。

验证控件可使用客户端脚本验证数据，在客户端执行验证之后，Web 窗体在服务器端再次验证，防止用户通过停用或更改客户端脚本绕过验证环节。

5.3.1 必需验证控件 RequiredFieldValidator

RequiredFieldValidator 控件的功能是用于判断用户是否完成指定的数据输入。一般情况下，页面中不显示验证控件，只有在出现输入错误时，才在控件中显示出错提示信息。如用户注册时，在没有填写用户姓名的情况下，验证控件将显示错误提示"姓名不能为空"，如图 5-34 所示。

图 5-34 RequiredFieldValidator 控件属性

5.3.2 比较验证控件 CompareValidator

1. 功能

CompareValidator 控件的功能是验证输入控件的输入信息是否满足设定的常数值，或与其他输入控件的输入信息进行比较，以确定这两个值是否与比较运算符(小于、等于、大于等)指定的关系相匹配。如注册某网站,在填写密码时,往往需要用户输入两次密码,并验证密码输入相同与否。

2. 属性

(1) ControlToCompare 属性:获取或设置用于比较的输入控件的 ID,默认值为空字符串。

若要将输入控件与其他控件进行比较,该属性指定要与之相比较的控件 ID 名称。若要与某个常数值进行比较时,则将 ValueToCompare 属性设置为与之比较的常数。

(2) Operator 属性:该属性指定要在比较验证中使用的比较方,包括大于(GreaterThan)、等于(Equal,默认值)、小于(LessThan)、不等于(NotEqual)、大于等于(GreaterThanEqual)、小于等于(LessThanEqual)和检查两个控件数据类型的匹配 DataTypeCheck。ControlToValidate 属性必须位于比较运算符的左边,ControlToCompare 属性位于右边,才能进行计算。

(3) Type 属性:获取或设置两个比较数据的数据类型,默认值为 String。常用数据类型包括:Sring 字符串、Integer 整数、Double 小数、Date 日期。

(4) ValueToCompare 属性:设置比较数据的值。如果 ValueToCompare 和 ControlToCompare 属性都存在,则使用 ControlToCompare 属性的值,如图 5-35 所示。

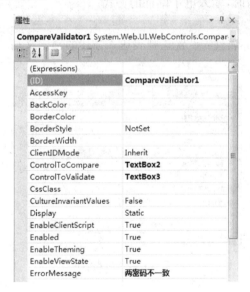

图 5-35　CompareValidator 控件属性

5.3.3　范围验证控件 RangeValidator

1. 功能

RangeValidator 控件的功能是用于检查输入数据是否在指定范围。如用户注册时,用户输入年龄时,输入数据可以限制在 5~200 之间,如图 5-36 所示。

2. 属性

(1) MaximumValue 属性:设置比较数据范围上限。

(2) MinimumValue 属性:设置比较数据范围下限。

图 5-36　RangeValidator 控件属性

5.3.4　正则表达式验证控件 RegularExpressionValidator

1. 功能

RegularExpressionValidator 控件的功能是用于检查检测项与正则表达式定义的模式之间的匹配。如用户注册时，输入电子邮件的格式。

2. 属性

ValidationExpression 属性：设置正则表达式描述的预定义格式，正则表达式编辑器如图 5-37 所示。

图 5-37　正则表达式编辑器

5.3.5　自定义验证控件 CustomValidator

1. 功能

CustomValidator 控件的功能是调用程序员在服务器端编写的自定义验证函数，并通过该控件的服务器端事件绑定到相应的控件。如用户注册时，对于用户账户输入数据的检查，可禁止某些用户账户的注册。

2. 属性

（1）ValidationEmptyText 属性：判断绑定控件为空时是否执行验证，当该属性为 True 时，绑定的控件为空时执行验证；当为 False 时，绑定的控件为空时不执行验证。

（2）ClientValidationFunction 属性：获取或设置用于验证的自定义客户端脚本函数的

名称,如图 5-38 所示。

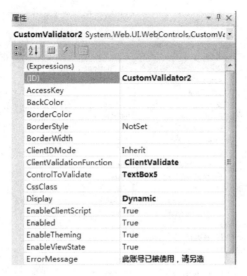

图 5-38 ClientValidationFunction 属性的设置

(3) EnableClientScript 属性:获取或设置一个布尔值,以确定是否启用客户端验证。

3. 事件

在服务器端执行验证时,页面中的 CustomValidator 控件将产生一个 ServerValidate 事件,该事件接收一个 ServerValidateEventArgs 类型参数 args。args 参数有下列属性。

(1) Value 属性:用于获取来自被验证输入控件的值。

(2) IsValid 属性:用户获取或设置由上述 Value 指定的值是否通过验证。

5.3.6 验证汇总控件 ValidationSummary

1. 功能

ValidationSummary 控件的功能是将页面中所有验证控件的错误提示信息集中,并显示在指定区域或一个弹出式信息框中。

2. 属性

(1) DisplayMode 属性:获取或设置验证摘要控件的显示模式。包括:BulletList(默认值),在项目符号列表中显示摘要;List,在列表中显示摘要;SingleParagraph,在单个段落内显示摘要,如图 5-39 所示。

(2) HeaderText 属性:获取或设置显示在摘要上方的标题文本。

(3) ShowMessageBox 属性:获取或设置一个布尔值,以确定是否在消息框中显示摘要。

(4) ShowSummary 属性:获取或设置一个布尔值,以确定是否内联显示验证摘要。

5.3.7 数据验证控件案例

【例 5-10】 数据验证控件的应用

通过一个用户注册页面的输入信息验证表单的实例来展示数据验证控件的用法,如

图 5-40 所示。

图 5-39 ValidationSummary 控件属性

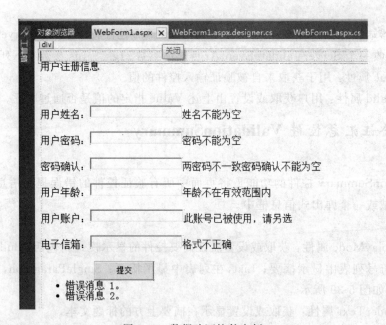

图 5-40 数据验证控件实例

程序分析:

验证表单主要包括的输入验证如下。
(1) 必须验证:用户姓名、密码和重复密码必须输入。
(2) 比较验证:用户密码和密码确认的输入密码是否一致。
(3) 范围验证:用户年龄是否在输入数据的上限和下限之间。
(4) 正则表达式验证:电子信箱格式是否正确。

(5) 自定义验证：用户账户是否被注册过。

(6) 验证汇总：显示所有错误信息。

步骤如下：

(1) 在"源"页中使用 HTML 标签代码设置，代码如下：

```
< html xmlns = "http://www.w3.org/1999/xhtml">
< head runat = "server">
    < title></title>
    < style type = "text/css">
        .style1
        {
            text - align: left;
        }
    </style>
</head>
< body >
    < form id = "form1" runat = "server">
    < div >

    </div>
    < asp:Label ID = "Label1" runat = "server" Text = "用户注册信息"></asp:Label>
    < p class = "style1">
        </p>
    < p class = "style1">
        < asp:Label ID = "Label2" runat = "server" Text = "用户姓名："></asp:Label>
        < asp:TextBox ID = "TextBox1" runat = "server" ontextchanged = "TextBox1_TextChanged"
            style = "width: 150px; height: 20px"></asp:TextBox>
        < asp:RequiredFieldValidator ID = "RequiredFieldValidator1" runat = "server"
            ControlToValidate = "TextBox1" ErrorMessage = "姓名不能为空" style = "width:
157px"></asp:RequiredFieldValidator>
    </p>
    < p class = "style1">
        < asp:Label ID = "Label3" runat = "server" Text = "用户密码："></asp:Label>
        < asp:TextBox ID = "TextBox2" runat = "server"
            style = "height: 20px; width: 150px; margin - bottom: 0px" TextMode = "Password">
</asp:TextBox>
        < asp:RequiredFieldValidator ID = "RequiredFieldValidator2" runat = "server"
            ControlToValidate = "TextBox2" ErrorMessage = "密码不能为空"></asp:
RequiredFieldValidator>
    </p>
    < p class = "style1">
        < asp:Label ID = "Label4" runat = "server" Text = "密码确认："></asp:Label>
        < asp:TextBox ID = "TextBox3" runat = "server" ontextchanged = "TextBox3_TextChanged"
            style = "width: 150px; height: 20px" TextMode = "Password"></asp:TextBox>
        < asp:CompareValidator ID = "CompareValidator1" runat = "server"
            ControlToCompare = "TextBox2" ControlToValidate = "TextBox3" ErrorMessage = "两密
码不一致"
            style = "width: 143px" Display = "Dynamic"></asp:CompareValidator>
        < asp:RequiredFieldValidator ID = "RequiredFieldValidator3" runat = "server"
            ControlToValidate = "TextBox3" Display = "Dynamic" ErrorMessage = "密码确认不能
```

```
            为空"></asp:RequiredFieldValidator>
        </p>
        <p class="style1">
            <asp:Label ID="Label5" runat="server" Text="用户年龄:"></asp:Label>
            <asp:TextBox ID="TextBox4" runat="server" style="width: 150px; height: 20px">
</asp:TextBox>
            <asp:RangeValidator ID="RangeValidator1" runat="server"
                ControlToValidate="TextBox4"
                ErrorMessage="年龄不在有效范围内" MaximumValue="200" MinimumValue="5"
                style="width: 178px; height: 19px" Type="Integer"></asp:RangeValidator>
        </p>
        <p class="style1">
            <asp:Label ID="Label6" runat="server" Text="用户账户:"></asp:Label>
            <asp:TextBox ID="TextBox5" runat="server" height="20px"
                ontextchanged="TextBox5_TextChanged" width="152px"></asp:TextBox>
            <asp:CustomValidator ID="CustomValidator2" runat="server"
                ControlToValidate="TextBox5" ErrorMessage="此账号已被使用,请另选"
                ValidateEmptyText="True"
                onServervalidate="CustomValidator2_ServerValidate" Display="Dynamic"
                ClientValidationFunction=" ClientValidate "></asp:CustomValidator>
        </p>
        <p class="style1">
            <asp:Label ID="Label7" runat="server" Text="电子信箱:"></asp:Label>
            <asp:TextBox ID="TextBox6" runat="server" height="20px" width="150px"></asp:
TextBox>
            <asp:RegularExpressionValidator ID="RegularExpressionValidator1" runat="server"
                ControlToValidate="TextBox6" ErrorMessage="格式不正确"
ValidationExpression="\w+([-+.']\w+)*@\w+([-.]\w+)*\.\w+([-.]\w+)*">
</asp:RegularExpressionValidator>
        </p>
        <asp:Button ID="Button1" runat="server" onclick="Button1_Click"
            style="margin-left: 86px" Text="提交" Width="98px" Height="30px"
            CommandName="Click" />
        <script type="text/javascript">
            function ClientValidate(source, clientside_arguments)
             {
                if (clientside_arguments.Value != "tom")
                {
                    clientside_arguments.IsValid = true;
                }
                else {clientside_arguments.IsValid = false;
                }
             }
        </script>
        <asp:ValidationSummary ID="ValidationSummary2" runat="server" Height="128px" />
    </form>
```

```
        </body>
</html>
```

(2) 自定义 CustomValidator 控件的 ServerValidate 事件代码如下：

```
protected void CustomValidator2_ServerValidate(object source, ServerValidateEventArgs args)
        {
            if(args.Value == "tom")
            {
                args.IsValid = false;
            }
            else
            {
                args.IsValid = true;
            }
        }
```

(3) 按 Ctrl+F5 键得到运行结果，如图 5-41 所示。

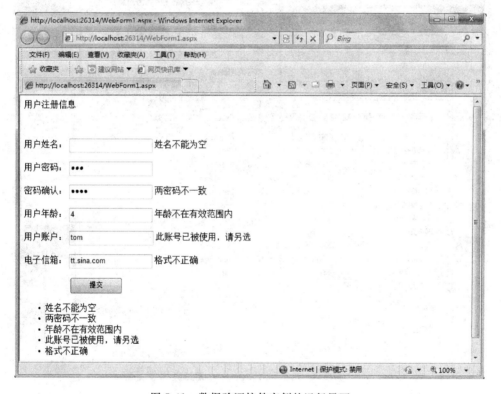

图 5-41　数据验证控件实例的运行界面

5.4　其他控件简介

5.4.1　MaskedTextBox 控件

【例 5-11】　当发生输入错误时，使用 MaskedTextBox 控件向用户报警，并拒绝掩码输入,添加气球状提示。

步骤如下:

(1) 在窗体上添加 MaskedTextBox 控件。

① 打开希望在其中放置 MaskedTextBox 控件的窗体。

② 将 MaskedTextBox 控件从"工具箱"中拖到窗体上。

③ 右击控件并选择"属性"命令。在"属性"面板中,选择"掩码"属性,并单击属性名称旁边的"…"(省略号)按钮。

④ 在"输入掩码"对话框中,选择"短日期格式"掩码,并单击"确定"按钮,如图 5-42 所示。

图 5-42 掩码输入的设置

⑤ 在"属性"面板中,将 BeepOnError 属性设置为 true。设置此属性后,每次用户试图输入不符合掩码定义的字符时,就会听到短的提示音。

(2) 设置拒绝错误掩码输入的提示。

① 返回到"工具箱",向窗体添加 ToolTip。

② 为在发生输入错误时会引发 ToolTip 的 MaskInputRejected 事件创建事件处理程序。气球状提示将持续 5s 保持可见状态,或在用户单击它后消失。

(3) MaskedTextBox 控件的 MaskInputRejected 事件代码如下:

```
namespace MaskedTextBox1
    {
        public partial class Form1 : Form
        {
            public Form1()
            {
                InitializeComponent();
            }
            private void Form1_Load(object sender, EventArgs e)
            {
                maskedTextBox1.Mask = "00/00/0000";
                maskedTextBox1.MaskInputRejected += new MaskInputRejectedEventHandler(maskedTextBox1_MaskInputRejected);
            }
            void maskedTextBox1_MaskInputRejected(object sender, MaskInputRejectedEventArgs e)
            {
                toolTip1.ToolTipTitle = "Invalid Input";
                toolTip1.Show("We're sorry, but only digits (0 - 9) are allowed in dates.", maskedTextBox1, maskedTextBox1.Location, 5000);
            }
        }
}
```

(4) 按 Ctrl+F5 键得到运行结果,如图 5-43 所示。

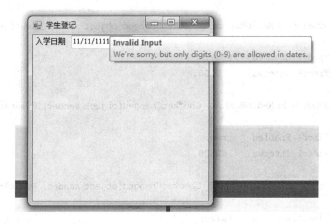

图 5-43　MaskedTextBox 控件的运行结果

5.4.2　UpdatePanel 控件

【例 5-12】　使用 UpdatePanel 控件,显示一个随机生成的股票价格以及该股票价格的生成时间。

默认情况下,Timer 控件每 10s 更新一次 UpdatePanel 中的内容。用户可以决定每 10s、每 60s 更新一次股票价格,或根本不更新股票价格。当用户选择不更新股票价格时,Enabled 属性将设置为 false。

Timer 控件按定义的时间间隔执行回发。如果将 Timer 控件用于 UpdatePanel 控件，则可以按定义的时间间隔启用部分页更新。也可以使用 Timer 控件来发送整个页面。

步骤如下：

(1) 在"源"页中使用 HTML 标签代码设置，代码如下：

```
<%@ Page Language="C#" AutoEventWireup="true" %>
<!DOCTYPE html PUBLIC "-//W3C//DTD XHTML 1.1//EN" "http://www.w3.org/TR/xhtml11/DTD/xhtml11.dtd">
<html xmlns="http://www.w3.org/1999/xhtml">
<head id="Head1" runat="server">
    <title>Timer Example Page</title>
    <script runat="server">
        protected void Page_Load(object sender, EventArgs e)
        {
            OriginalTime.Text = DateTime.Now.ToLongTimeString();
        }
        protected void Timer1_Tick(object sender, EventArgs e)
        {
            StockPrice.Text = GetStockPrice();
            TimeOfPrice.Text = DateTime.Now.ToLongTimeString();
        }
        private string GetStockPrice()
        {
            double randomStockPrice = 50 + new Random().NextDouble();
            return randomStockPrice.ToString("C");
        }
        protected void RadioButton1_CheckedChanged(object sender, EventArgs e)
        {
            Timer1.Enabled = true;
            Timer1.Interval = 10000;
        }
        protected void RadioButton2_CheckedChanged(object sender, EventArgs e)
        {
            Timer1.Enabled = true;
            Timer1.Interval = 60000;
        }
        protected void RadioButton3_CheckedChanged(object sender, EventArgs e)
        {
            Timer1.Enabled = false;
        }
    </script>
</head>
<body>
    <form id="form1" runat="server">
        <asp:ScriptManager ID="ScriptManager1" runat="server" />
        <asp:Timer ID="Timer1" OnTick="Timer1_Tick" runat="server" Interval="10000" />
        <asp:UpdatePanel ID="StockPricePanel" runat="server" UpdateMode="Conditional">
            <Triggers>
                <asp:AsyncPostBackTrigger ControlID="Timer1" />
            </Triggers>
```

```
        <ContentTemplate>
            Stock price is <asp:Label id="StockPrice" runat="server"></asp:Label><BR />
            as of <asp:Label id="TimeOfPrice" runat="server"></asp:Label>
            <br />
        </ContentTemplate>
    </asp:UpdatePanel>
    <div>
    <br />
    Update stock price every:<br />
        <asp:RadioButton ID="RadioButton1" AutoPostBack="true" GroupName="TimerFrequency" runat="server" Text="10 seconds" OnCheckedChanged="RadioButton1_CheckedChanged" /><br />
        <asp:RadioButton ID="RadioButton2" AutoPostBack="true" GroupName="TimerFrequency" runat="server" Text="60 seconds" OnCheckedChanged="RadioButton2_CheckedChanged" /><br />
        <asp:RadioButton ID="RadioButton3" AutoPostBack="true" GroupName="TimerFrequency" runat="server" Text="Never" OnCheckedChanged="RadioButton3_CheckedChanged" />
        <br />
        Page loaded at <asp:Label ID="OriginalTime" runat="server"></asp:Label>
    </div>
    </form>
</body>
</html>
```

（2）按 Ctrl+F5 键得到运行结果，如图 5-44 所示。

图 5-44　Timer 控件的运行结果

5.4.3　MonthCalendar 控件

【例 5-13】更改 Windows 窗体 MonthCalendar 控件的外观。

Windows 窗体 MonthCalendar 控件允许用多种方法自定义月历的外观。例如，可以设置配色方案并选择显示或隐藏周数和当前日期。

步骤如下：

1. 更改月历的配色方案

设置 TitleBackColor、TitleForeColor 和 TrailingForeColor 等属性。TitleBackColor 属性也确定星期数的字体颜色。TrailingForeColor 属性确定所显示的月份之前和之后的日期颜色。

```
monthCalendar1.TitleBackColor = System.Drawing.Color.Blue;
monthCalendar1.TrailingForeColor = System.Drawing.Color.Red;
monthCalendar1.TitleForeColor = System.Drawing.Color.Yellow;
```

2. 在控件底部显示当前日期

将 ShowToday 属性设置为 true。当双击窗体时，下例在显示和省略今天的日期之间切换。

```
private void Form1_DoubleClick(object sender, System.EventArgs e)
{
    Toggle between True and False
    monthCalendar1.ShowToday = !monthCalendar1.ShowToday;
}
```

3. 显示周数

将 ShowWeekNumbers 属性设置为 true。可以用代码或在"属性"面板中设置此属性。周数以单独的列出现在一周的第一天的左边。

```
monthCalendar1.ShowWeekNumbers = true;
```

5.4.4　DateTimePicker 控件

【例 5-14】　使用 DateTimePicker 控件显示时间。

如果希望应用程序能够使用户可以选择日期和时间，并以指定的格式显示该日期和时间，可以使用 DateTimePicker 控件。下面的过程说明如何使用 DateTimePicker 控件显示时间。

步骤如下：

（1）使用 DateTimePicker 控件显示时间。

① 将 Format 属性设置为 Time：

```
timePicker.Format = DateTimePickerFormat.Time;
```

② 将 DateTimePicker 的 ShowUpDown 属性设置为 true：

```
timePicker.ShowUpDown = true;
```

（2）创建 DateTimePicker，使用户可以仅选择时间。

（3）DateTimePicker 控件的代码如下：

```
using System;
using System.Collections.Generic;
using System.ComponentModel;
using System.Data;
```

```csharp
using System.Drawing;
using System.Text;
using System.Windows.Forms;

namespace TimePickerApplication
{
    public class Form1 : Form
    {
        public Form1()
        {
            InitializeTimePicker();
        }
        private DateTimePicker timePicker;

        private void InitializeTimePicker()
        {
            timePicker = new DateTimePicker();
            timePicker.Format = DateTimePickerFormat.Time;
            timePicker.ShowUpDown = true;
            timePicker.Location = new Point(10, 10);
            timePicker.Width = 100;
            Controls.Add(timePicker);
        }
        [STAThread]
        static void Main()
        {
            Application.EnableVisualStyles();
            Application.Run(new Form1());
        }

    }
}
```

小　　结

本章主要介绍了一些常用的控件，如 Label 控件、TextBox 控件、Button 控件、RadioButton 控件、CheckBox 控件、Panel 控件、ListBox 控件、FileUpload 控件、DropDownList 控件、Image 控件和各种数据验证控件，通过案例详细介绍了各个控件的属性、事件、方法等。

习　　题

1. 填空题

（1）在 TextBox 控件中输入内容并当焦点离开 TextBox 控件时能触发 TextChanged 事件，应设置（　　）属性。

（2）判断页面是否第一次载入可通过（　　）属性实现。

（3）ASP.NET 3.5 的服务器控件包括（　　）、（　　）和（　　）。

(4) 添加（　　）属性可将 XHTML 元素转化为 HTML 服务器控件。

(5) 设置（　　）属性可决定 Web 服务器控件是否可用。

(6) 当需要将 TextBox 控件作为密码输入框时，应设置（　　）。

(7) 如果需要将多个单独的 RadioButton 控件形成一组具有 RadioButtonList 控件的功能，可以通过将（　　）属性设置成相同的值实现。

2. 选择题

(1) Web 服务器控件不包括（　　）。

　　A. Wizard　　　　　B. Input　　　　　C. AdRotator　　　　D. Calender

(2) 下面的控件中不能执行鼠标单击事件的是（　　）。

　　A. ImageButton　　B. ImageMap　　C. Image　　　　　D. LinkButton

(3) 单击 Button 类型控件后能执行单击事件的是（　　）。

　　A. OnClientClick　　　　　　　　　B. OnClick

　　C. OnCommandClick　　　　　　　D. OnClientCommand

(4) 当需要用控件输入性别时，应选择的控件是（　　）。

　　A. CheckBox　　　　　　　　　　B. CheckBoxList

　　C. Lable　　　　　　　　　　　　D. RadioButtonList

(5) 下面不属于容器控件的是（　　）。

　　A. Panel　　　　　B. CheckBox　　C. Table　　　　　D. PlaceHolder

第6章　数　据　库

在 ASP.NET 中，基于 Web 应用程序的操作都与数据库有关。数据库是存放数据的仓库，数据库的好坏会影响到整个系统的性能。本章主要介绍数据库的内容。

本章主要内容：
- SQL Server 2008 的简单介绍；
- SQL Server 2008 数据库的操作；
- SQL Server 2008 数据库表的操作；
- SQL Server 2008 存储过程的操作。

6.1　SQL Server 2008 简单介绍

SQL Server 2008 是微软开发的数据库操作系统，实现对数据库的操作。其安装的过程可以在百度的搜索框中输入"SQL Server 2008 安装图解"，按照图解安装即可。

1. 数据库介绍

SQL Server 2008 中有两类数据库：系统数据库和用户数据库。

系统数据库是 SQL Server 2008 提供的，有 4 个数据库：master 数据库、msdb 数据库、model 数据库和 tempdb 数据库。

（1）master 数据库：记录 SQL Server 实例的所有系统级信息。

（2）msdb 数据库：用于 SQL Server 代理计划警报和作业。

（3）model 数据库：用作 SQL Server 实例上创建的所有数据库的模板。

（4）tempdb 数据库：一个工作空间，用于保存临时对象或中间结果集。

用户数据库是用户定义的，在程序中完成对数据的操作。

2. 数据库文件介绍

SQL Server 2008 使用的数据库文件包括三类文件：

（1）主数据文件：简称主文件，该文件是数据库的关键文件，包含了数据库的启动信息，且存储数据。每个数据库必须有且仅有一个主文件，其扩展名为.mdf。

（2）辅助数据文件：用于存储未在主数据内的数据。辅助数据文件在数据库中可有可无，其扩展名为.ndf。

（3）日志文件：该文件用于保存恢复数据库所需要的事务日志信息。每个数据库至少有一个日志文件，也可以多个，其扩展名为.ldf。

6.2 SQL Server 2008 管理数据库

启动 SQL Server 2008,出现"连接到服务器"对话框,如图 6-1 所示。

图 6-1 SQL Server 2008 连接到服务器

在图 6-1 中,身份验证有两种方式:Windows 身份验证和 SQL Server 身份验证。前者不需要输入密码,后者输入用户名 sa 和密码。

6.2.1 图形化创建数据库

在 SQL Server 2008 的对象资源管理器中,选择"数据库"|"新建数据库"命令,如图 6-2 所示。

图 6-2 "新建数据库"命令

在如图 6-3 所示的窗口中输入数据库名称,更改数据库的路径。

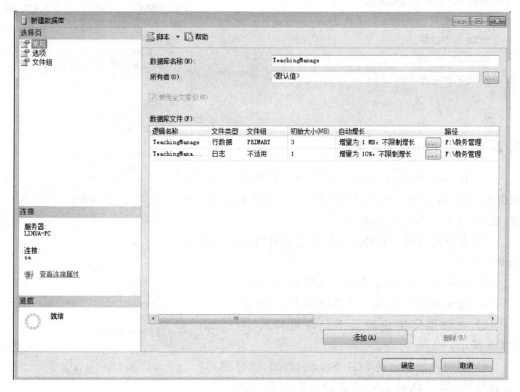

图 6-3　创建数据库的名称

6.2.2　语句创建数据库

【例 6-1】 创建数据库。

（1）判断数据库的存在性：

```
IF EXISTS (SELECT * FROM sysdatabases WHERE name = 'TeachingManage')
DROP DATABASE TeachingManage1                    -- 如果存在则删除
GO
```

（2）创建数据库：

```
CREATE DATABASE TeachingManage
ON PRIMARY(  -- PRIMARY 可选指定主文件组中的文件

    NAME = 'TeachingManage_data',                    -- 行数据文件的逻辑名
    FILENAME = 'F:\database\TeachingManage_data.mdf',   -- 行数据文件的物理名
    SIZE = 3MB,                                      -- 行数据文件初始大小
    MAXSIZE = 5MB,                                   -- 行数据文件最大大小
    FILEGROWTH = 20 %                                -- 行数据文件的增长率
)
LOG ON          //日志文件
(
```

```
        NAME = 'TeachingManage_log',
        FILENAME = 'F:\database\TeachingManage_log.ldf',
        SIZE = 512KB,
        MAXSIZE = 3MB,
        FILEGROWTH = 20%
)
Go
```

6.2.3 图形化创建表

（1）在 SQL Server 2008 的对象资源管理器中，在数据库 TeachingManage 的"表"选项上，单击鼠标右键，选择"新建表"命令，如图 6-4 所示。

（2）在新建表的对话框中，需要定义表的列名，如图 6-5 所示。

（3）在图 6-6 中，定义表的名称如 operator。

（4）完成表定义后，输入数据，如图 6-7 所示。

（5）在数据库中建表后不允许再修改字段，如图 6-8 所示。

（6）解决办法：启动 SQL Server 2008，选择菜单"工具"|"选项"|Designers|"表设计器和数据库设计

图 6-4 新建表

器"。然后取消勾选"阻止保存要求重新创建表的更改"复选框，刷新数据库即可，如图 6-9 所示。

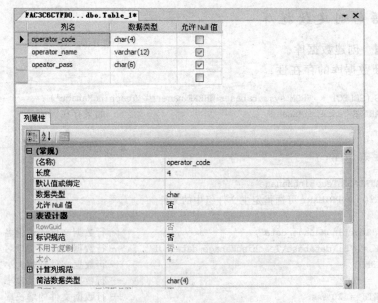

图 6-5 输入表的列名

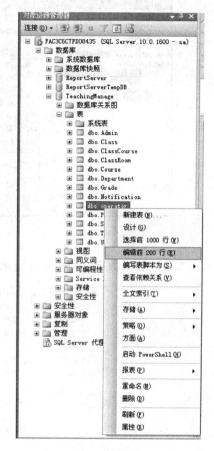

图 6-6 定义表名称　　　　　　　　　图 6-7 输入数据

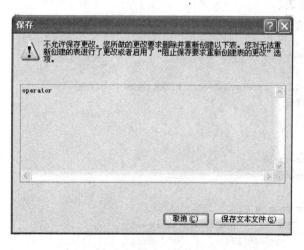

图 6-8 提示不能修改

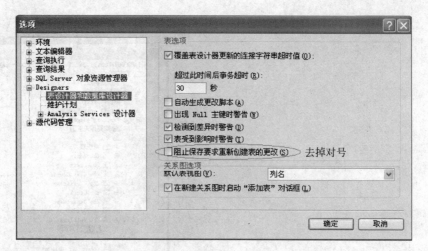

图 6-9　解决方法

(7) 在表中输入数据,如图 6-10 所示。

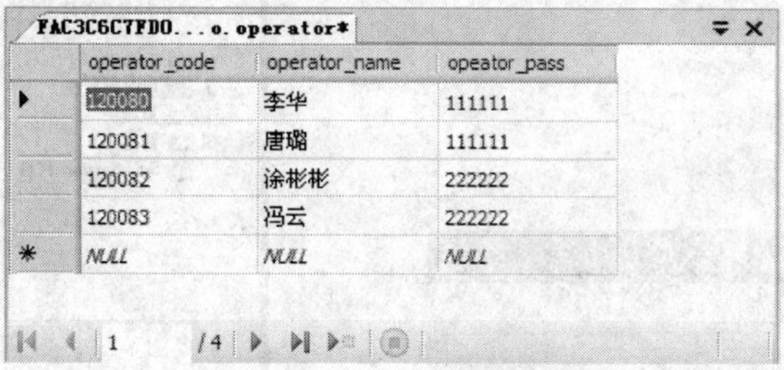

图 6-10　表中的数据

6.2.4　语句创建表

【例 6-2】　创建表。

(1) 判断数据表是否存在：

```
Use TeachingManage
  go
  IF EXISTS(SELECT * FROM sysobjects WHERE name = 'operator')
DROP TABLE operator
```

(2) 创建表：

```
    -- 创建表 operator --
CREATE TABLE operator
(
-- 定义 operator_code 为主键
operator_code     CHAR(6)      NOT NULL primary key,
operator_name     varCHAR(12)              NOT NULL,
operator_pass     CHAR(6)
)
GO
```

6.2.5 对表中数据的操作

【例 6-3】 输入数据

```
insert into operator (operator_code,operator_name,operator_pass) values('120080','李华','111111')
go
insert into operator (operator_code,operator_name,operator_pass) values('120081','唐璐','111111')
go
insert into operator (operator_code,operator_name,operator_pass) values('120082','涂斌斌','111111')
go
```

【例 6-4】 查询数据,如图 6-11 所示。

```
select * from operator
    go
```

	operator_code	operator_name	operator_pass
1	120080	李华	111111
2	120081	唐璐	111111
3	120082	涂斌斌	111111

图 6-11 查询数据

【例 6-5】 更新数据

```
update operator set operator_pass = '222222' where operator_code = '120080'
go
-- 查询修改的数据
select * from operator
    go
```

【例 6-6】 删除数据

```
delete from operator where operator_code = '120080'
```

6.3 存储过程

将常用的或很复杂的工作,预先用 SQL 语句写好并用一个指定的名称存储起来,只需调用 execute,即可自动完成命令。

存储过程只在创造时进行编译,以后每次执行存储过程时都不需要再重新编译,而一般 SQL 语句每执行一次就编译一次,所以使用存储过程可提高数据库执行速度。

存储过程可以重复使用,可减少数据库开发人员的工作量。

【例 6-7】 创建查询存储过程

(1) 在对象资源管理器中,在存储过程上右击鼠标右键选择"新建存储过程"命令,如图 6-12 所示。

图 6-12　新建存储过程

（2）图 6-13 为创建存储过程的界面。

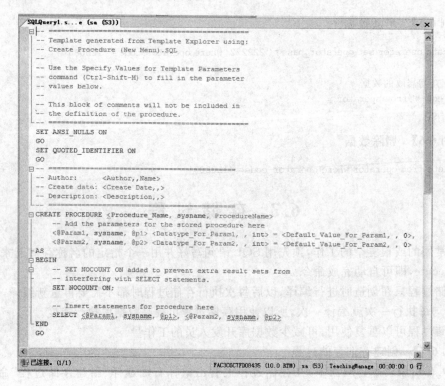

图 6-13　建立存储过程的界面

（3）建立存储过程的语句如下：

```
-- 切换到数据库
  Use TeachingManage
  go
-- 判断存储过程是否存在
if exists(select * from sysobjects where name = 'GetOperatorInformation')
drop proc GetOperatorInformation
go
-- 创建存储过程
CREATE PROCEDURE GetOperatorInformation
    -- 定义输入的参数
    @oper_code varchar(10)
AS
BEGIN
    -- 不返回计数  语句并不返回许多实际的数据
      SET NOCOUNT ON;

    -- 定义 Select 语句
    SELECT * from operator where operator_code = @oper_code
END
GO
```

（4）保存存储过程，单击"执行"按钮，就可完成创建。

（5）执行存储过程，结果如图 6-14 所示。

```
-- 执行 exec 存储过程名 参数
exec GetOperatorInformation '120080'
```

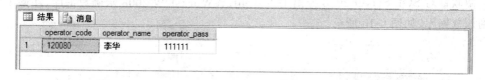

图 6-14　存储过程执行结果

【例 6-8】　创建插入表的存储过程

（1）切换到数据库：

```
Use TeachingManage
go
```

（2）判断存储过程是否存在：

```
if exists(select * from sysobjects where name = 'InsertToOperator')
drop proc InsertToOperator
go
```

(3) 创建存储过程：

```
-- 创建存储过程
CREATE PROCEDURE InsertToOperator
-- 定义参数
    @oper_code varchar(10),
    @oper_name varchar(12) ,
    @oper_pass char(6)

AS
BEGIN
    -- 不返回计数  语句并不返回许多实际的数据
    SET NOCOUNT ON;
-- 定义参数
    insert into operator(operator_code,operator_name,operator_pass) values(@oper_code,@oper_name,@oper_pass)
    END
GO
```

(4) 保存存储过程，单击"执行"按钮，就可完成创建。

(5) 执行存储过程：

```
-- 执行 exec 存储过程名  参数
exec InsertToOperator   '120089','王小平','111111'
```

6.4 添加 AdventureWorksDW 2008 数据库

微软针对 SQL Server 2008 推出了 AdventureWorksDW 2008 示例数据库，在网上添加找到该数据库，如图 6-15 所示。

图 6-15 AdventureWorksDW 2008 数据库

（1）启动 SQL Server 2008，在数据库上单击鼠标右键，选择"附加"选项，如图 6-16 所示。

（2）添加 AdventureWorksDW 2008 数据库，如图 6-17 所示。

（3）添加完数据库，AdventureWorksDW 2008 数据库的内容如图 6-18 所示。

（4）有关 AdventureWorksDW 2008 数据库的详细介绍，请查看 Microsoft 的网页。

图 6-16　附加数据库

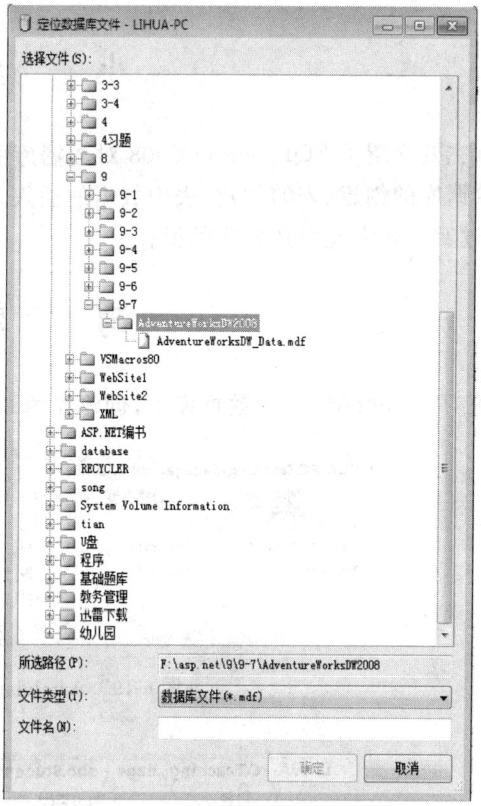

图 6-17　添加数据库

图 6-18　AdventureWorksDW 2008 数据库

小　结

本章主要介绍了 SQL Server 2008 对数据库的操作，通过图形化和 SQL 语句的使用，实现对数据库的创建、表的创建、表中数据的插入、删除、修改和更新和对存储过程的创建和执行，通过实例化实现对数据库的操作。

习　题

1. 在 TeachingManage 数据库中，创建如图 6-19～图 6-22 所示的数据表。

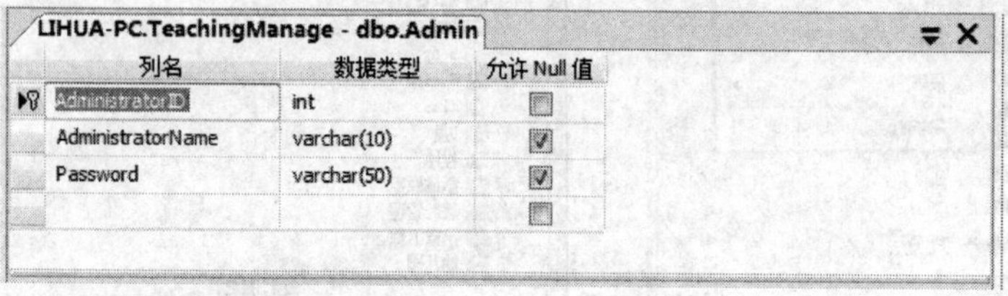

LIHUA-PC.TeachingManage - dbo.Admin

列名	数据类型	允许 Null 值
AdministratorID	int	☐
AdministratorName	varchar(10)	☑
Password	varchar(50)	☑

图 6-19　Administrator 表

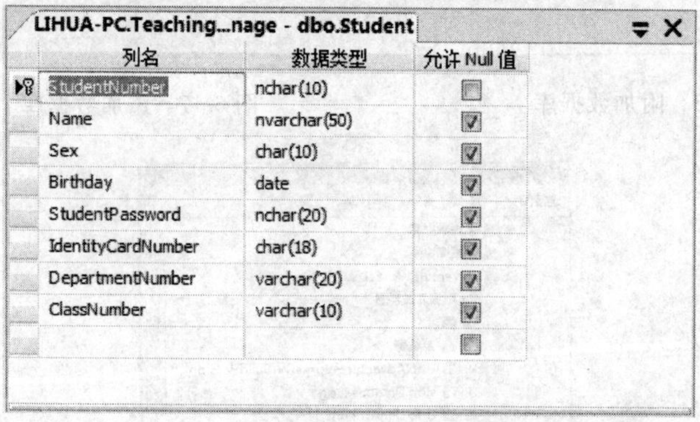

LIHUA-PC.Teaching...nage - dbo.Student

列名	数据类型	允许 Null 值
StudentNumber	nchar(10)	☐
Name	nvarchar(50)	☑
Sex	char(10)	☑
Birthday	date	☑
StudentPassword	nchar(20)	☑
IdentityCardNumber	char(18)	☑
DepartmentNumber	varchar(20)	☑
ClassNumber	varchar(10)	☑

图 6-20　Student 表

LIHUA-PC.TeachingManage - dbo.Class

列名	数据类型	允许 Null 值
ClassNumber	varchar(10)	☐
ClassName	varchar(20)	☑
DepartmentNumber	varchar(20)	☑

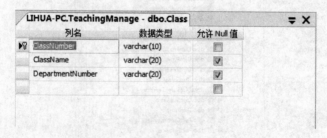

图 6-21　Class 表

LIHUA-PC.Teaching... - dbo.ClassCourse

列名	数据类型	允许 Null 值
ClassNumber	char(10)	☑
CourseNumber	nchar(20)	☑
		☐

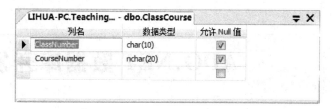

图 6-22　ClassCourse 表

2. 输入数据,如图 6-23 和图 6-24 所示。

LIHUA-PC.TeachingManage - dbo.Class

ClassNumber	ClassName	DepartmentNu...
120367	12英语	04
120831	12计算机	08
120833	12美术	12
120834	12建筑	16
120835	12通信工程	08
120836	12自动化	08
NULL	NULL	NULL

2 /6 单元格已修改。

图 6-23　Class 表的数据

LIHUA-PC.Teaching... - dbo.ClassCourse

ClassNumber	CourseNumber
120831	1227041
120831	1247051
120831	1247091
120831	1247161
120831	1247231
120831	2207012
120367	2207012
NULL	NULL

1 /7

图 6-24　ClassCourse 表的数据

3. 用 SQL 语句实现对上述表和表中数据的操作。

第 7 章　ADO.NET 数据库开发

ADO.NET 是微软提供的用于应用程序和数据库操作的组件,ADO.NET 提供平台互用性和可伸缩性访问,通过 ADO.NET 就能在程序中执行 SQL 语句,完成对数据库的各种操作,如对数据的检索、修改、插入和删除等操作。

本章主要内容:
- ADO.NET 简介;
- ADO.NET 的常用对象;
- 如何连接数据源;
- 使用 DataSet 对象操作数据库。

7.1　ADO.NET 简介

ADO.NET 是一组数据库访问组件,是 .NET Framework 不可缺少的一部分,通过 ADO.NET 来接收数据源,并查询、处理和更新数据。

1. ADO.NET 组成

ADO.NET 将数据访问和数据处理分开,其由两部分组成:数据访问组件和数据存储组件。

数据访问组件,用于访问数据库,由 Connection、Command、DataReader 和 DataAdapter 组成。

数据存储组件,从数据库中提取数据并保存,由 DataSet 组件组成。

2. ADO.NET 组件的关系

ADO.NET 组件介绍如表 7-1 所示。

表 7-1　ADO.NET 组件介绍

对 象 名	描 述
Connecion	数据库的连接
Command	用于返回 SQL 语句的信息
DataReader	用来检索大量的数据
DataAdapter	充当 DataSet 对象与实际数据源之间的桥梁
DataSet	数据填充到的数据集

在应用系统开发中,数据的操作占据了大量的工作,应用程序通过 Connection 对象提供的连接字符串的后台数据库连接,像桥梁一样把应用程序和后台数据库连接起来。

通过 Command 对象提供的 SQL 语句，完成对数据库的查询和提供信息，都放在 Command 对象里，而 Command 对象如同桥梁上的运输车辆一样。

DataReader 对象保存从数据库中读取的信息。

DataAdapter 对象相当于 Command 对象，而 Command 对象每次读取一行数据，从数据库中读取的整体信息都放在 DataAdapter 对象中。

DataSet 数据存储对象，应用程序和数据库的连接，数据库永远处于打开状态。

可以打个比方，DataSet 就好比是一个小仓库。DataReader 就是把从数据库里读到的东西放到 DataSet(仓库)。当中要有一个小车进行运输，这个小车就是 DataAdapter。

7.2 ADO.NET 命名空间

1. 数据提供程序

ADO.NET 数据库访问组件，针对不同的数据源，ADO.NET 提供了不同的数据提供程序。

.NET Framework 中包含 4 个数据提供程序，如表 7-2 所示。

表 7-2 数据提供程序

提 供 程 序	描 述
SQL Server 提供程序	用来访问 SQL Server 数据库
OLE DB 提供程序	用来访问 OLE DB 驱动器的数据源
Oracle 提供程序	用来访问 Oracle 数据库
ODBC 提供程序	用来访问 ODBC 驱动器的数据源

在 ADO.NET 中连接不同的数据库，用到不同的命名空间。命名空间是一种代码组织的形式，通过命名空间来分类，以区别不同的代码功能。

2. 命名空间

在程序的开头要应用命名空间，不同数据库的命名空间如表 7-3 所示。

表 7-3 ADO.NET 命名空间

命 名 空 间	描 述
System.Data.SqlClient	访问 SQL Server 数据库
System.Data.OleDb	访问 OLE DB 驱动器的数据源
System.Data.OracleClient	访问 Oracle 数据库
System.Data.Odbc	访问 ODBC 驱动器的数据源

本书重点介绍 ADO.NET 对 SQL Server 数据库的访问，利用的命名空间为 System.Data.SqlClient。

3. 加入命名空间的方法

加入命名空间的方法有以下两种。

(1) 直接添加代码

```
using System.Data.SqlClient;
```

(2) 在输入的 SqlConnection 上单击鼠标右键,在弹出的快捷菜单中选择"解析"|using System.Data.SqlClient;命令,如图 7-1 所示。

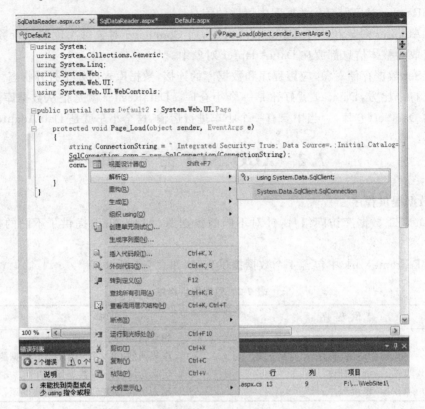

图 7-1 添加命名空间

7.3 SqlConnection 对象

在访问 SQL Server 数据库前,需要建立连接,而 SqlConnection 对象包含连接数据库的字符串,同时 ADO.NET 的连接资源实现了 IDisposable 连接,使用 using 进行资源管理。

7.3.1 SqlConnection 对象的属性

在连接 SQL Server 数据库中的常用属性如表 7-4 所示。

表 7-4 SqlConnection 连接属性及说明

属 性	说 明
Integrated Security	布尔值。False 表示用 SQL Server 身份登录,需在连接中指定用户 ID 和密码;True 表示用 Windows 身份登录
Data Source	数据库服务器的名称
Initial Catalog	数据库的名称
User ID	用 SQL Server 身份登录的用户名
pwd	用 SQL Server 身份登录的密码

7.3.2 对 SqlConnection 对象资源的释放

对资源的释放一般采用两种不同的方法：SqlConnection 提供了 Close 方法，用于关闭连接，语句为 try 的异常处理；SqlConnection 的基类实现了 IDispose 接口的 Dispose 方法，语句为 using 方法。

【例 7-1】 项目内嵌 mdf 文件连接 SQL Server 2008。

(1) 打开 Visual Studio 2010 的"服务器资源管理器"|"数据连接"，在右键快捷菜单中选择"添加连接"命令，如图 7-2 所示。

图 7-2 添加连接

(2) 在弹出的对话框中选择数据源，如图 7-3 所示。

图 7-3 选择数据源

(3) 在"添加连接"对话框中，选择服务器和数据库的名称，最后测试连接，如图 7-4 所示。

【例 7-2】 连接 SQL Server 数据库，采用 Windows 身份验证连接字符串。

程序分析：

(1) 定义 SqlConnection 的连接字符串，创建 SqlConnection 对象。

(2) 异常用 try-catch-finally 来判断。

步骤如下：

(1) 创建空网站，建立新的网页 Default.aspx。

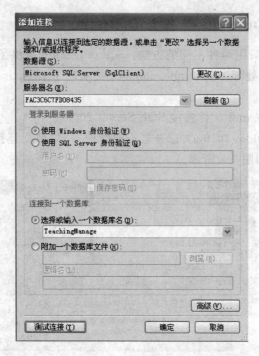

图 7-4 添加连接

(2) Page_Load 事件的代码如下：

```
//用 Windows 身份验证登录 SQL Server 数据库
    string ConnectionString = " Integrated Security = True; Data Source =.; Initial
Catalog = student;";
    SqlConnection conn = new SqlConnection(ConnectionString);
  try
    {//对登录的状态进行判断
        conn.Open();
        Label1.Text = "连接数据库成功!<.br/>";
    }
    catch (SqlException ex)
    {
        Label1.Text = "连接数据库失败!<.br/>";
        Label1.Text = "失败的原因:" + ex.Message;
    }
//无论有没有异常发生,都必须执行它
    finally
    {
      conn.Close();
    }
    }
```

【例 7-3】 连接 SQL Server 数据库，采用 SQL Server 身份验证的连接字符串。

程序分析：

(1) 定义 SqlConnection 的连接字符串，创建 SqlConnection 对象。

(2) 使用 using 方法，当 using 代码执行完毕后，.NET 会自动释放 SqlConnection

对象。

(3) 对登录的状态进行判断。

步骤如下：

(1) 创建空网站，建立新的网页 Default.aspx。

(2) Page_Load 事件的代码如下：

```
//用 SQL Server 身份验证登录 SQL Server 数据库
        string ConnectionString = " Integrated Security = False; Data Source = .;Initial
Catalog = student; User ID = sa; pwd = 123456";
        using(SqlConnection conn = new SqlConnection(ConnectionString))
        {
          conn.Open();
         //对登录的状态进行判断
         Label4.Text = "" + conn.ConnectionString;
        }
```

【例 7-4】 连接 SQL Express 2005 数据库的连接字符串。

```
//连接字符串代码
using (SqlConnection conn = new SqlConnection(@"Data Source = .\SQLEXPRESS;AttachDbFilename
= |DataDirectory|\student.mdf;Integrated Security = True;User Instance = True"))
        {
          conn.Open();
          Label6.Text = "连接数据库成功";
        }
```

说明如下：

(1) using(){} 块包围的部分系统会自动释放资源。在这里当 using 代码执行完毕后，.NET 会自行处理 SqlConnection 对象。

(2) AttachDbFilename 属性：指定连接打开的时候动态附加到服务器上的数据库文件的位置，这个属性可以接收数据库的完整路径和相对路径，DataDirectory 是表示数据库路径的替换字符串，在运行时这个路径会被应用程序的 App_Data 目录所代替。

(3) User Instance 属性：就是用户实例，为 True,表示使用用户实例。用户实例仅在 SQL Server 的 Express Edition 内运行，如果不是 Express 版本，就不能将 User Instance 设置为 True,或将其去掉。

7.3.3　SqlConnection 对象的方法

1. Open 方法

使用连接字符串所指定的属性设置打开数据库连接。

2. Close 方法

使用连接字符串所指定的属性设置关闭数据库连接。

3. Dispose 方法

使用 Dispose 方法关闭连接,方法内部会自动实现 Close() 方法,使用 Dispose() 方法之后,便销毁了 conn,使它不能重新连接。

4. CreateCommand 方法

创建并返回一个与 Connection 关联的 Command 对象。

7.3.4 关闭和释放连接

连接在使用完毕后应该尽早关闭。SqlConnection 提供了使用 Close 方法关闭连接，又可以采用 Dispose 方法关闭连接。两者的区别在于使用 Close 方法关闭连接后，可以再调用 Open 方法打开连接，不会产生任何错误；使用 Dispose 方法不能用 open 方法打开连接，必须重新初始化连接后才能打开。

7.4 web.config 文件介绍

在.NET 中提供了一种便捷的保存项目配置信息的办法，那就是利用配置文件 web.config。每个 web.config 文件都是基于 XML 的文本文件，并且可以保存到 Web 应用程序中的任何目录中。在发布 Web 应用程序时，web.config 文件并不编译进 DLL 文件中。如果将来客户端发生了变化，只需要简单修改就可，使用非常方便。

7.4.1 使用 web.config 保存连接字符串

在 web.config 中定义连接数据库的字符串，在连接 SQL Server 数据库中，由于登录数据库的身份不同，连接字符串也不同。

在程序中使用 web.config 文件的一般步骤如下。

（1）在 web.config 文件的＜configuration＞和＜/configuration＞中定义连接字符串，格式如下：

```
<connectionStrings>
    //登录数据库的语句
    <add name = "连接字符串名" connectionString = "数据库的连接字符串" providerName = "System.Data.SqlClient 或 System.Data.OldDb"/>
</connectionStrings>
```

（2）在定义的网页中，引用命名空间 using System.Configuration；。

（3）在程序中需要获得＜connectionStrings＞的连接字符串，其格式如下：

```
ConfigurationManager.ConnectionStrings["连接字符串名"].ConnectionString;
```

7.4.2 web.config 实例

【例 7-5】 使用 web.config 实现对数据库的访问。

1. 用 Windows 身份登录

```
<connectionStrings>
    //登录数据库的语句
    <add name = "ManageConnectionString" connectionString = "Data Source = .;Initial Catalog = TeachingManage;Persist Security Info = True;Integrated Security = True " providerName = "System.Data.SqlClient"/>
</connectionStrings>
```

```
</configuration>
```

2. 用 SQL Server 身份登录

```
<connectionStrings>
    <!--
    //登录 SQL Server 数据库的语句  用户名 sa  密码 123456
    -->
    < add name = "ManageSQLConnectionString" connectionString = "Data Source = .; Initial Catalog = TeachingManage; Persist Security Info = false; User ID = sa; Password = 123456" providerName = "System.Data.SqlClient"/>
</connectionStrings>
```

3. 在网页的代码中实现对数据库的访问

(1) 建立新的网站 webconfig。
(2) 编写 web.config 文件。
(3) 添加命名空间：

```
using System.Data.SqlClient;        //添加 SQL Server 的命名空间
using System.Configuration;         //添加 web 的命名空间
```

(4) 在 Page_Load 事件中编写代码：

```
protected void Page_Load(object sender, EventArgs e)
{
//获得<connectionStrings>的连接字符串,采用 SQL Server 身份登录
    string ConnectionString = ConfigurationManager.ConnectionStrings["ManageSQLConnectionString"].ConnectionString;
//创建 SqlConnection 对象
    SqlConnection conn = new SqlConnection(ConnectionString);
    try
    {
        conn.Open();
        Label1.Text = "连接数据库成功!<.br/>";
    }
    catch (SqlException ex)
    {
        Label1.Text = "连接数据库失败!<.br/>";
        Label1.Text = "失败的原因: " + ex.Message;

    }
    finally
    {
        Conn.Close();
    }
}
```

7.5 SqlCommand 对象

在建立数据库连接 SqlConnection 对象后,就可以对数据库的内容进行操作了,如添加、查找、修改和删除数据库中的对象。在 ADO.NET 中采用 SqlCommand 对象实现对数

据的操作。

7.5.1　SqlCommand 对象的创建

创建 SqlCommand 对象,大致有三种方法。

1. 使用参数构造函数创建 Command 对象

SqlCommand 对象名 = new SqlCommand(查询字符串,连接对象名);

【例 7-6】 构造函数创建对象。

```
string ConnectionString = " Integrated Security = True; Data Source = .; Initial Catalog = studyDB;";
SqlConnection conn = new SqlConnection(ConnectionString);
SqlCommand comm. = new SqlCommand("select * from operator",conn);
```

2. 使用构造函数创建空的 Command 对象

```
SqlCommand command 对象名 = new Sqlcommand();
command 对象名.Connection = 连接对象名;
command 对象名.CommandText = 查询字符串;
```

【例 7-7】 构造函数创建空的 Command 对象。

```
string ConnectionString = " Integrated Security = True; Data Source = .; Initial Catalog = studyDB;";
SqlConnection conn = new SqlConnection(ConnectionString);
Sqlcommand comm = new Sqlcommand();
comm.Connection = conn;
//配置查询字符串 Select 语句
Comm.CommandText = "select * from operator";
```

3. 使用 CreateCommand 方法创建 Command 对象

SqlCommand command 对象名 = connection 对象名.CreateCommand();

【例 7-8】 使用 CreateCommand 方法创建 Command 对象。

```
string ConnectionString = " Integrated Security = True; Data Source = .; Initial Catalog = studyDB;";
SqlConnection conn = new SqlConnection(ConnectionString);
Sqlcommand comm = conn.CreateCommand();
//配置查询字符串 Select 语句
Comm.CommandText = "select * from operator";
```

7.5.2　SqlCommand 对象的属性

利用其属性可以设置查询条件,进行对表中数据的查询,为下一步操作做好准备。SqlCommand 对象的常用属性如下。

1. CommandType

获取或设置数据源,执行的 SQL 语句或存储过程,有三个取值:Text,默认值,定义的数据源执行的 SQL 语句;TableDirect,数据表的名称;StoredProcedure,存储过程的名称,同时将 CommandText 属性设为存储过程名。

2．CommandText

设置对数据库执行的 SQL 语句或存储过程。

3．Connection

获取 SqlConnection 对象与数据库通信。

4．SqlParaMeterCollection

提供命令参数。

7.5.3　SqlCommand 对象的方法

1．Cancle 方法

类型为 Void，取消命令的执行。

2．ExecuteReader 方法

返回 SqlDataReader 对象，执行 select 语句或有返回结果的存储过程。

3．ExecuteNonQuery 方法

返回 int 类型，执行无返回结果的 SQL 语句，如 insert、update、delete、create table、create procedure 或返回结果的存储过程。

4．CreateParameter 方法

创建 SqlParameter 对象。

5．ExecuteScalar 方法

类型为 object，执行返回单个值的 SQL 语句，如 count(*)、sum、avg 等聚合函数。

7.5.4　SqlCommand 对象实例

【例 7-9】　使用 SqlCommand 对象实现数据的插入。

程序分析：

（1）定义 SqlConnection 的连接字符串，创建 SqlConnection 对象。

（2）使用 using(){}块。在这里当 using 代码执行完毕后，.NET 会自动释放 SqlConnection 对象。

（3）创建 SqlCommand 对象。

（4）定义 SQL 语句，实现对数据表中数据的插入。

（5）使用 SqlCommand 对象的 ExecuteNonQuery 方法，实现对后台数据表的更新。

程序如下：

（1）建立网站 SqlCommand。

（2）建立网页 Default.aspx，放置 5 个 Label 控件，3 个 TextBox 控件用来输入代码、用户名和密码和 1 个命令按钮，控件放置如图 7-5 所示。

图 7-5　设计界面

(3) 代码如下：

```
protected void Button1_Click(object sender, EventArgs e)
    {
        //登录 SQL Server 数据库用 sa 身份验证
        string ConnectionString = " Integrated Security = False; Data Source = .; Initial Catalog = TeachingManage; User ID = sa; pwd = 123456";
        using (SqlConnection conn = new SqlConnection(ConnectionString))
        {
            conn.Open();
            //使用 CreateCommand 方法创建 Command 对象
            using (SqlCommand cmd = conn.CreateCommand())
            {
                //插入语句
                cmd.CommandText = " insert into operator(operator_code, operator_name, operator_pass) values('" + this.TextBox8.Text + "','" + this.TextBox1.Text + "','" + this.TextBox2.Text + "')";
                //执行无返回结果的 SQL 语句
                cmd.ExecuteNonQuery();
            }
            Label4.Text = "插入成功";
        }
    }
```

7.6 SqlDataReader 对象

SqlDataReader 对象是一个简单的数据集，用于从数据源中检索只读数据集，它只允许以只读、顺向的方式查看其中所存储的数据，同时 SqlDataReader 对象还是一种非常节省资源的数据对象。

创建 SqlDataReader 对象，必须通过 SqlCommand 对象的 ExecuteReader 方法，在使用该方法时，是以独占方式使用 SqlConnection 对象，因此使用完 SqlDataReader 后，必须调用 Close 方法断开与 SqlConnection 的联系。

7.6.1 SqlDataReader 的属性

通过 SqlDataReader 的属性，可以获得数据表的列数、当前索引值，其属性如表 7-5 所示。

表 7-5 SqlDataReader 的属性及说明

属性	说明
FieldCount	记录中字段的个数
Item	集合对象，以索引值或键值取得记录的字段的集体值
IsClose	表示 SqlDataReader 是否关闭

7.6.2 SqlDataReader 的方法

通过 SqlDataReader 的方法，可以获得字段的列名、数据和下一条记录，其方法如表 7-6 所示。

表 7-6　SqlDataReader 的方法及说明

属　性	说　明
Close	关闭 SqlDataReader 方法
Read	读取下一条记录
GetName	获取指定字段的名称
GetValue	获取指定字段的数据
GetValues	获取全部字段的数据
IsNull	判断字段值是否为 Null
NextResult	读取下一条结果

7.6.3　SqlDataReader 对象的使用步骤

(1) 创建 SqlConnection 对象。
(2) 创建 SqlCommand 对象,指定要访问的数据表。
(3) 用 SqlCommand 对象的 ExecuteReader 方法创建 SqlDataReader 对象。
(4) 循环读取数据 while(reader.Read())。
(5) 在循环体中读取数据。
① reader[字段名],如 reader["operator_name"]。
② reader[索引号],如 reader[1]。
③ 读取已知数据的数据类型,如 reader.GetString(0),reader.GetInt32(1)。

7.6.4　SqlDataReader 对象实例

【例 7-10】 用 SqlDataReader 对象实现对表中数据的读取。
程序分析:
(1) 定义 SqlConnection 的连接字符串,创建 SqlConnection 对象。
(2) 使用 using(){}块。在这里当 using 代码执行完毕后,.NET 会自动释放 SqlConnection 对象。
(3) 创建 SqlCommand 对象。
(4) 定义 SQL 语句,实现对数据表中数据的查询。
(5) 用 SqlCommand 对象的 ExecuteReader 方法创建 SqlDataReader 对象。
(6) 显示数据,用 HTML 的 Table 属性来显示。
程序如下:
(1) 建立网站 SqlDataReader。
(2) 建立网页 Default.aspx,运行界面如图 7-6 所示。
(3) 添加命名空间:

using System.Data.SqlClient;

(4) 代码如图 7-7 所示。

代码	名称	密码
120080	李华	111111
120081	唐璐	111111
120082	徐彬彬	222222
120083	冯云	222222

图 7-6　运行界面

```
protected void Page_Load(object sender, EventArgs e)
{
    //登陆 SQL Server 数据库用sa身份验证
    string ConnectionString = " Integrated Security= False; Data Source=.;Initial Catalog=TeachingManage; User ID =sa; pwd =123456";
    using (SqlConnection conn = new SqlConnection(ConnectionString))
    {
        //数据库的连接
        conn.Open();
        //创建SqlCommand对象,指定连接的数据表的SQL语句
        using (SqlCommand comm = conn.CreateCommand())
        {
            comm.CommandText = " select * from operator ";
            //执行ExecuteReader
            SqlDataReader reader = comm.ExecuteReader();

            // 为了显示方便,加入一个Table表
            Response.Write("<Table border=1>");
            Response.Write("<Table border=1>");
            Response.Write("<tr><th>代码</th><th>名称</th><th>密码</th>");
            // Response.Write("<tr>");
            //循环
            while (reader.Read())
            {
                Response.Write("<tr>");
                Response.Write("<td>" + reader["operator_code"].ToString() + "</td>");
                Response.Write("<td>" + reader["operator_name"].ToString() + "</td>");
                Response.Write("<td>" + reader["operator_pass"].ToString() + "</td>");
                Response.Write("</tr>");
            }
            Response.Write("</table>");
        }
    }
}
```

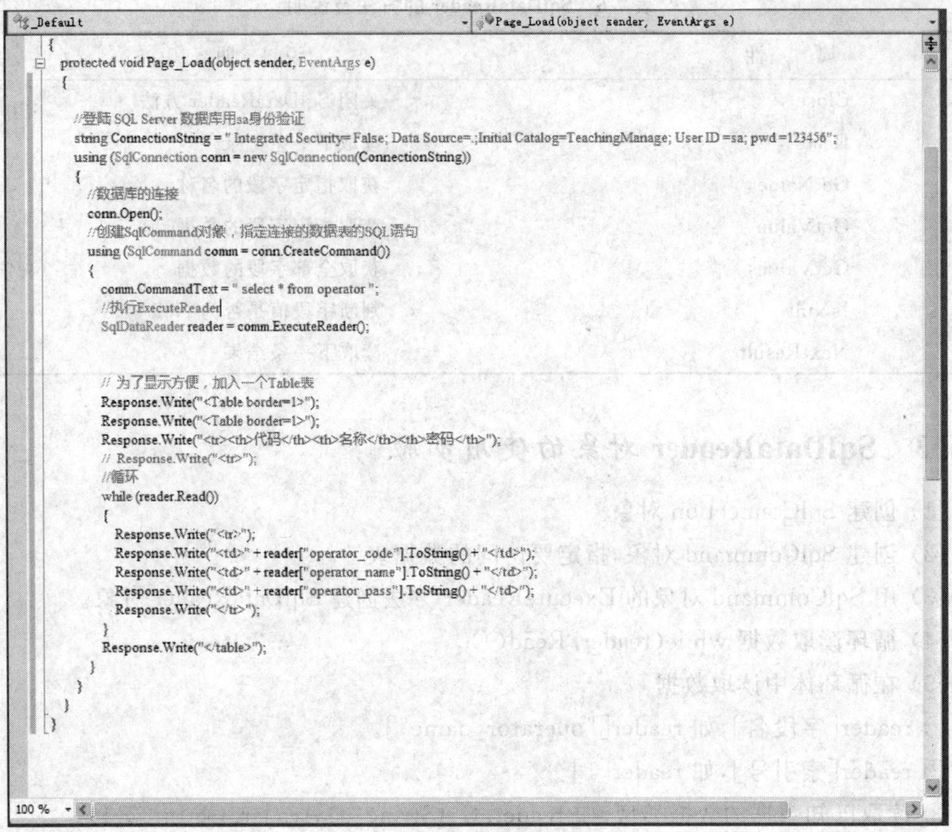

图 7-7 Default.aspx 代码

7.7 SqlDataAdapter 对象和 DataSet 对象

7.7.1 SqlDataAdapter 对象

SqlDataAdapter 对象是 SQL Server 数据库和 ADO.NET 对象中非连接对象之间的桥梁,能够用来保存和检索数据。

DataAdapter 对象的 Fill 方法用于将查询结果填充到 DataSet 或 DataTable 中,以方便脱机处理数据。

1. SqlDataAdapter 对象的属性

通过设置属性,对数据表完成查询、插入、更新、删除的操作,如表 7-7 所示。

表 7-7 SqlDataAdapter 对象的属性

属 性	描 述
SelectCommand	从数据源中检索数据
InsertCommand	从 DataSet 中把插入的记录写入数据库的操作
UpdateCommand	使用运行在 DataSet 对象上的数据删除数据库中的数据
DeleteCommand	使用运行在 DataSet 对象上的更新命令完成对数据库的操作

2. SqlDataAdapter 对象的方法

将数据添加或更新到 DataSet 对象或 DataTable 对象，其方法如表 7-8 所示。

表 7-8　SqlDataAdapter 对象的方法

方　　法	描　　述
Fill	填充数据集 DataSet 或 DataTable
Update	将 DataSet 或 DataTable 中的修改更新到数据库中

3. SqlDataAdapter 的构造方法

可以用不同的方法构造 SqlDataAdapter 对象，如表 7-9 所示。

表 7-9　SqlDataAdapter 的构造方法

方　　法	描　　述
SqlDataAdapter()	不用参数，直接创建 SqlDataAdapter 对象
SqlDataAdapter(sqlcommand)	用指定的参数 sqlcommand 构造 SqlDataAdapter 方法

7.7.2　DataSet 对象

DataSet 对象在 ADO.NET 实现不连接的数据访问中起到了关键的作用，从数据库完成数据的抽取后，DataSet 就是数据的存放地，也可以看成是一个数据容器，在客户端实现读取和更新数据中起到了中间桥梁的作用。

SqlDataAdapter 是 DataSet 和 SQL Server 之间的桥接器，用于检索和保存数据。SqlDataAdapter 通过对数据源使用适当的 SQL 语句映射 Fill(它可更改 DataSet 中的数据以匹配数据源中的数据)和 Update(它可更改数据源中的数据以匹配 DataSet 中的数据)来提供这一桥接。

1. DataSet 的特性

(1) 独立性，不管数据源是什么，提供一致的关系编程模型；

(2) 离线和连接，既可以离线方式，又可以实时连接，操作数据库。

2. 创建 DataSet 的方法

通过两种不同的方法，创建 DataSet 方法，如表 7-10 所示。

表 7-10　创建 DataSet 的方法

方　　法	描　　述
DataSet()	不用参数，直接创建 DataSet 对象
DataSet(string)	用指定的参数构造 DataSet 对象

3. DataSet 对象的常用属性

DataSet 对象的常用属性如表 7-11 所示。

表 7-11　DataSet 的常用属性

属　　性	描　　述
DataSetName	获取或设置 DataSet 的名称
TableSpoon	DataSet 对象包含的表的集合

7.7.3 DataTable 对象

DataSet 和 DataTable 都是数据容器,但是 DataSet 包含多个 DataTable 以及 DataTable 之间的约束关系。如果数据在一张表中,直接用 DataTable 效率会比较高。

1. 定义 DataTable 对象的语法格式

```
DataTable    名称 = New DataTable();
```

如:

```
DataTable dt = New DataTable();
```

2. DataTable 的常用属性

DataTable 读取的是一张表的数据和字段名称。
(1) 表的行数,如:

```
dt.Count
```

(2) 表的字段名称,如:

```
dt.Columns["operator_name"].ToString();    //operator_name 为表的字段名称
```

(3) 表的数据,如:

```
dt.Rows[0][0].ToString();              //第一行第一列
```

3. 使用 DataTable 对象的一般步骤

(1) 定义 SqlConnection 的连接字符串,创建 SqlConnection 对象。
(2) 创建 SqlCommand 对象。
(3) 创建 DataAdapter 对象。
(4) 创建 DataTable 对象,调用 DataAdapter 对象的 Fill 方法填充 DataTable 对象。

7.7.4 SqlDataAdapter 对象实例

【例 7-11】 DataTable 的使用。
建立网站 dtSelectADO,设计网页 Default.aspx,放置控件,运行界面如图 7-8 所示。
程序分析:
(1) 定义 web.config 文件。
(2) 定义 SqlConnection 的连接字符串,创建 SqlConnection 对象。
(3) 创建 SqlCommand 对象。
(4) 定义 SQL 语句,实现对数据表中数据的查询。
(5) 创建 SqlDataAdapter 对象。
(6) 创建 DataTable 对象。
(7) 在 GridView 中显示数据。
步骤如下:
(1) 创建网站,建立网页 Default.aspx。
(2) 设置 web.config 文件代码:

图 7-8 运行界面

```
<connectionStrings>
    <!--
    //登录 SQL Server 数据库的语句  用户名 sa  密码 123456
    -->
    <add name="ManageSQLConnectionString" connectionString="Data Source=.;Initial Catalog=TeachingManage;Persist Security Info=false;User ID=sa;Password=123456" providerName="System.Data.SqlClient"/>
</connectionStrings>
```

（3）在网页上放置控件，并设置相应的属性。

（4）编写命令代码。

```
protected void Button1_Click(object sender, EventArgs e)
{
    string ConnectionString = ConfigurationManager.ConnectionStrings["ManageSQLConnectionString"].ConnectionString;

    using (SqlConnection conn = new SqlConnection(ConnectionString))
    {
        conn.Open();
        using (SqlCommand cmd = conn.CreateCommand())
        {
            //定义 SQL 语句
            cmd.CommandText = " select * from operator where operator_code = '" + this.TextBox1.Text + "'";
            //创建 SqlDataAdapter 对象
            SqlDataAdapter adapter = new SqlDataAdapter();
            adapter.SelectCommand = cmd;
            //创建 DataTable 对象
            DataTable dt = new DataTable();
            //填充 DataTable 对象到 adapter 中
            adapter.Fill(dt);
            GridView1.DataSource = dt;
            GridView1.DataBind();
        }
    }
}
```

7.8 ADO.NET 的实例

7.8.1 简单数据查询

【例 7-12】 在数据库 TeachingManage 中实现对表 operator 数据的查询。

建立网站 SelectADO,创建 Default.aspx,放置相关的控件,运行界面如图 7-9 所示。

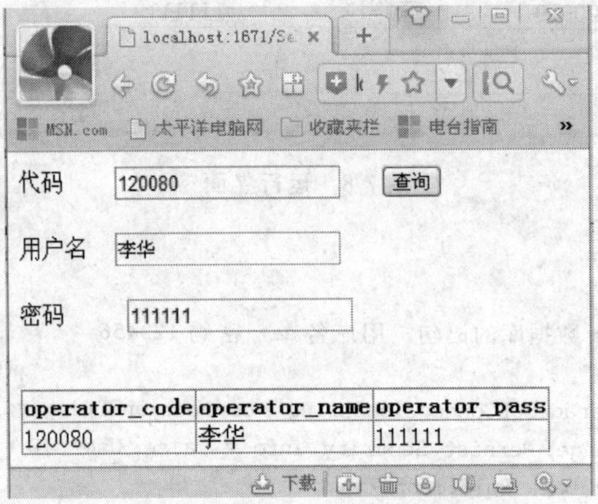

图 7-9 查询代码的运行界面

程序分析:
(1) 定义 web.config 文件。
(2) 创建 SqlConnection 对象。
(3) 创建 SqlCommand 对象。
(4) 定义 SQL 语句,实现对数据表中数据的查询。
(5) 创建 SqlDataAdapter 对象。
(6) 创建 DataTable 对象。
(7) 在 GridView 中显示数据。

步骤如下:
(1) 创建网站,建立网页 Default.aspx。
(2) 定义 web.config 文件,如例 7-5 所示定义。
(3) 在网页上放置控件,并设置相应的属性。
(4) 编写命令代码。

```
protected void Button1_Click(object sender, EventArgs e)
{
    //读取数据库的连接字符串
    string ConnectionString = ConfigurationManager.ConnectionStrings["ManageSQLConnectionString"].ConnectionString;
    //创建 SqlConnection 对象 conn
    using (SqlConnection conn = new SqlConnection(ConnectionString))
    {
```

```
            conn.Open();
            //创建 SqlCommand 对象 cmd
            using (SqlCommand cmd = conn.CreateCommand())
            {
                //创建 SQL 语句
                cmd.CommandText = " select * from operator where  operator_code = '" + this.TextBox1.Text + "'";
                //创建 SqlDataAdapter 对象 adapter
                SqlDataAdapter adapter = new SqlDataAdapter();
                adapter.SelectCommand = cmd;
                //用一张表,定义了 DataTable
                DataTable dt = new DataTable();
                adapter.Fill(dt);
                //判断数据表 operator 是否有数据
                if (dt.Rows.Count > 0)
                {
                    //有数据,读取数据
                    TextBox2.Text = dt.Rows[0][1].ToString();   //第一行第二列
                    TextBox3.Text = dt.Rows[0][2].ToString();   //第一行第三列
                }
                else//没有数据
                {
                    //没有数据,清空控件中的值
                    TextBox2.Text = "";
                    TextBox3.Text = "";
                }
                GridView1.DataSource = dt;
                GridView1.DataBind();
            }
        }
    }
```

7.8.2 存储过程实现数据查询

【例 7-13】 改写例 7-12,在数据库中定义存储过程,实现对表 operator 数据的查询,运行界面如图 7-9 所示。

步骤如下:

(1) 定义存储过程 GetOperatorInformation,参考例 6-7。

(2) 创建网站 SelectProcADO。

(3) 创建网页 Default,放置控件。

(4) 定义 web.config 文件,参考例 7-5 所示定义。

(5) 添加 App_Code 文件夹,在解决方案资源管理器中,单击鼠标右键,在弹出的对话框中选择 App_Code 命令,如图 7-10 所示。

(6) 在网站的文件上添加新类 login,选择"添加新项"命令,在如图 7-11 所示对话框中选择"类",命名为 login.cs。

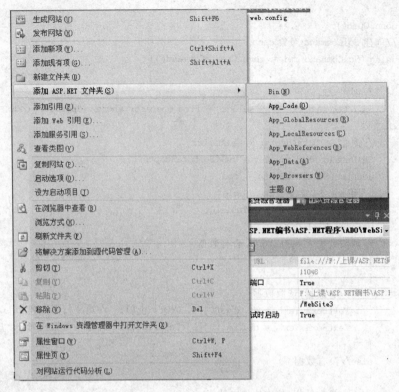

图 7-10 添加 App_Data 文件夹

图 7-11 添加类

(7) 在类中定义一个查询数据表 operator 的方法，输入代码，得到表中的一行数据，其方法 GetLoginInformation 的代码如下：

```csharp
public static DataTable GetLoginInformation (string operatorCode)
{
    //读取数据库的连接字符串
    string ConnectionString = ConfigurationManager.ConnectionStrings["ManageSQLConnectionString"].ConnectionString;

    //创建 SqlConnection 对象 conn
    using (SqlConnection conn = new SqlConnection(ConnectionString))
    {
        conn.Open();
        //创建 SqlCommand 对象 cmd
        using (SqlCommand cmd = conn.CreateCommand())
        {
            //设置类型为存储过程
            cmd.CommandType = CommandType.StoredProcedure;
            //设置存储过程名字为 GetOperatorInformation
            cmd.CommandText = "GetOperatorInformation";
            //参数
            SqlParameter param = new SqlParameter();
            param.ParameterName = "@oper_code";
            param.Value = operatorCode;
            param.SqlDbType = SqlDbType.NVarChar;

            cmd.Parameters.Add(param);
            //创建 SqlDataAdapter 对象 adapter
            SqlDataAdapter adapter = new SqlDataAdapter();
            adapter.SelectCommand = cmd;
            //用一张表,定义了 DataTable
            DataTable dt = new DataTable();
            adapter.Fill(dt);
            return dt;
        }
    }
}
```

(8) 命令按钮的代码如下：

```csharp
protected void Button1_Click(object sender, EventArgs e)
{
    string operName = TextBox1.Text.Trim();
    //调用 login.cs 类的方法
    DataTable dt = login.GetLoginInformation(operName);
    if (dt.Rows.Count > 0)
    {
        //有数据,读取数据
        TextBox2.Text = dt.Rows[0][1].ToString();      //第一行第二列
        TextBox3.Text = dt.Rows[0][2].ToString();      //第一行第三列
```

```
        }
        else
        {
        //没有数据,清空控件中的值
            Response.Write("<script>alert('用户代码不正确!')</script>");
            TextBox2.Text = "";
            TextBox3.Text = "";
        }
        GridView1.DataSource = dt;
        GridView1.DataBind();
    }
```

7.8.3 复杂的数据操作

【例 7-14】 在例 7-12 的基础上,实现对表 operator 数据的修改、删除和插入,运行界面如图 7-12 所示。

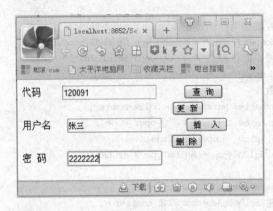

图 7-12 插入数据的运行界面

程序如下:

(1) 在例 7-12 的 Default.aspx 网页上,增加三个按钮("更新"、"删除"、"插入")。

(2) 在数据库中分别定义三个存储过程,分别为 UpdateOperator、DeleteOperator 和 InsertToOperator,定义的内容参考第 6 章。

(3) 在 login.cs 的代码区添加 insertOperatorInformation 方法,代码如下:

```
//定义 insertOperatorInformation 需要三个参数: 代码、用户名和密码
public static DataTable insertOperatorInformation(string operatorCode, string operatorName,
string operatorPass)
{
    //读取数据库的连接字符串
    string ConnectionString = ConfigurationManager.ConnectionStrings["ManageSQLConnection-
String"].ConnectionString;
    string ConnectionString = getConnectionString();

    //创建 SqlConnection 对象 conn
    using (SqlConnection conn = new SqlConnection(ConnectionString))
    {
        conn.Open();
```

```csharp
        //创建 SqlCommand 对象 cmd
        using (SqlCommand cmd = conn.CreateCommand())
        {
            //设置类型为存储过程
            cmd.CommandType = CommandType.StoredProcedure;
            //设置存储过程名字为 InsertToOperator
            cmd.CommandText = "InsertToOperator";
            //第一个参数
            SqlParameter param = new SqlParameter();
//参数@oper_code 和 GetOperatorInformation 存储过程定义的参数一致
            param.ParameterName = "@oper_code";
            //参数 operatorCode 和 GetLoginInformation 方法定义的参数一致
            param.Value = operatorCode;
            param.SqlDbType = SqlDbType.NVarChar;
            cmd.Parameters.Add(param);
            //第二个参数
            SqlParameter param1 = new SqlParameter();
//参数@oper_code 和 GetOperatorInformation 存储过程定义的参数一致
            param1.ParameterName = "@oper_name";
//参数 operatorCode 和 GetLoginInformation 方法定义的参数一致
            param1.Value = operatorName;
            param1.SqlDbType = SqlDbType.NVarChar;
            cmd.Parameters.Add(param1);

            //第三个参数
            SqlParameter param2 = new SqlParameter();
//参数@oper_code 和 GetOperatorInformation 存储过程定义的参数一致
            param2.ParameterName = "@oper_pass";
            //参数 operatorCode 和 GetLoginInformation 方法定义的参数一致
            param2.Value = operatorPass;
            param2.SqlDbType = SqlDbType.Char ;
            cmd.Parameters.Add(param2);

            //创建 SqlDataAdapter 对象 adapter
            SqlDataAdapter adapter = new SqlDataAdapter();
            adapter.SelectCommand = cmd;
            //用一张表,定义了 DataTable 对象
            DataTable dt = new DataTable();
            adapter.Fill(dt);
            //返回类型
            return dt;
        }
    }
}
```

(4) 在 Default.aspx 网页中,"插入"按钮的代码如下:

```csharp
protected void Button2_Click(object sender, EventArgs e)
{
    string operCode = TextBox1.Text.Trim();
    string operName = TextBox2.Text.Trim();
    string operPass = TextBox3.Text.Trim();
    //调用 Login.cs 类中方法
```

```
            DataTable dt = login.insertOperatorInformation(operCode, operName, operPass);
        //插入数据,判断是否插入成功
            Response.Write("<script>alert('插入数据库正确!')</script>");
        TextBox1.Text = "";
        TextBox2.Text = "";
        TextBox3.Text = "";
    GridView1.DataSource = dt;
    GridView1.DataBind();
    }
```

7.8.4 登录界面的设计

【例 7-15】 实现用户的登录,如图 7-13 所示。

图 7-13 登录界面

程序分析:
(1) 建立数据库和数据表。
(2) 采用 ADO.NET 实现数据库的连接和数据表的访问。
(3) 设计界面,放置相应的控件,设置其属性。
(4) 定义 web.config 文件。
(5) 创建 SqlConnection 对象。
(6) 创建 SqlCommand 对象。
(7) 定义 SQL 语句,实现对数据表中数据的查询。
(8) 创建 SqlDataReader 对象。
(9) 用 SQL 语句实现对数据表数据的读取和比较。
步骤如下:
(1) 新建一个空的网站,在解决方案资源管理器中添加新项,在添加新项的对话框中选择 Web 窗体,创建一个名为 Default.aspx 的文件。
(2) 在 Default.aspx 网页上,放置控件并设置属性,如图 7-14 所示。
(3) 配置 web.config 文件,参考例 7-5 所示定义。

图 7-14 设计登录窗体

(4)"登录"按钮的代码如下：

```csharp
protected void Button1_Click(object sender, EventArgs e)
{
    string ConnectionString = ConfigurationManager.ConnectionStrings["ManageSQLConnectionString"].ConnectionString;
    //using(){}块包围的部分系统会自动释放资源。在这里当 using 代码执行完毕后,.NET 会自行处
    //理 SqlConnection 对象
    using (SqlConnection conn = new SqlConnection(ConnectionString))
    {
        //数据库的连接
        conn.Open();
        //创建 SqlCommand 对象,指定连接的数据表的 SQL 语句
        using (SqlCommand comm = conn.CreateCommand())
        {
            string oper_name = TextBox1.Text.Trim();
            comm.CommandText = " select * from operator where operator_name = '" + oper_name + "'";
            using (SqlDataReader reader = comm.ExecuteReader())
            {
                if (reader.Read())
                {//用户名存在
                    string oper_pass = reader.GetString(reader.GetOrdinal("operator_pass"));
                    //比较输入的密码和数据库中保存的密码是否一致
                    string password = TextBox2.Text.Trim();
                    if (oper_pass == password)
                    { //提示正确登录,跳转到新的网页
                        Label3.Text = "正确登录";

                        Response.Redirect("~/welcome.aspx");
                        Response.Write("<script>window.close();</script>");

                    }
                    else                              //提示登录错误
                    {
                                                     //Label3.Text = "登录错误";
                        Response.Write("<script>alert('登录错误')</script>");
                    }

                }
                else//reader.read = false 没有查找到用户名
                {
                    //Label3.Text = "没有查找到用户名,请重新登录";
                    Response.Write("<script>alert('没有查找到用户名,请重新登录')</script>");
                }

            }
        }
    }
}
```

(5) 设计 welcome.aspx 的界面，如图 7-15 所示。

图 7-15　设计 welcome.aspx 的界面

(6) 运行界面如图 7-16 所示。

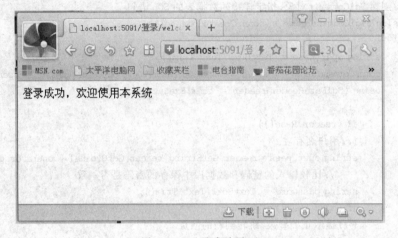

图 7-16　登录成功界面

小　　结

本章主要介绍了通过 ADO.NET 操作数据库中的数据。ADO.NET 功能强大，可以与许多数据库连接。重点介绍了与 SQL Server 2008 的连接，相应的对象有 SqlConnection、SqlCommand、SqlDataReader、SqlDataAdapter 和 DataSet 等。web.config 文件可对数据库连接字符串进行保存。通过实例详细讲解了 ADO.NET 对象的使用与技巧。

习　　题

1. 使用 SqlCommand 控件读取数据库 TeachingManage 表中 Class 的数据，用表格的形式显示出来，如图 7-17 所示。

2. 使用 SqlCommand 控件，用查询的方法读取数据库 TeachingManage 表中 Class 的数据，如图 7-18 所示。

3. 使用 SqlCommand 控件，利用数据库的存储过程，实现对数据库 TeachingManage 表中 Class 的数据的查询、修改和删除等功能，如图 7-19 所示。

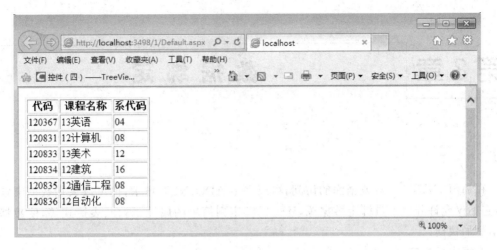

图 7-17　SqlCommand 控件的运行效果

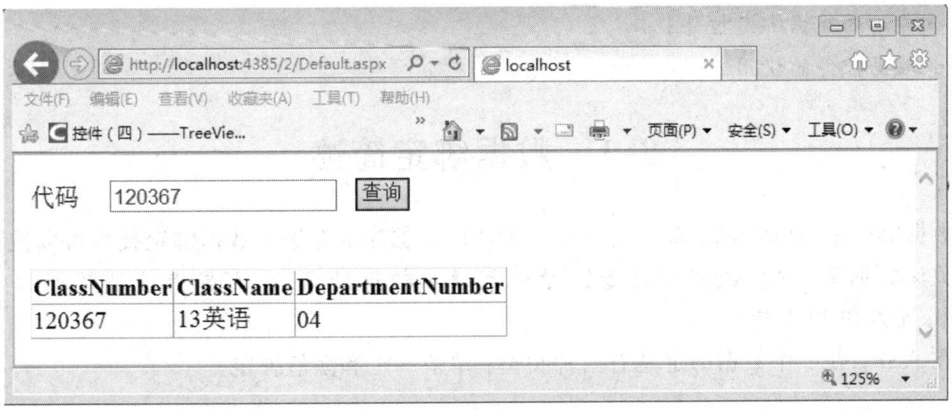

图 7-18　读取数据的运行效果

图 7-19　实现对数据的操作运行效果

第 8 章　　数 据 绑 定

在 ASP.NET 中,对数据库的访问,可以采用 ADO.NET 技术,也可以采用数据绑定技术,它不仅允许开发人员绑定数据源,还可以绑定到简单的属性、集合、表达式等,使数据的显示更加快捷。

本章主要内容:
- 数据绑定技术;
- 常用的数据绑定控件;
- 数据控件的使用。

8.1　数据绑定简述

数据绑定是 ASP.NET 提供的另外一种访问数据库的方法。数据绑定技术可以让程序员不关注数据库连接、数据库命令以及如何显示数据的环节,而是直接把数据绑定到 HTML 元素和 Web 控件。

在 ASP.NET 中数据绑定具有两种类型:单值绑定和多值绑定。

8.1.1　单值绑定

单值绑定是实现动态文本的方式,数据绑定表达式可以放置在网页的任意位置,也可以在服务器控件中,数据绑定的格式如下:

```
<%# 数据绑定表达式 %>
```

在网页或服务器上绑定表达式后,该表达式不会主动显示,需要调用 DataBind 方法,其格式如下:

```
Page.DataBind();
```

1. 在网页上应用单值绑定

【例 8-1】　在网页上实现表达式的绑定。

建立网站和网页,实现对数据的绑定,如图 8-1 所示。

程序分析:

(1) 定义一个 Public 类型的变量。

(2) 定义的变量应用在网页和服务器控件上。

(3) 在 Page_Load 事件中调用绑定的方法 DataBind。

图 8-1 单值绑定显示数据

步骤如下：
(1) 建立一个空的网站 8-1。
(2) 建立一个网页，名称为 Default.aspx，放置两个 Label 控件，设置其 Text 值，代码如下：

< asp:Label ID = "Label1" runat = "server" Text = "<% # DateTime.Now %>"></asp:Label >
< asp:Label ID = "Label2" runat = "server" Text = "<% # Studentname %>"></asp:Label >

(3) 在网页上显示变量的值，代码如下：

学生姓名：<% # Studentname %>

(4) 在 Default.aspx.cs 中，定义一个 Public 类型的变量，定义如下：

public String Studentname = "张三";

(5) 显示表达式的结果，需要调用 DataBind 方法，代码如下：

```
protected void Page_Load(object sender, EventArgs e)
    {
        Page.DataBind();
    }
```

(6) 运行网页，显示绑定表达式的结果。

2. 单值绑定的缺点

从单值绑定的步骤来看，数据绑定的代码和网页定义的代码混合在一起；代码太分散；不利于对网页的代码的管理。因此，在程序开发过程中不推荐使用单值绑定。

8.1.2 多值绑定

多值绑定技术将一组值绑定到指定的控件上，这些控件被称为数据绑定控件，如 DropDownList、ListBox、RadioButtonList 控件等。

【例 8-2】 在网页上放置 Label 控件和 DropDownList 控件，在 DropDownList 控件上应用多值绑定条件，运行结果如图 8-2 所示。

程序分析：
(1) 定义一个 ArrayList 类型的动态数组 list。
(2) 在动态数组 list 中用代码的方式加入数据。

图 8-2 多值绑定显示内容

(3) 用代码将 DropDownList 控件绑定到 list 动态数组中。

步骤如下：

(1) 建立一个空的网站 8-2。

(2) 建立一个网页，名称为 Default.aspx，放置 Label 控件和 DropDownList 控件，设置其 DataSource 的绑定条件，网页的代码如下：

```
< asp:DropDownList ID = "DropDownList1" runat = "server" DataSource = <% # list %>
    </asp:DropDownList >
```

(3) 在 Default.aspx.cs 中，定义一个 ArrayList 类型的动态数组，定义如下：

```
//定义一个 ArrayList 类型的动态数组
protected ArrayList list = new ArrayList();
```

(4) 定义 ArrayList 类型的动态数组，需要使用命名空间，代码如下：

```
using System.Collections;
```

(5) 在 Page_Load 事件中定义 list 数组，并绑定到 DropDownList 控件上，代码如下：

```
protected void Page_Load(object sender, EventArgs e)
{

    if (!IsPostBack)
    {
        list.Add("沈阳");
        list.Add("大连");
        list.Add("北京");
        list.Add("上海");
        this.DropDownList1.DataBind();
    }
}
protected void Button1_Click(object sender, EventArgs e)
{
    Label1.Text = "选中的城市为: " + DropDownList1.Text;
}
```

(6) 运行网页，显示多值绑定的结果。

8.2 数据源控件

数据源控件用于连接数据源、从数据源中读取数据和把数据写入数据源，这些控件使用数据库、XML 文件或中间对象作为数据源，实现对数据的检索和处理数据。常用的数据源控件有 SqlDataSource 控件、AccessDataSource 控件、Object DataSource 控件、XmlDataSource 控件、SiteDataSource 控件和 LinqDataSource 控件。

8.2.1 SqlDataSource 控件

SqlDataSource 控件称为 SQL 数据源控件，使用基于 SQL 关系的数据库的数据源，如 SQL Server。该控件功能强大，实现对数据的检索和处理。

1. SqlDataSource 控件的常用属性

SqlDataSource 控件的属性很多，如 ConnectionString 属性是设置连接字符串、指定检索数据的 SelectCommand 属性和指定插入数据的 InsertCommand 属性。SqlDataSource 控件的常用属性如表 8-1 所示。

表 8-1 SqlDataSource 控件的常用属性

属 性	说 明
ConnectionString	设置连接字符串
DataSourceMode	检索数据的模式
SelectCommand	检索数据命令
InsertCommand	插入数据命令
UpdateCommand	更新数据命令
DeleteCommand	删除数据命令
SelectParameters	SelectCommand 属性使用的参数集合
InsertParameters	InsertCommand 属性使用的参数集合
UpdateParameters	UpdateCommand 属性使用的参数集合
DeleteParameters	DeleteCommand 属性使用的参数集合
SelectCommandType	SelectCommand 的值是 SQL 语句或是存储过程名称
InsertCommandType	InsertCommand 的值是 SQL 语句或是存储过程名称
UpdateCommandType	UpdateCommand 的值是 SQL 语句或是存储过程名称
DeleteCommandType	DeleteCommand 的值是 SQL 语句或是存储过程名称

2. SqlDataSource 控件的常用方法

SqlDataSource 控件的常用方法实现对数据的检索和处理，如表 8-2 所示。

表 8-2 SqlDataSource 控件的常用方法

方 法	说 明	方 法	说 明
Select	实现对数据的检索	Update	实现对数据的更新
Insert	实现对数据的插入	Delete	实现对数据的删除

3. SqlDataSource 控件的应用

【例 8-3】 使用 SqlDataSource 控件连接数据库，并显示数据，如图 8-3 所示。
程序分析：
(1) 配置 SqlDataSource 控件。

ASP.NET(C#)程序设计

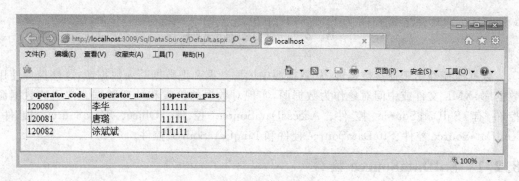

图 8-3　SqlDataSource 控件的应用

(2) 在 GridView 控件中显示数据。

步骤如下：

(1) 在 Visual Studio 2010 的工具箱的数据栏中，选择 SqlDataSource 控件，拖曳到网页上，如图 8-4 所示。

图 8-4　SqlDataSource 控件

(2) 在右侧出现的配置数据源上单击，出现一个对话框，如图 8-5 所示。

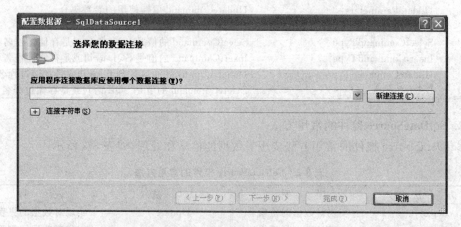

图 8-5　配置数据源

(3) 在图 8-5 中，单击"新建连接"按钮，如图 8-6 所示。

数据源：连接到 SQL Server 数据库上。

服务器名：服务器的 IP 地址、服务器的名称或是"."，表示本地计算机。

登录到服务器：选择登录的身份，可以是 Windows 身份，也可以是 SQL Server 身份。

图 8-6　添加连接

（4）选择数据连接，如图 8-7 所示。

图 8-7　配置数据源

(5) 将连接字符串保存到应用程序配置文件中,如图 8-8 所示。

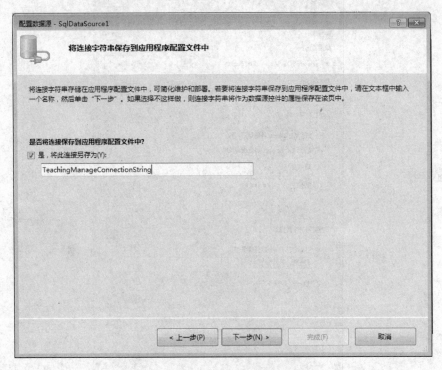

图 8-8　将连接字符串保存到配置文件

(6) 选择数据表和显示的字段,如图 8-9 所示。

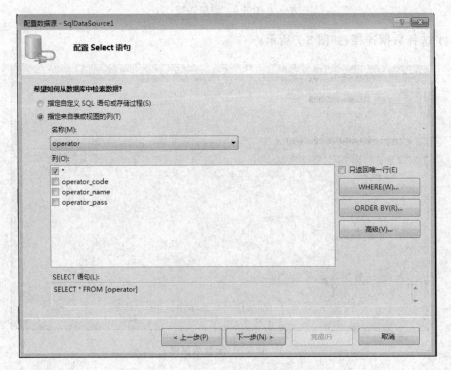

图 8-9　选择数据表和数据列

(7) 浏览选择的数据,如图 8-10 所示。

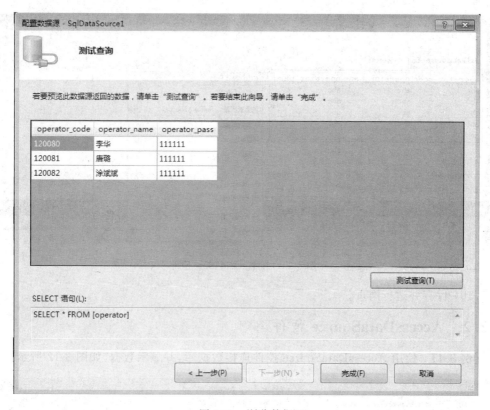

图 8-10 浏览数据

(8) 配置完 SqlDataSource 控件后,连接字符串会自动保存在 web.config 文件中,代码如下:

```
<?xml version = "1.0"?>

<!--
    有关如何配置 ASP.NET 应用程序的详细信息,请访问
    http://go.microsoft.com/fwlink/?LinkId = 169433
    -->
<configuration>
    <connectionStrings>
    <add   name = "TeachingManageConnectionString"   connectionString = "Data Source = LIHUA -
PC;Initial Catalog = TeachingManage;User ID = sa;Password = 123456"
providerName = "System.Data.SqlClient" />
    </connectionStrings>
    <system.web>
        <compilation debug = "true" targetFramework = "4.0" />
    </system.web>

</configuration>
```

(9) 在工具箱中,选择数据的 GridView 控件,拖曳到网页中,在图 8-11 中选择数据源

为 SqlDataSource1。

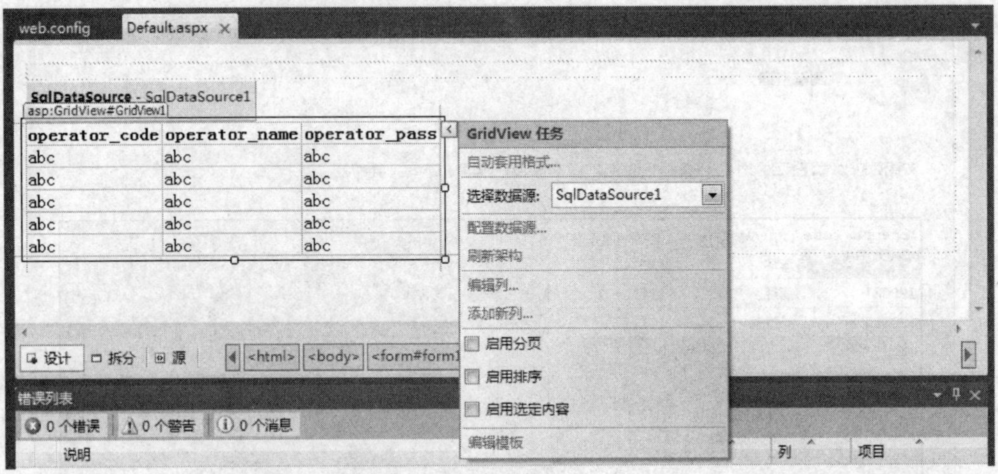

图 8-11 配置 GridView 控件

（10）保存并运行网页。

8.2.2 AccessDataSource 控件

【例 8-4】 使用 AccessDataSource 控件连接数据库，并显示数据，如图 8-12 所示。

图 8-12 运行界面

程序分析：

（1）配置 AccessDataSource 控件。

（2）在 GridView 控件中显示数据。

步骤如下：

（1）在 Visual Studio 2010 的工具箱的数据栏中，选择 AccessDataSource 控件，拖曳到网页上，如图 8-13 所示。

（2）在解决方案资源管理器中，添加 App_Data 项，如图 8-14 所示。

（3）在解决方案资源管理器中，单击鼠标右键，选择"添加现有项"命令，选择需要的数据库，如图 8-15 所示。

（4）选择 AccessDataSource 控件的配置数据源，如图 8-16 所示。

图 8-13　AccessDataSource 控件

图 8-14　添加 App_Data 项

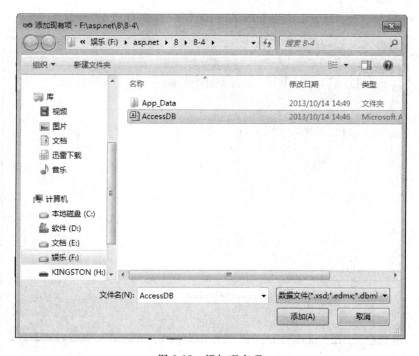

图 8-15　添加现有项

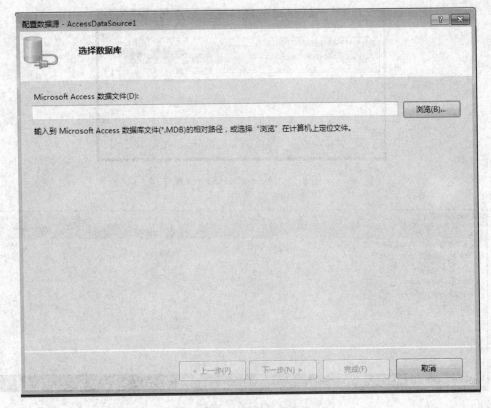

图 8-16 配置数据源

(5) 选择在 App_Data 项中添加的 Access 数据库,如图 8-17 所示。

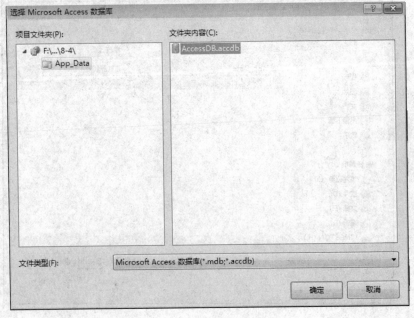

图 8-17 配置数据源 Access

(6) 选择配置数据源的测试查询,如图 8-18 所示。

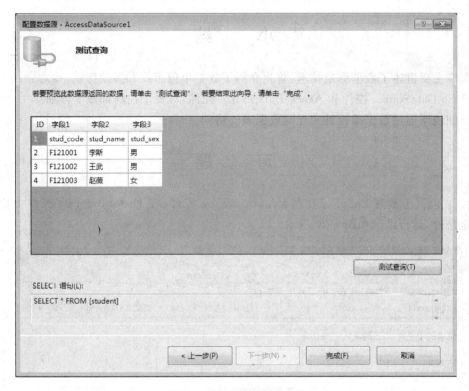

图 8-18　测试数据源的查询

(7) 将 GridView 控件放置在网页上,设置数据源属性为 AccessDataSource1,如图 8-19 所示。

图 8-19　设置 GridView 控件的数据源

(8) 保存并运行网页。

小　　结

本章主要讲述了数据绑定技术,首先介绍了数据单值绑定和多值绑定,接着介绍了数据源控件 SqlDataSource 控件和 AccessDataSource 控件,对每个控件都做了详细介绍,并通过案例详细说明通过数据源控件实现对数据表的访问。

习　　题

1. 在网页上放置 Label 控件和 DropDownList 控件,在 DropDownList 控件上应用多值绑定条件,运行结果如图 8-20 所示。

图 8-20　多值绑定的运行效果

2. SqlDataSource 控件和 GridView 控件配合使用,对数据库 TeachingManage 的 Class 表的数据进行显示,如图 8-21 所示。

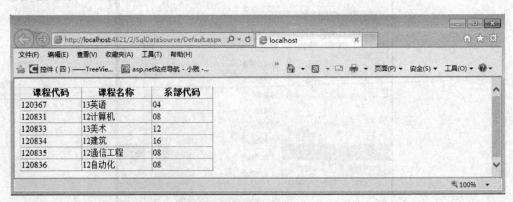

图 8-21　SqlDataSource 控件和 GridView 控件配合使用的运行效果

第 9 章　数据控件

采用 ADO.NET 技术或数据库,可以使 Web 网页轻松访问数据库,而数据控件采用图表的方式,主要实现对数据的读取、删除和修改等功能,操作简单。并且部分功能都已经封装好,可以很容易地使用。

本章主要内容:
- 数据控件的介绍；
- 各种数据控件的应用；
- 使用相应的属性。

9.1　数据控件的介绍

在 Visual Studio 2010 的工具箱的数据栏中,提供了一些数据控件,用来在 Web 网页中显示数据,其功能强大,使用灵活,可提高数据的透明性,如图 9-1 所示。

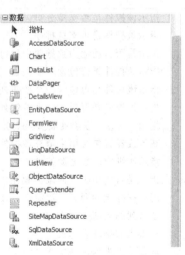

图 9-1　数据控件的种类

对数据控件的说明如表 9-1 所示。

表 9-1　数据控件的说明

控件名称	说明
DataList	呈现多列数据,可以自定义格式显示数据、比较灵活
DetailsView	呈现单列数据(数据明细),以表格形式显示单条数据、支持排序、插入、删除、修改、分页

续表

控件名称	说明
FormView	呈现单列数据（数据明细），显示单条数据、分页、增、删、改，可自定义模板显示
GridView	呈现多列数据，支持删、改、排序、分页、外观设置、自定义显示数据
ListView	提供了增、删、改、排序、分页等功能，还可以支持用户自定义模板
DataPager	DataPager 控件和 ListView 控件联合实现分页

9.2 GridView 控件

GridView 控件是一个显示二维表格的数据控件，每列表示一个字段，每行表示一条记录。

GridView 控件通常完成以下功能。

（1）通过数据源自动绑定和显示数据。

（2）通过数据源进行数据的操作。

（3）自定义列和样式。

（4）在事件中添加代码，以实现交互。

1. GridView 控件的属性

GridView 支持大量属性，以实现对 GridView 控件的设置，如表 9-2 所示。

表 9-2 GridView 控件的属性

属性	描述
AllowPaging	指示该控件是否支持分页
AllowSorting	指示该控件是否支持排序
AutoGenerateColumns	指示是否自动地为数据源中的每个字段创建列。默认为 true
AutoGenerateDeleteButton	指示该控件是否包含一个按钮列以允许用户删除映射选中的记录
AutoGenerateEditButton	指示该控件是否包含一个按钮列以允许用户编辑映射选中的记录
AutoGenerateSelectButton	指示该控件是否包含一个按钮列以允许用户选择映射选中的记录
DataMember	指示一个多成员数据源中的特定表绑定到该网格
DataSource	获得或设置包含用来填充该控件的值的数据源对象
DataSourceID	指示所绑定的数据源控件
EnableSortingAndPagingCallbacks	指示是否使用脚本回调函数完成排序和分页
RowHeaderColumn	用作列标题的列名。该属性旨在改善可访问性
SortDirection	获得列的当前排序方向
SortExpression	获得当前排序表达式
UseAccessibleHeader	规定是否为列标题生成<th>标签

2. GridView 控件的方法

实际上在很多情况下不需要调用 GridView 控件的方法，表 9-3 列出了 GridView 控件的方法。

3. GridView 控件的事件

GridView 控件通过一对事件进行触发，一个事件在该操作发生之前激发，一个事件在该操作完成后立即激发。表 9-4 列出了 GridView 控件激发的事件。

表 9-3　GridView 控件的方法

方法	说明
DataBind	将数据源绑定到 GridView 控件
DeleteRow	从数据源中删除位于指定索引位置的记录
Focus	设置控件的焦点
Sort	对 GridView 控件排序
UpdateRow	更新指定的记录

表 9-4　GridView 控件激发的事件

事件	描述
PageIndexChanging PageIndexChanged	两个事件都是在其中一个分页器按钮被单击时发生。它们分别在网格控件处理分页操作之前和之后激发
RowCancelingEdit	处于编辑模式的行的 Cancel 按钮被单击,在该行退出编辑模式之前发生
RowCommand	单击一个按钮时发生
RowCreated	创建一行时发生
RowDataBound	一个数据行绑定到数据时发生
RowDeleting，RowDeleted	两个事件都是在一行的 Delete 按钮被单击时发生。它们分别在该网格控件删除该行之前和之后激发
RowEditing	当一行的 Edit 按钮被单击时,但是在该控件进入编辑模式之前发生
RowUpdating RowUpdated	两个事件都是在一行的 Update 按钮被单击时发生。它们分别在该网格控件更新该行之前和之后激发
SelectedIndexChanging SelectedIndexChanged	两个事件都是在一行的 Select 按钮被单击时发生。它们分别在该网格控件处理选择操作之前和之后激发
Sorting Sorted	两个事件都是在对一个列进行排序的超链接被单击时发生。它们分别在网格控件处理排序操作之前和之后激发

9.2.1　GridView 的 DataKeyNames 和 DataKeys 属性

GridView 控件用 DataKeyNames 属性设置主键字段的名称,可以是一个数组,用 DataKeys 属性获取属性值,获取方法如下。

1. 方法一

```
GridView1.DataSource = 源数据;
//将数据库中表的主键字段放入 GridView 控件的 DataKeyNames 属性中:
GridView1.DataKeyNames = new string[] { "operator_code"};
```

2. 方法二

```
//采用如下方法设置 GridView 的主键:
string[] dataKeyName = new string[1];
dataKeyName[0] = "operator_code";
this.GridView1.DataKeyNames = dataKeyName;
GridView1.DataBind();          //绑定数据库表中的数据;
```

3. 方法三

```
this.GridView1.DataKeyNames = new string[] { "field1","field2","field3"};
```

4. 方法四

```
//获取本行主键其中为 0 的关键字所在的列序数,其中 e.RowIndex 为未对应此行的索引号。
string stuID = this.gridview1.DataKeys[e.RowIndex].Values[0].ToString();
```

5. 方法五

```
//若用模板时,如下:

for (int i = 0; i < this.gridview1.Rows.Count; i++)
{
    ID = this.gridview1.DataKeys[i].Value.ToString();    //获取第 i 行的主键字段值
}
```

9.2.2 定制 GridView 的列

【例 9-1】 在例 8-3 中修改 GridView 控件,标题以中文方式显示,运行结果如图 9-2 所示。

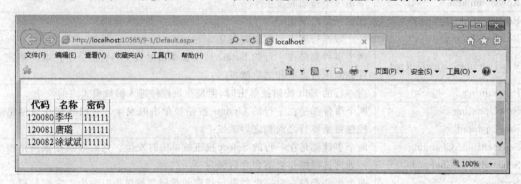

图 9-2 GridView 控件的标题设置

程序步骤:

(1) 使用 SqlDataSource 控件连接数据库,步骤同例 8-3。

(2) 在图 9-3 中,选择 GridView 任务的"编辑列"选项。

(3) 在弹出的"字段"对话框中进行设置,如图 9-4 所示。

GridView 控件可以设计列的类型、列的显示格式等,表 9-5 列出了 GridView 控件常用的列类型。

表 9-5 GridView 控件常用的列类型

列 类 型	说 明
BoundField	默认的列类型。作为纯文本显示一个字段的值
ButtonField	在数据绑定控件中显示命令按钮。根据控件的不同,它可以显示具有自定义按钮控件(例如"添加"或"移除"按钮)的数据行或数据列
CheckBoxField	显示为 CheckBox 类型,通常用于布尔值 True/False 的显示
CommandField	显示含有命令的 Button 按钮,包括 Select、Edit、Update、Delete 命令按钮
HyperLinkField	将 Data Source 数据源字段数据显示成 HyperLink 超级链接,并可指定另外的 NavigateUrl 超链接
ImageField	在数据绑定控件中显示图像字段
TemplateField	显示用户自定义的模板内容

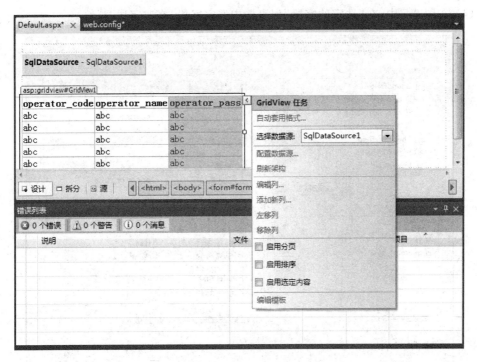

图 9-3 GridView 任务

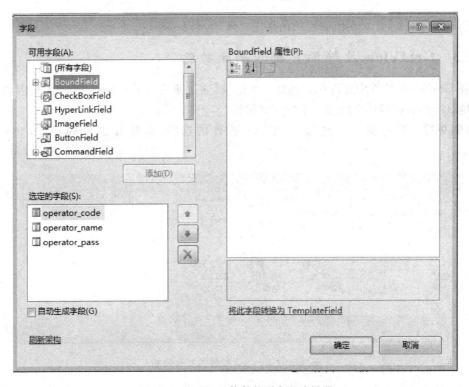

图 9-4 GridView 控件的列字段编辑器

(4) 在图 9-5 中,在"选定的字段"列表框中选定字段,修改字段显示。

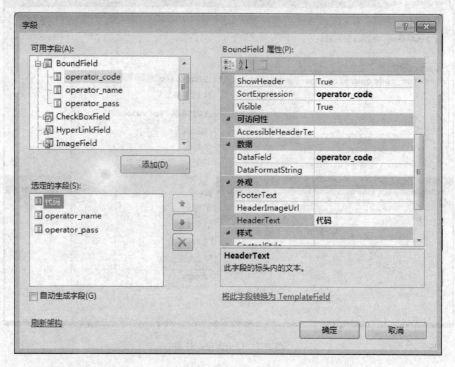

图 9-5 修改显示字段

(5) 运行网页,显示多值绑定的结果。

9.2.3 GridView 控件的更新和删除功能

在 GridView 控件中允许用户选择一条记录,通过使用"GridView 任务"面板启动了选择功能,GridView 控件会增加一个"选择"按钮。

【例 9-2】 改写例 9-1,增加 GridView 控件的选择、删除和更新的功能,如图 9-6 所示。

图 9-6 GridView 控件的其他功能

(1) 设置 GridView 控件的"GridView 任务"面板,选择"启用选定内容"复选框,如图 9-7 所示。

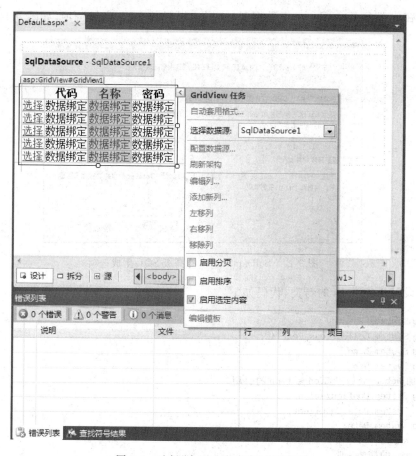

图 9-7 选择"启用选定内容"复选框

(2) 设置 GridView 控件的 SelectedRowStyle 属性,选中设置 BackColor 为红色,如图 9-8 所示。

(3) 为 GridView 控件增加"更新"和"删除"按钮,如图 9-9 所示。设置 AutoGenerateDeleteButton 和 AutoGenerateEditButton 属性为 True。

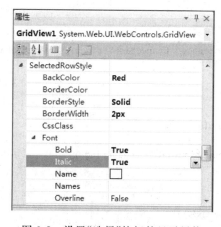

图 9-8 设置"选择"按钮的显示风格

图 9-9 设置"更新"和"删除"按钮

(4) 在设置 SqlDataSource1 数据源的时候,设置其 SQL 高级选项,如图 9-10 所示。

图 9-10 SqlDataSource 的高级 SQL 生成选项

(5) 设计 Login.cs 的新类,代码如下:

```csharp
using System;
using System.Collections.Generic;
using System.Linq;
using System.Web;
//增加 web.config、SQLConnection 的引用
using System.Configuration;
using System.Data.SqlClient;
using System.Data;
/// <summary>
///login 的摘要说明
/// </summary>
public class login
{
    public login()
    {
        //TODO: 在此处添加构造函数逻辑
    }
     public static string getConnectString()
    {
        //读取数据库的连接字符串
        string ConnectionString = ConfigurationManager.ConnectionStrings ["TeachingManage-ConnectionString"].ConnectionString;
        return ConnectionString;
    }

    public static   DataTable GetLoginInformation()
    {
        using (SqlConnection conn = new SqlConnection(getConnectString()))
        {
        conn.Open();
        //创建 SqlCommand 对象 cmd
        using (SqlCommand cmd = conn.CreateCommand())
        {
            //创建 SQL 语句
```

```
            cmd.CommandText = " select * from operator ";
            //创建 SqlDataAdapter 对象 adapter
            SqlDataAdapter adapter = new SqlDataAdapter();
            adapter.SelectCommand = cmd;
            //用一张表,定义了 DataTable
            DataTable dt = new DataTable();
            adapter.Fill(dt);
            return dt;
        }
      }
    }
}
```

(6) Page_Load 事件的代码如下:

```
protected void Page_Load(object sender, EventArgs e)
{
      if (!IsPostBack)
    {
      DataTable dt = login.GetLoginInformation();
      }
}
```

(7) GridView1_RowUpdating 事件的代码如下:

```
protected void GridView1_RowUpdating(object sender, GridViewUpdateEventArgs e)
      {
            //取得某一列的值
            string oper_code = GridView1.DataKeys[e.RowIndex].Value.ToString();
   //因为前面有三列按钮,Cell 列后移,即按钮(0),按钮(1),按钮(2),operator_code(3),operator_
name(4),operator_pass(5)
            string oper_name = GridView1.Rows[e.RowIndex].Cells[4].Controls[0].ToString();
            string oper_pass = GridView1.Rows[e.RowIndex].Cells[5].Controls[0].ToString();
            //打开连接、更新数据库
            using (SqlConnection conn = new SqlConnection(login.getConnectString()))
            {
                  using (SqlCommand cmd = conn.CreateCommand())
                  {
                        cmd.CommandType = CommandType.Text;
                        cmd.CommandText = " update operator set operator_name = '" + oper_name +
"',operator_pass = '" + oper_pass + "'where operator_code = " + oper_code;
                        conn.Open();
                        try
                        {
                            cmd.ExecuteNonQuery();
                            cmd.Dispose();
                            conn.Close();
                        }
                        catch (Exception ex)
                        {
                            Response.Write("<script>alert(" + ex.Message + ")</script>");
                        }
```

```
            finally
            {
                cmd.Dispose();
                conn.Close();
            }
            GridView1.EditIndex = -1;
            DataTable dt = login.GetLoginInformation();
            GridView1.DataBind();
        }
    }
}
```

(8) GridView1_RowDeleting 事件的代码如下：

```
protected void GridView1_RowDeleting(object sender, GridViewDeleteEventArgs e)
{
    //取得某一列的值
    string oper_code = GridView1.DataKeys[e.RowIndex].Value.ToString();

    //打开连接、更新数据库
    using (SqlConnection conn = new SqlConnection(login.getConnectString()))
    {
        using (SqlCommand cmd = conn.CreateCommand())
        {
            cmd.CommandType = CommandType.Text;
            cmd.CommandText = "delete operator where operator_code=" + oper_code;
            conn.Open();
            try
            {
                cmd.ExecuteNonQuery();
                cmd.Dispose();
                conn.Close();
            }
            catch (Exception ex)
            {
                Response.Write("<script>alert(" + ex.Message + ")</script>");
            }
            finally
            {
                cmd.Dispose();
                conn.Close();
            }
            GridView1.EditIndex =-1;
            DataTable dt = login.GetLoginInformation();
            GridView1.DataBind();
        }
    }
}
```

(9) 保存并运行网页。

9.3 DataList 控件

DataList 控件放弃了 GridView 控件所采用的列的概念。DataList 控件的显示是通过模板来定义的,通过模板来定义数据的显示格式,可以在模板中包括 HTML 语法和控件,在选择和编辑模式间进行切换。DataList 控件如图 9-11 所示。

图 9-11　设计 DataList 控件

9.3.1　DataList 控件的模板

在 DataList 控件中,使用模板定义信息的布局。7 个模板如表 9-6 所示。

表 9-6　DataList 控件支持的模板

模板	说明
ItemTemplate	呈现数据的模板。本模板为必要模板,不可省略
AlternatingItemTemplate	如定义本模板,则显示时会与 Item 模板交互出现
SelectedItemTemplate	选择数据的模板
EditItemTemplate	编辑数据的模板
HeaderTemplate	数据表头的模板
FooterTemplate	数据表尾的模板
SeparatorTemplate	分隔两笔数据的模板

9.3.2　DataList 控件的样式

DataList 控件为 7 种模板提供了相应的样式,可以在设计和运行时设置该样式对象的属性,可以使用的样式如下:AlterntingItemStyle、EditItemStyle、FooterStyle、HeaderStyle、ItemStyle、SelectedItemStyle 和 SeparatorStyle。

9.3.3 DataList 控件的 DataKeysField 和 DataKeys 属性

DataList 控件用 DataKeysField 属性指定或者设置数据源中的主键字段,用 DataKeys 属性获取属性值,否则会出现索引超出范围。

1. 方法一

```
DataList1.DataSource = 源数据;
DataList1.DataKeysField = "operator_code";
DataList1.DataBind();
```

2. 方法二

```
//在 dataList_ItemDataBound 事件中:
//这就是需要的 id
int  id = (int)DataList1.Datakeys[e.item.ItemIndex];
```

3. 方法三

```
//用模板时,例如:
for (int i = 0; i < this.dlJudge.Items.Count; i++)
  {
  //注意区别: DataList 中 DataKeys 无 Value 属性
      ID = (int)this.DataList1.DataKeys[i];
  }
```

9.3.4 DataList 控件的事件

ASP.NET 框架包含三个支持事件冒泡的标准控件:Repeater、DataList 和 DataGrid。这些控件可以捕获其子控件的事件。当子控件产生一个事件时,事件就"冒泡"传给包含该子控件的容器控件,并且容器控件就可以执行一个子程序来处理该事件。

DataList 控件支持事件冒泡,可以捕获 DataList 内包含的控件产生的事件,并且通过普通的子程序处理这些事件。讲到这里有些读者可能不太明白事件冒泡的好处所在,可以反过来思考:如果没有事件冒泡,那么对于 DataList 内包含的每一个控件产生的事件都需要定义一个相应的处理函数,如果 DataList 中包含更多呢?那就需要写很多个事件处理程序。所以有了事件冒泡,不管 DataList 中包含多少个控件,只需要一个处理程序就可以了。

DataList 控件支持以下 5 个事件。

(1) EditCommand:由带有 CommandName="edit"的子控件产生。

(2) CancelCommand:由带有 CommandName="cancel"的子控件产生。

(3) UpdateCommand:由带有 CommandName="update"的子控件产生。

(4) DeleteCommand:由带有 CommandName="delete"的子控件产生。

(5) ItemCommand:DataList 的默认事件。

对 DataList 事件的参数说明:

```
// DataListCommandEventArgs e,e 是指对象的事件,Item 是指绑定的数据,ItemIndex 指绑定数据的索引。
DataList2.DataKeys[e.Item.ItemIndex].ToString();
```

有了这 5 个事件,那么当单击了 DataList 控件中的某一个按钮的时候,应该触发哪一个事件呢？什么时候才触发它们呢？在 ASP.NET 中有三个控件带有 CommandName 属性，分别是 Button、LinkButton 和 ImageButton，可以设置它们的 CommandName 属性来表示容器控件内产生的事件类型。比如，如果设置 DataList 中的一个 LinkButton 的 CommandName 属性为"update"，那么单击此按钮的时候，将会触发 DataList 的 UpdateCommand 事件，可以将相关处理代码写到对应的事件处理程序中去。

9.3.5 自定义模板显示数据

【例 9-3】 在 ItemTemplate 模板中定义，显示数据如图 9-12 所示。

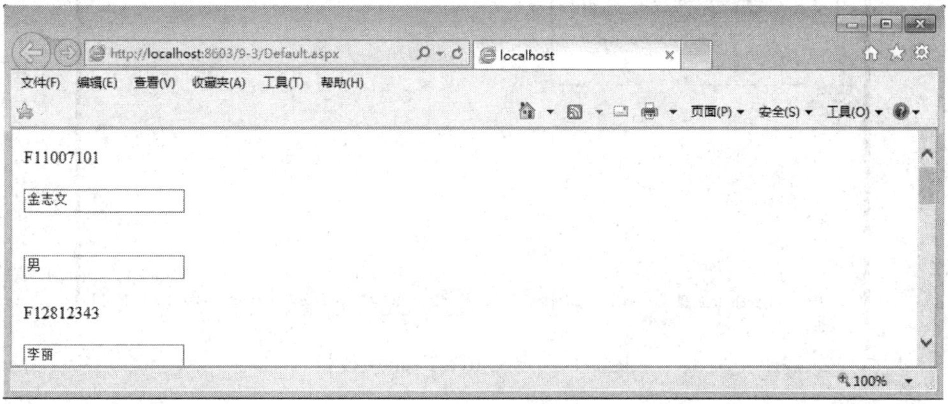

图 9-12 DataList 显示数据

程序分析：
(1) 使用 DataList 控件的 ItemTemplate 模板。
(2) 设计绑定的条件。

程序步骤如下：
(1) SqlDataSource 控件对数据库的连接，步骤同例 8-3。
(2) 放置 DataList 控件，单击 DataList 任务的"编辑模板"选项，如图 9-13 所示。

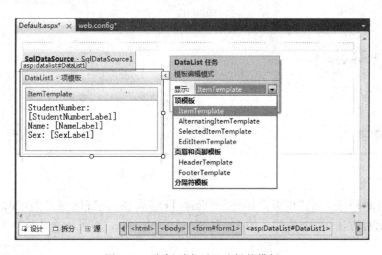

图 9-13 右侧列出可以选择的模板

(3) 在图 9-13 中列出了许多模板,选择 ItemTemplate 模板,删除图 9-13 左侧的 ItemTemplate 项的内容,添加一个 Label 控件和两个 TextBox 控件,如图 9-14 所示。

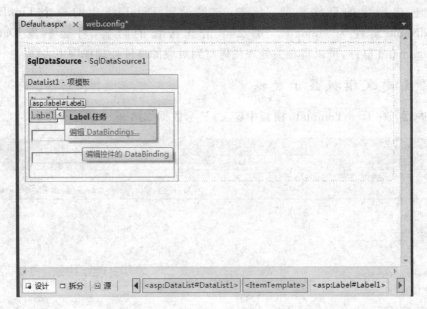

图 9-14 定义 ItemTeplate 模板

(4) 在图 9-14 中,选择 Label 项,单击"Label 任务"面板中的"编辑 DataBindings"链接,弹出如图 9-15 所示的对话框。

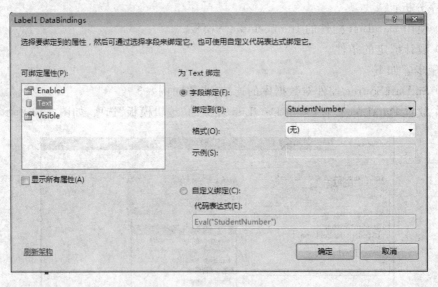

图 9-15 定义绑定的字段名称

(5) 在图 9-15 左侧的"可绑定属性"中选择 Text 属性,在右侧定义绑定的条件,设置绑定的条件有两种方法,一个是默认的 Eval("StudentNumber"),另一个是输入自定义的绑定条件,如

```
DataBinder.Eval(Container.DataItem," StudentNumber ")
```

(6) 对控件设置完绑定条件后,网页源代码如下:

```
< asp:DataList ID = "DataList1" runat = "server" DataKeyField = "StudentNumber"
        DataSourceID = "SqlDataSource1">
        < ItemTemplate >
            < asp:Label ID = "Label1" runat = "server" Text = '<% # Eval("StudentNumber") %>'>
</asp:Label>
            < br />
            < br />
            < asp:TextBox ID = "TextBox1" runat = "server" Text = '<% # Eval("Name") %>'>
</asp:TextBox>
            < br />
            < br />
            < asp:TextBox ID = "TextBox2" runat = "server" Text = '<% # Eval("Sex") %>'>
</asp:TextBox>
            < br />
        </ItemTemplate >
    </asp:DataList >
```

(7) 保存并运行网页。

9.3.6 DataList 控件的分页功能

在网页上数据有时采用分页的方式,DataList 控件即可实现分页,通过设置 PagedDataSource 类来实现,其有关分页的公共属性如表 9-7 所示。

表 9-7 PagedDataSource 类的部分公共属性

属性	说明
AllowCustomPaging	获取或设置指示是否启用自定义分页的值
AllowPaging	获取或设置指示是否启用分页的值
Count	获取要从数据源使用的项数
CurrentPageIndex	获取或设置当前页的索引
DataSource	获取或设置数据源
DataSourceCount	获取数据源中的项数
FirstIndexInPage	获取页中的第一个索引
IsCustomPagingEnabled	获取一个值,该值指示是否启用自定义分页
IsFirstPage	获取一个值,该值指示当前页是否是首页
IsLastPage	获取一个值,该值指示当前页是否是最后一页
IsPagingEnabled	获取一个值,该值指示是否启用分页
IsReadOnly	获取一个值,该值指示数据源是否是只读的
IsSynchronized	获取一个值,该值指示是否同步对数据源的访问
PageCount	获取显示数据源中的所有项所需要的总页数
PageSize	获取或设置要在单页上显示的项数
VirtualCount	获取或设置在使用自定义分页时数据源中的实际项数

【例 9-4】 改写例 9-3,利用 PagedDataSource 类实现分页,如图 9-16 所示。
程序分析:
(1) 设置 SqlDataSource 控件。

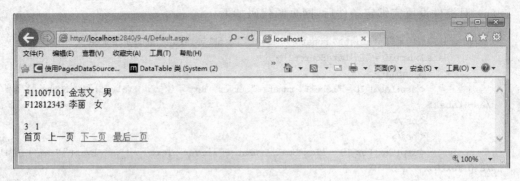

图 9-16 分页显示数据

（2）设置 DataList 控件，编辑模板，不定义连接的数据源。
（3）设计 Login.cs 的新类，定义连接数据库的方法。
（4）利用 PagedDataSource 类的属性实现分页。
（5）编写代码，实现网页的功能。

程序步骤如下：

（1）新建网站，建立网页 Default.aspx，放置 SqlDataSource 控件、DataList 控件，两个 Label 控件设置显示的总页数和该页数，4 个 LinkButton 控件设置"首页"、"上一页"、"下一页"和"最后一页"。

（2）SqlDataSource 控件实现对数据库的连接，步骤同例 8-3。

（3）放置 DataList 控件，不定义连接的数据源，单击 DataList 任务的"编辑模板"选项，如图 9-17 所示。

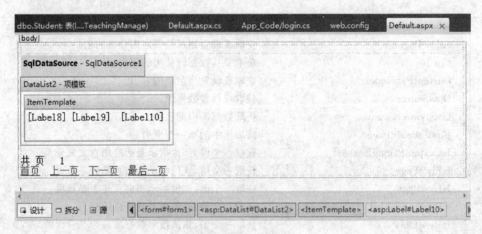

图 9-17 编辑模板

在 Default.aspx 的网页代码中，设置模板的代码如下：

```
<asp:DataList ID="DataList2" runat="server">
    <ItemTemplate>
<asp:Label ID="Label8" runat="server" Text='<%# Eval("StudentNumber") %>'></asp:Label>
<asp:Label ID="Label9" runat="server" Text='<%# Eval("Name") %>'></asp:Label>
<asp:Label ID="Label10" runat="server" Text='<%# Eval("Sex") %>'></asp:Label>
    </ItemTemplate>
```

```
</asp:DataList>
```

(4) 引入命名空间：

```
using System.Data.SqlClient;
```

(5) 定义新类 Login.cs：

```csharp
public static string getConnectString()
{
    //读取数据库的连接字符串
    string ConnectionString = ConfigurationManager.ConnectionStrings
["TeachingManageConnectionString"].ConnectionString;
    return ConnectionString;
}
```

(6) 定义一个私有方法：

```csharp
private void dl()
{
    //用一张表,定义了 DataTable
    DataTable dt = new DataTable();
    //定义连接 SqlConnection 对象
    using (SqlConnection conn = new SqlConnection(login.getConnectString()))
    {
        conn.Open();
        //创建 SqlCommand 对象 cmd
        using (SqlCommand cmd = conn.CreateCommand())
        {
            //创建 SQL 语句
            cmd.CommandText = " select StudentNumber,Name,Sex from Student";
            //创建 SqlDataAdapter 对象 adapter
            SqlDataAdapter adapter = new SqlDataAdapter();
            adapter.SelectCommand = cmd;
            adapter.Fill(dt);
        }
    }
    //当前页数,初始化为第 1 页
    int Cpage = Convert.ToInt32(Label7.Text.Trim());
    PagedDataSource ps = new PagedDataSource();
    ps.DataSource = ds.Tables["Student"].DefaultView;
    // datatable.DefaultView 获取整个表的视图
    ps.DataSource = dt.DefaultView;
    ps.AllowPaging = true;
    //每页显示的数据的行数
    ps.PageSize = 2;
    ps.CurrentPageIndex = Cpage - 1;
    LinkButton5.Enabled = true;
    LinkButton6.Enabled = true;
    LinkButton7.Enabled = true;
    LinkButton8.Enabled = true;
    if (Cpage == 1)
```

```
            {
                LinkButton5.Enabled = false;
                LinkButton6.Enabled = false;
            }
            if (Cpage == ps.PageCount)
            {
                LinkButton7.Enabled = true;
                LinkButton8.Enabled = true;
            }
            //获取总页数
            Label6.Text = ps.PageCount.ToString();
            DataList2.DataSource = ps;
            DataList2.DataKeyField = "StudentNumber";
            DataList2.DataBind();
            dt.Dispose();
        }
```

(7) 在 Page_Load 事件中编写代码：

```
protected void Page_Load(object sender, EventArgs e)
{
    if (!IsPostBack)
    {
        dl();
    }
}
```

(8) "首页"按钮的处理事件：

```
protected void LinkButton5_Click(object sender, EventArgs e)
{
    Label7.Text = "1";
    dl();
}
```

(9) "上一页"按钮的处理事件：

```
protected void LinkButton6_Click(object sender, EventArgs e)
{
    Label7.Text = (Convert.ToInt32(Label7.Text.Trim()) - 1).ToString();
    dl();
}
```

(10) "下一页"按钮的处理事件：

```
protected void LinkButton7_Click(object sender, EventArgs e)
{
    Label7.Text = (Convert.ToInt32(Label7.Text.Trim()) + 1).ToString();
    dl();
}
```

(11) "最后一页"按钮的处理事件：

```
protected void LinkButton8_Click(object sender, EventArgs e)
{
    Label7.Text = Label6.Text;
    dl();
}
```

(12) 保存代码并运行网页。

9.3.7 DataList 控件的更新和删除功能

【例 9-5】 在例 9-4 的基础上修改,利用 DataList 控件实现对数据的删除和更改,如图 9-18 所示。

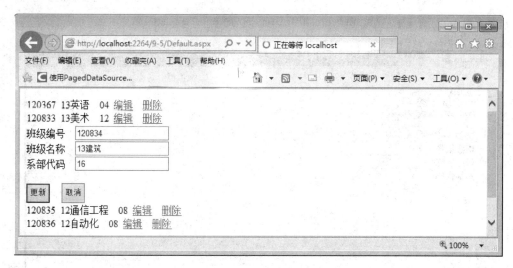

图 9-18 DataList 控件更新和删除功能

程序分析:

(1) 设置 SqlDataSource 控件的数据源。

(2) 设置 DataList 控件的 ItemTemplate 模板。

(3) 设置 DataList 控件的 EditItemTemplate 模板。

(4) 设置 DataList 控件的事件。

(5) 需要设置 DataList 控件的 DataKeysField 属性为表的主键值,利用 DataKeys 属性在 DataList 控件的事件中选择字段。

步骤如下:

(1) 修改 SqlDataSource 控件的数据源,表名称为 Class。

(2) 不定义 DataList 控件连接的数据源,修改 DataList 控件的 ItemTemplate 模板,单击 DataList 任务的"编辑模板"选项,增加两个 LinkButton 控件,一个 LinkButton 控件,CommandName="edit",Text="编辑";另一个 LinkButton 控件,CommandName="delete",Text="删除",如图 9-19 所示。

(3) 设置 DataList 控件的 EditItemTemplate 模板,在模板中增加三个 Label 控件和三个 TextBox 控件,两个 Button 控件,设计界面如图 9-20 所示。

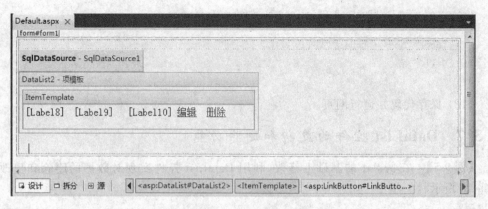

图 9-19 编辑 DataList2 的 ItemTemplate

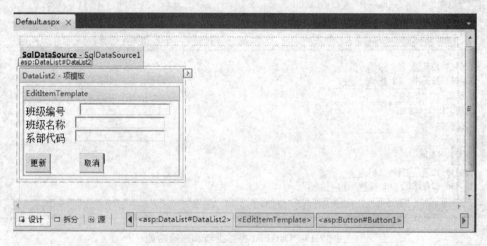

图 9-20 设计 DataList 控件的 EditItemTemplate 模板

其源代码视图的代码如下:

```
<asp:DataList ID="DataList2" runat="server">
    <EditItemTemplate>
        <asp:Label ID="Label11" runat="server" Text="班级编号"></asp:Label>
         
        <asp:TextBox ID="TextBox1" runat="server" Text="<%# Eval(ClassNumber) %>"></asp:TextBox>
        <br />
        <asp:Label ID="Label12" runat="server" Text="班级名称"></asp:Label>
         
        <asp:TextBox ID="TextBox2" runat="server" Text="<%# Eval(ClassName) %>"></asp:TextBox>
        <br />
        <asp:Label ID="Label13" runat="server" Text="系部代码"></asp:Label>
         
        <asp:TextBox ID="TextBox3" runat="server" Text="<%# Eval(DepartmentNumber) %>"></asp:TextBox>
        <br />
        <br />
```

```
        < asp:Button ID = "Button1" runat = "server" Height = "30px" Text = "更新" />
           
        < asp:Button ID = "Button2" runat = "server" Height = "31px" Text = "取消" />
    </EditItemTemplate >
```

(4) 选中 DataList 控件，设置其事件，如图 9-21 所示。

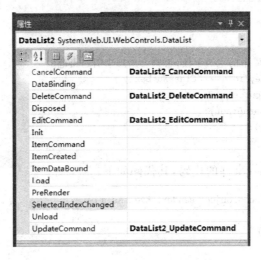

图 9-21　设置 DataList 控件的事件

(5) 在 Default.aspx.cs 中引入命名空间：

```
using System.Data.SqlClient;
using System.Data;
```

(6) 定义一个新的类 login.cs，其代码如下：

```
public static string getConnectString()
{
    //读取数据库的连接字符串
    string ConnectionString = ConfigurationManager.ConnectionStrings
["TeachingManageConnectionString"].ConnectionString;
    return ConnectionString;
}
```

(7) 在 Default.aspx 网页上，定义一个方法 dl()，其代码如下：

```
private void dl()
{
    //用一张表,定义了 DataTable
    DataTable dt = new DataTable();
    //定义连接 SqlConnection 对象
    using (SqlConnection conn = new SqlConnection(login.getConnectString()))
    {
        conn.Open();
        //创建 SqlCommand 对象 cmd
        using (SqlCommand cmd = conn.CreateCommand())
        {
```

```csharp
        //创建 SQL 语句
cmd.CommandText = " select ClassNumber,ClassName,DepartmentNumber from Class";
        //创建 SqlDataAdapter 对象 adapter
        SqlDataAdapter adapter = new SqlDataAdapter();
        adapter.SelectCommand = cmd;
        adapter.Fill(dt);

    }
}
    //必须设置数据库中的主键字段,否则会出现索引超出范围
    DataList2.DataKeyField = "ClassNumber";
    DataList2.DataSource = dt;
        DataList2.DataBind();
        dt.Dispose();
}
```

(8) 修改 Page_Load 事件的代码,其代码如下:

```csharp
protected void Page_Load(object sender, EventArgs e)
{
    if (!IsPostBack)
    {
    dl();
    }
}
```

(9) DataList 控件取消的处理事件:

```csharp
protected void DataList2_CancelCommand(object source, DataListCommandEventArgs e)
{
    DataList2.EditItemIndex =-1;
    dl();
}
```

(10) DataList 控件删除的处理事件:

```csharp
protected void DataList2_DeleteCommand(object source, DataListCommandEventArgs e)
{
    //取得主键
    string Cnumber = DataList2.DataKeys[e.Item.ItemIndex].ToString();
    using (SqlConnection conn = new SqlConnection(login.getConnectString()))
    {
        SqlCommand cmd = new SqlCommand();
        cmd.Connection = conn;
        cmd.CommandType = CommandType.Text;
        cmd.CommandText = "delete Class where ClassNumber = " + Cnumber;
        conn.Open();
        try
        {
            cmd.ExecuteNonQuery();
            cmd.Dispose();
            conn.Close();
```

```csharp
            }
            catch (Exception ex)
            {
                Response.Write("<script> alert (" + ex.Message + ")</script>");
            }
            finally
            {
                cmd.Dispose();
                conn.Close();
            }
            DataList2.EditItemIndex =-1;
            dl();
        }
    }
```

(11) DataList 控件编辑的处理事件：

```csharp
protected void DataList2_EditCommand(object source, DataListCommandEventArgs e)
{
    DataList2.EditItemIndex = e.Item.ItemIndex;
    dl();
}
```

(12) DataList 控件更新的处理事件：

```csharp
protected void DataList2_UpdateCommand(object source, DataListCommandEventArgs e)
{
    //取得主键
    string Cnumber = DataList2.DataKeys[e.Item.ItemIndex].ToString();
    string Cname = ((TextBox)(e.Item.FindControl("TextBox2"))).Text;
    string Dnumber = ((TextBox)(e.Item.FindControl("TextBox3"))).Text;
    //执行更新的语句
    using (SqlConnection conn = new SqlConnection(login.getConnectString()))
    {
        SqlCommand cmd = new SqlCommand();
        cmd.Connection = conn;
        cmd.CommandType = CommandType.Text;
        cmd.CommandText = "update Class set ClassName = '" + Cname + "', Departmentnumber =
'" + Dnumber + "' where ClassNumber = " + Cnumber;
        conn.Open();
        try
        {
            cmd.ExecuteNonQuery();
            cmd.Dispose();
            conn.Close();
        }
        catch (Exception ex)
        {
            Response.Write("<script> alert (" + ex.Message + ")</script>");
        }
        finally
```

```
            {
                cmd.Dispose();
                conn.Close();
            }
            DataList2.EditItemIndex =-1;
            dl();
        }
    }
```

9.4　DetailsView 控件

DetailsView 控件与前面介绍的 GridView 控件有许多相似之处,它们都用于数据的显示,只是 DetailsView 控件一次只显示一条表格中的记录,它也提供翻阅多条记录,以及插入、删除和更新记录的功能。DetailsView 控件通常用在"主要信息/详细信息"数据的显示方案中。在该种方案中,在主控件(如 GridView 控件)中选定的记录,决定了 DetailsView 控件中显示的记录内容。

【例 9-6】　利用 GridView 控件和 DetailsView 控件,实现在 GridView 中选择学生表,在 DetailsView 控件中显示该学生的课程和成绩,如图 9-22 所示。

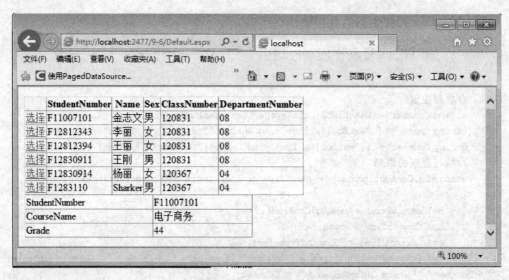

图 9-22　DetailsView 控件实现主从表

程序分析:
(1) 设置 SqlDataSource 控件的数据源。
(2) 设置 GridView 控件的数据源为 SqlDataSource1。
(3) 设置 DetailsView 控件的数据源,自定义 SQL 语句实现两个表的连接。
(4) 选择 GridView 控件,DetailsView 控件的内容随着改变。
步骤如下:
(1) 创建网站,新建网页,在网页中放置控件,如图 9-23 所示。
(2) 设置 SqlDataSource 控件的数据源,表名称为 Student。

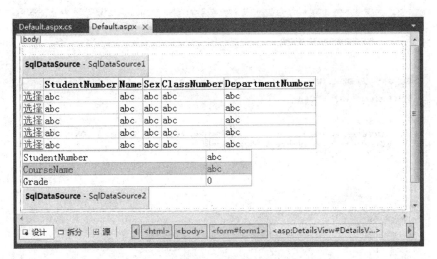

图 9-23 主从表的设计

(3) 设置 GridView 控件的数据源为 SqlDataSource1。

(4) 设置 DetailsView 控件的数据源为 SqlDataSource2,选择自定义 SQL 语句,如图 9-24 所示。

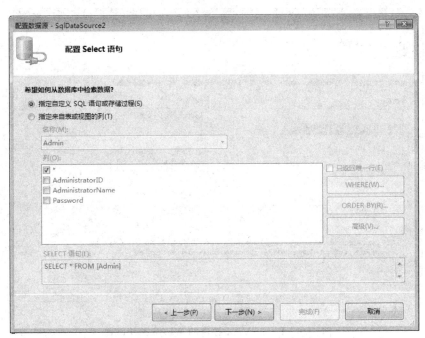

图 9-24 配置 Select 语句

(5) 定义 Select 语句,选用了两个表 Grade 表和 Course 表,实现对学生的课程名和成绩的查询,如图 9-25 所示。

(6) 选择 GridView 控件,DetailsView 控件的内容随着改变,相关设置如图 9-26 所示。

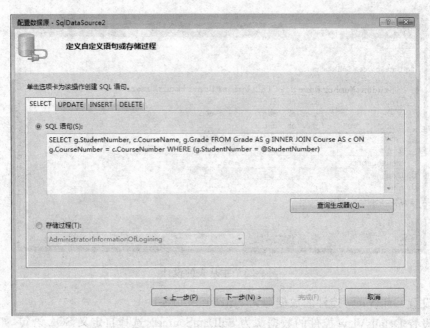

图 9-25 选择 SELECT 选项卡

图 9-26 DetailsView 控件的 Where 条件设置

(7) 保存并运行网页。

9.5 ListView 控件

ListView 是一个很强大的控件,可以实现其他数据控件所能实现的任意功能。通过定义它的模板几乎可以实现任意一种数据展现方式。ListView 提供了 5 种默认的选择布局。

【例 9-7】 利用 ListView 控件的网格布局，查询显示 SQL Server 2008 自带的数据库 AdventureWorksDW 2008，如图 9-27 所示。

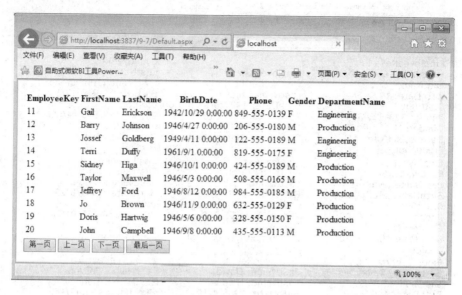

图 9-27　ListView 控件的应用

步骤如下：

（1）新建网站，建立网页 Default.aspx，放置 SqlDataSource 控件和 ListView 控件。

（2）在 ListView 控件中，有 5 种选择布局，选择"网格"，如图 9-28 所示。

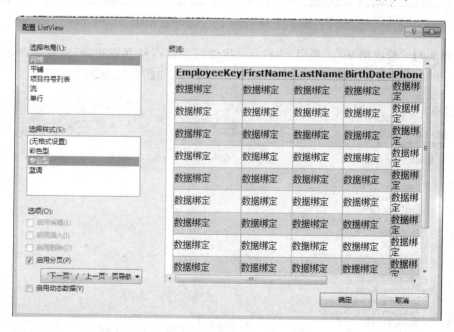

图 9-28　配置 ListView 控件

【例 9-8】 修改例 9-7。利用 ListView 控件的平铺布局，实现查询显示 SQL Server 2008 自带的数据库 AdventureWorksDW 2008，如图 9-29 所示。

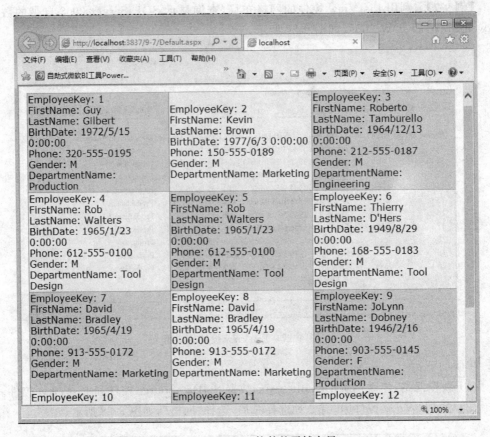

图 9-29 ListView 控件的平铺布局

【例 9-9】 修改例 9-7。利用 ListView 控件的项目符号列表布局,实现查询显示 SQL Server 2008 自带的数据库 AdventureWorksDW 2008,如图 9-30 所示。

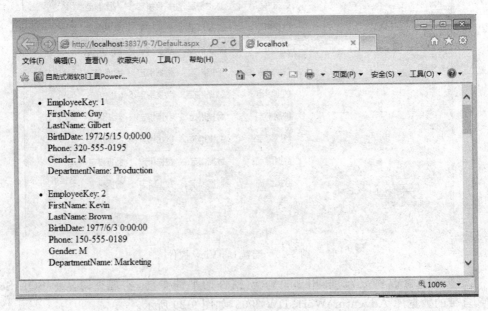

图 9-30 ListView 控件的项目符号列表布局

【例 9-10】 修改例 9-7。利用 ListView 控件的流布局，实现查询显示 SQL Server 2008 自带的数据库 AdventureWorksDW 2008，如图 9-31 所示。

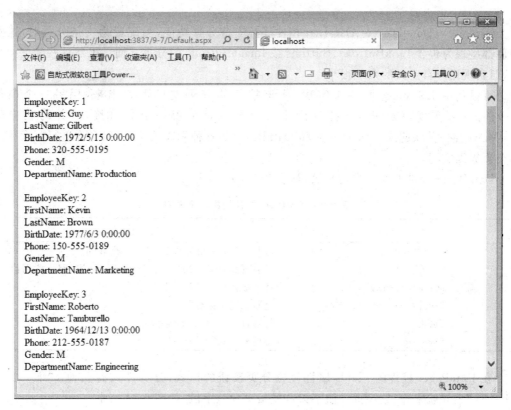

图 9-31　ListView 控件的流布局

【例 9-11】 修改例 9-7。利用 ListView 控件的单行布局，实现 SQL Server 2008 自带的数据库 AdventureWorksDW 2008，如图 9-32 所示。

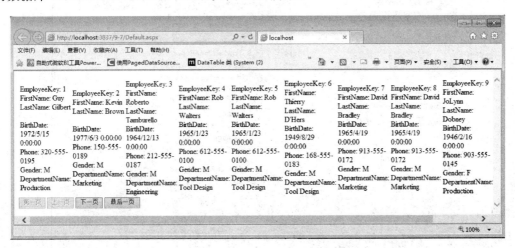

图 9-32　ListView 控件的单行布局

9.6 DataPager 控件

GridView、DetailsView、DataList 控件等都支持分页功能,当配置为支持分页时,这些控件都呈现为包含 LinkButtons、Buttons 或 ImageButtons 的分页界面。虽然这些配置都很好,但实现用户自定义的余地很小。

可以利用 ListView 控件来解决,将该控件的分页支持剥离出来,用另一个控件 DataPager 来实现,DataPager 控件的唯一目的就是呈现一个分页接口,并与相应的 ListView 控件关联起来。ListView 和 DataPager 的这种剥离关系,可以允许进行更大程度的分页界面定制。

DataPager 控件的属性参与分页,如表 9-8 所示。

表 9-8 DataPager 控件的属性及说明

属性	说明
PagedControlID	与 DataPager 相关的 ListView 的 ID 值
StartRowIndex	当前页面要显示的记录的第一条记录的 index 索引值
MaximumRows	每页最多显示的记录数
TotalRowCount	返回总记录条数
Fields	集合,设置分页的导航字段
PageSize	每页显示几行数据

在 DataPager 控件的 Fields 属性设置分页按钮的样式,分页样式有三种:"下一页"/"上一页"页导航字段、数字页导航字段和模板页导航字段,如图 9-33 所示。

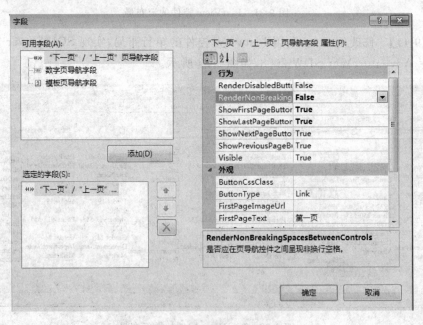

图 9-33 Fields 属性设置导航字段

在图 9-33 中,定义好导航字段后,DataPager 控件如图 9-34 和图 9-35 所示。

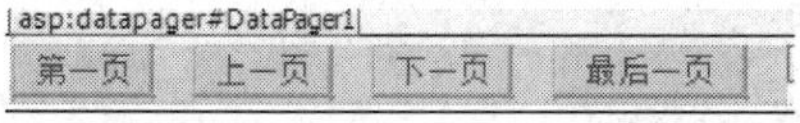

图 9-34 "下一页"/"上一页"页导航字段    图 9-35 数字页导航字段

【例 9-12】 修改例 9-7,增加 DataPager 控件,如图 9-36 所示。

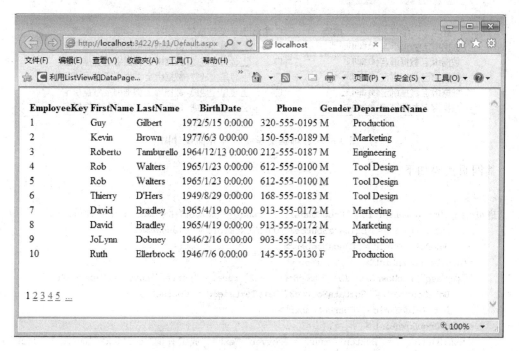

图 9-36 DataPager 控件的分页运行结果

9.7 案例分析

开发学校教务管理系统,简单实现对学生成绩的管理。

【例 9-13】 在教务管理系统的基础上,实现教师对学生成绩的管理,如图 9-37 所示。

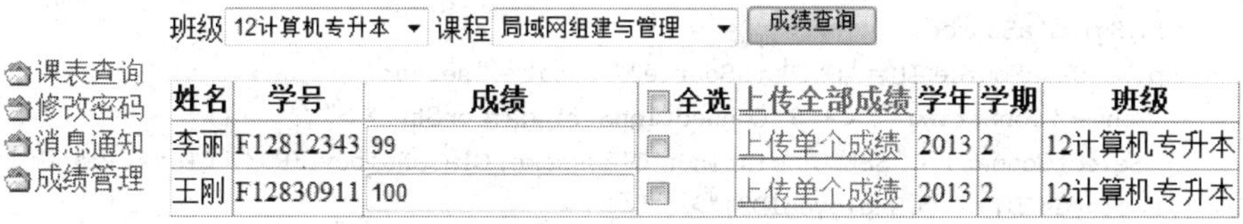

图 9-37 教师提交学生成绩界面

程序分析:
(1) 在数据库中建立存储过程 TeacherSubmitStudentGrade。
(2) 编写调用存储过程的方法 SubmitStudentScore()。
步骤如下:

(1) 新建一个 Web 窗体，命名为 StudentScoreManage.aspx。设计界面如图 9-38 所示。

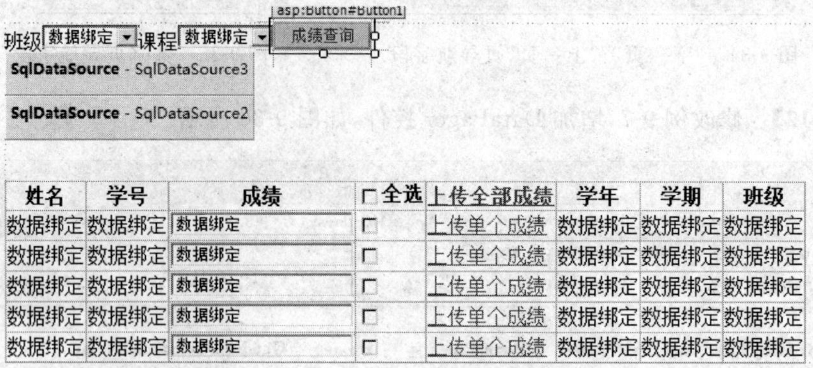

图 9-38 教师提交学生成绩界面设计图

其网页代码如下：

```
<div>
班级<asp:DropDownList ID = "DropDownList1" runat = "server" AutoPostBack = "True"
    DataSourceID = "SqlDataSource2" DataTextField = "ClassName"
    DataValueField = "ClassNumber">
</asp:DropDownList>
    课程<asp:DropDownList ID = "DropDownList2" runat = "server" AutoPostBack = "True"
    DataSourceID = "SqlDataSource3" DataTextField = "CourseName"
    DataValueField = "CourseNumber">
</asp:DropDownList>
<asp:Button ID = "Button1" runat = "server" Text = "成绩查询" onclick = "Button1_Click" />
<asp:SqlDataSource ID = "SqlDataSource3" runat = "server"
    ConnectionString = "<% $ ConnectionStrings:ConStr %>"

    SelectCommand = "SELECT * FROM [ClassCourse_CourseView] WHERE ([ClassNumber] = @ClassNumber)">
        <SelectParameters>
            <asp:ControlParameter ControlID = "DropDownList1" Name = "ClassNumber"
                PropertyName = "SelectedValue" Type = "String" />
        </SelectParameters>
</asp:SqlDataSource>
<asp:SqlDataSource ID = "SqlDataSource2" runat = "server"
    ConnectionString = "<% $ ConnectionStrings:ConStr %>"
     SelectCommand = "SELECT distinct ClassName,ClassNumber FROM [Class_PlanCourseView] WHERE ([EmployeeID] = @EmployeeID2)">
        <SelectParameters>
            <asp:SessionParameter Name = "EmployeeID2" SessionField = "userName"
                Type = "String" />
        </SelectParameters>
</asp:SqlDataSource>
<br />
<br />
<asp:GridView ID = "GridView1" runat = "server" AutoGenerateColumns = "False"
```

```
            <Columns>
                <asp:BoundField HeaderText="姓名" DataField="Name"/>
                <asp:BoundField HeaderText="学号" DataField="StudentNumber"/>
                <asp:TemplateField HeaderText="成绩">
                    <ItemTemplate>
                        <asp:TextBox ID="textBox" runat="server" Text='<%# Eval("Grade").ToString() %>'>
                        </asp:TextBox>
                    </ItemTemplate>
                </asp:TemplateField>
                <asp:TemplateField HeaderText="勾选">
                    <HeaderTemplate>
                        <asp:CheckBox ID="CheckBox1" AutoPostBack="True" runat="server" Text="全选" oncheckedchanged="CheckBox1_CheckedChanged"/>
                    </HeaderTemplate>
                    <ItemTemplate>
                        <asp:CheckBox ID="CheckBox2" runat="server"/>
                    </ItemTemplate>
                </asp:TemplateField>
                <asp:TemplateField HeaderText="上传状态">
                    <HeaderTemplate>
                        <asp:LinkButton ID="LinkButton1" runat="server" onclick="LinkButton1_Click">上传全部成绩</asp:LinkButton></HeaderTemplate>
                    <ItemTemplate>
                        <asp:LinkButton ID="LinkButton2" runat="server" onclick="LinkButton2_Click">上传单个成绩</asp:LinkButton></HeaderTemplate>
                    </ItemTemplate>
                </asp:TemplateField>
                <asp:BoundField HeaderText="学年" DataField="Year"/>
                <asp:BoundField HeaderText="学期" DataField="Term"/>
                <asp:BoundField HeaderText="班级" DataField="ClassName"/>
            </Columns>
        </asp:GridView>
</div>
```

(2) 建立 TeacherSubmitStudentGrade 存储过程：

```
ALTER PROCEDURE [dbo].[TeacherSubmitStudentGrade]
(
    @StudentNumber nchar(10),
    @CourseNumber char(10),
    @Grade float
)
AS
BEGIN
    if @Grade >= 0 and @Grade <= 100
    update Grade
    set Grade = @Grade
    where StudentNumber = @StudentNumber and CourseNumber = @CourseNumber
END
```

(3) 编写调用存储过程的 SubmitStudentScore 方法:

```csharp
//提交学生成绩
    public static bool SubmitStudentScore(string studentNumber,string courseNumber,float grade)
    {
//bool flag = false;
        DbCommand dbComm = SqlHelper.CreateDbCommand();
        dbComm.CommandText = "TeacherSubmitStudentGrade";
        //创建第一个参数
        DbParameter param = dbComm.CreateParameter();
        param.ParameterName = "@StudentNumber";
        param.Value = studentNumber;
        param.DbType = DbType.String;
        dbComm.Parameters.Add(param);
        //创建第二个参数
        param = dbComm.CreateParameter();
        param.ParameterName = "@CourseNumber";
        param.Value = courseNumber;
        param.DbType = DbType.String;
        dbComm.Parameters.Add(param);
        //创建第三个参数
        param = dbComm.CreateParameter();
        param.ParameterName = "@Grade";
        param.Value = grade;
        param.DbType = DbType.Single;
        dbComm.Parameters.Add(param);
        try
        {
          return( SqlHelper.ExecuteNonQuery(dbComm)!=-1);    //执行成功
        }
        catch
        {
            return false;
        }
    }
```

(4) GridView 控件的 CheckBox1 按钮的代码:

```csharp
protected void CheckBox1_CheckedChanged(object sender, EventArgs e)
{
    //获取 GridView 中数据行数
    int rowCount = GridView1.Rows.Count;
    CheckBox checkBoxSingle,checkBoxAll;
    for (int i = 0; i < rowCount; i++)
    {
        checkBoxAll = (CheckBox)(GridView1.HeaderRow.FindControl("CheckBox1"));
        checkBoxSingle = (CheckBox)(GridView1.Rows[i].FindControl("CheckBox2"));
        if (checkBoxAll.Checked == true)
        {
            checkBoxSingle.Checked = true;
        }
```

```
        else
            checkBoxSingle.Checked = false;
    }
}
```

(5) GridView 控件的 LinkButton1 按钮事件：

```
//上传全部成绩
    protected void LinkButton1_Click(object sender, EventArgs e)
    {
        int rowCount = GridView1.Rows.Count;
        string studentNumber, courseNumber;
        float grade;
        GridViewRow gridRow;
        TextBox textBox;
        CheckBox checkBox;
        for (int i = 0; i < rowCount; i++)
        {
            checkBox = (CheckBox)GridView1.HeaderRow.FindControl("CheckBox1");
            if (checkBox.Checked == true)
            {
                gridRow = GridView1.Rows[i];                    //获得第 i 行的数据
                //获取学号,不加
                studentNumber = gridRow.Cells[1].Text.ToString();
                courseNumber = DropDownList2.SelectedValue;     //获取课程号
                //TextBox1.Text = studentNumber;
                textBox = (TextBox)GridView1.Rows[i].FindControl("textBox");
                grade = Convert.ToSingle(textBox.Text.ToString().Trim());   //获取成绩
                if (grade <= 0 || grade > 100)
                {
                    Response.Write("<script>alert('成绩在 0～100 范围内请重新录入！')</script>");
                }
                else
                    TeacherAccess.SubmitStudentScore(studentNumber, courseNumber, grade);
            }
        }
    }
```

(6) "成绩查询"按钮事件的代码：

```
protected void Button1_Click(object sender, EventArgs e)
{
    string userName = Session["userName"].ToString();
    string classNumber = DropDownList1.SelectedValue.ToString();
    string courseNumber = DropDownList2.SelectedValue.ToString();
    //TextBox1.Text = userName;
    GridView1.DataSource = TeacherAccess.GetStudentGrade(userName, classNumber, courseNumber);
    GridView1.DataBind();
}
```

小　　结

本章讨论了数据控件，介绍了如何使用 GridView 控件进行定制行、更新和删除；介绍了如何利用 DataList 控件定制模板、样式、控件的事件，如何使用 DataList 控件的模板使用数据、分页、更新和删除。此外，还介绍了 DetailsView 控件和 GridView 控件的配合使用，用案例说明了主-从表的应用。通过 ListView 控件和 DataPager 控件联合使用，实现了分页。

习　　题

1. 利用 GridView 控件，实现对数据库 TeachingManage 表中 Class 的数据的操作，如图 9-39 所示。

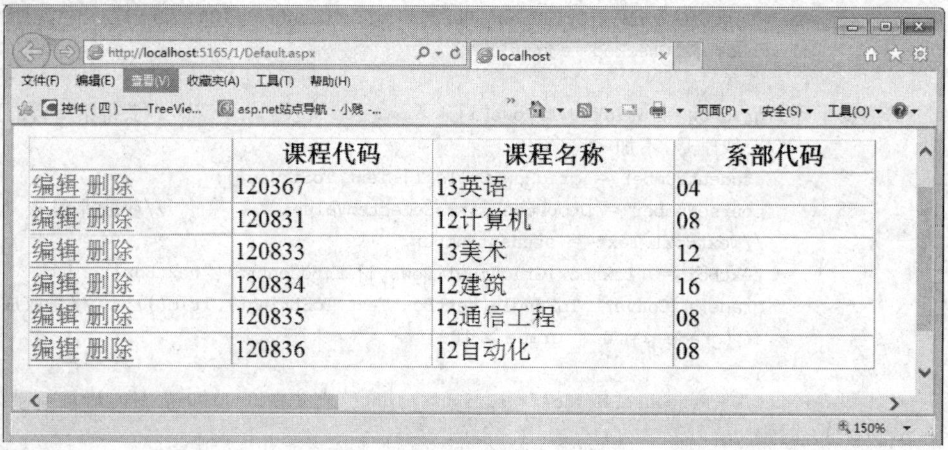

图 9-39　GridView 控件运行效果

2. 利用 DataList 控件的分页功能，实现对数据库 TeachingManage 表中 Department 的数据的操作，如图 9-40 所示。

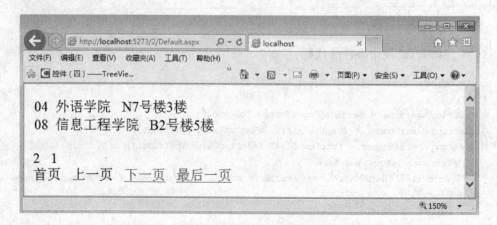

图 9-40　DataList 控件的分页功能的运行效果

3. 利用 DataList 控件实现对数据的删除和更改,实现对数据库 TeachingManage 表中 Department 的数据的操作,如图 9-41 所示。

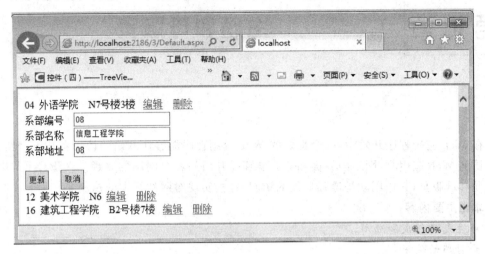

图 9-41　DataList 控件实现对数据的删除和更改运行效果

4. ListView 控件和 DataPager 控件配合使用,实现对 SQL Server 2008 自带的数据库 AdventureWorksDW 2008 数据的操作,如图 9-42 所示。

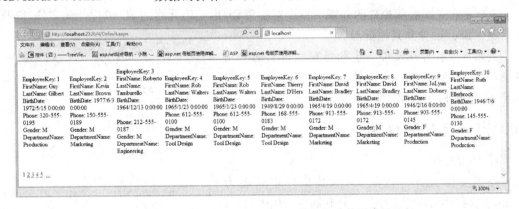

图 9-42　ListView 控件和 DataPager 控件配合使用效果运行

第 10 章　主题和母版页

在 Web 应用程序开发中,一个良好的 Web 应用程序能够让网站的访问者耳目一新,当用户访问 Web 应用时,网站的界面和布局能够提升访问者对网站的兴趣。ASP.NET 提供的主题和母版页,其作用就是增强界面的访问,轻松实现对网站开发的控制。

本章主要内容:
- 主题的组成和应用;
- 母版的使用。

10.1　主　题

主题是有关页面和控件的外观属性设置的集合,由一组元素组成,包括外观文件、级联样式表(CSS)、图像和其他资源。

主题至少有外观文件。主题是在网页上的专用目录,名称为 App_Themes,外观文件等资源在主题目录下,如图 10-1 所示。

10.1.1　主题的组成

1. 外观文件

外观文件又称为皮肤文件,其文件扩展名为 .skin,在文件中可以定义控件的外观属性。代码如下:

< asp: Button BackColor = "red" ForeColor = "green" Runat = "Server"/>

图 10-1　主题的专用目录

2. 级联样式表

利用样式表,可以有效地对页面的布局、字体、颜色、背景进行控制,代码修改方便,在主题中应用了级联样式表。

3. 图像和其他资源

为了控件的美观,有时候会考虑将图像、声音、动画等加入控件的外观属性定义中。

10.1.2　主题的应用范围

(1) 页面主题应用在单一网页上,它是一个主题文件夹,包括主题的主要部分。

(2) 应用在整个网站上,修改配置文件 web.config,代码如下:

```
< system.web >
    < Pages Themes = "Theme1">
</system.web >
```

10.1.3 主题的案例分析

【例 10-1】 应用主题在单一网页上的使用,如图 10-2 所示。

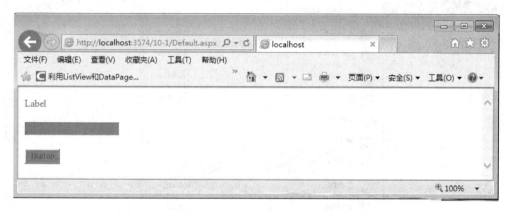

图 10-2　应用主题的网页示例

(1) 在解决方案资源管理器中,单击鼠标右键,弹出快捷菜单,选择"添加 ASP.NET 文件夹"|"主题"命令,如图 10-3 所示。

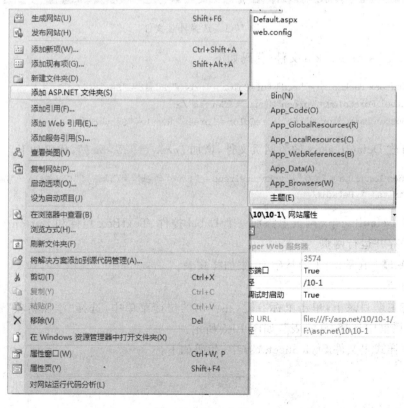

图 10-3　添加主题

(2) 在文件夹 Theme1 上，单击鼠标右键，选择"添加新项"命令，在"添加新项"对话框中选择"外观文件"，名称为 SkinFile.skin，如图 10-4 所示。

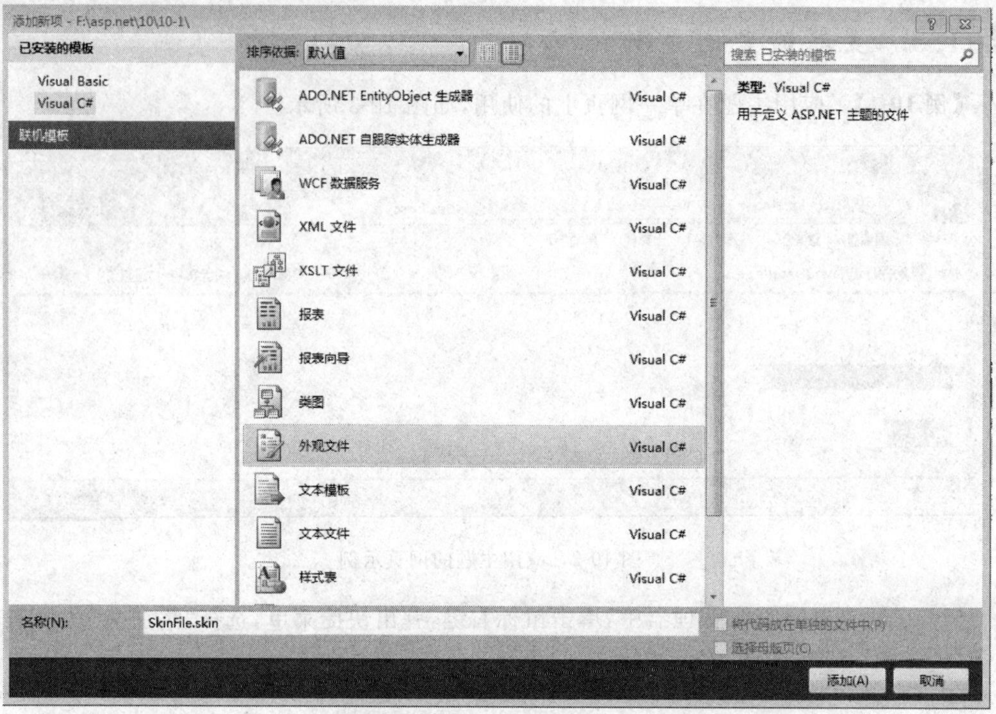

图 10-4 选择外观文件

(3) 定义 SkinFile.skin 文件，代码如下：

```
< asp:TextBox BackColor = "red" ForeColor = "green" Runat = "Server"/>
< asp:Label ForeColor = "green" Runat = "Server"/>
< asp:Button BackColor = "red" ForeColor = "green" Runat = "Server"/>
```

(4) 修改 Default.aspx 的源网页文件，增加 *Theme="Theme1"*，代码如下：

```
<%@Page Language = "C#" AutoEventWireup = "true" Theme = "Theme1" CodeFile = "Default.aspx.cs" Inherits = "_Default" %>
```

(5) 在 Default.aspx 网页上添加一个 Label 控件、TextBox 控件和 Button 控件。
(6) 保存并运行网页。

【例 10-2】 在例 10-1 的基础上，添加样式表。
步骤如下：
(1) 在主题目录下，单击鼠标右键，在弹出的快捷菜单中，选择"添加新项"命令，在"添加新项"对话框中选择"样式表"，如图 10-5 所示。
(2) 在样式表文件 StyleSheet.css 中，代码如下：

```
body
{
    font-size: xx-large;
```

```
    color: #FF0000;
    text-decoration: underline;
}
```

图 10-5　添加样式表

（3）添加样式表到网页文件的方法，可参考例 2-5。
（4）保存并运行网页。

10.1.4　主题 SkinID 的应用

SkinID 是 ASP.NET 为 Web 控件提供的皮肤属性，用来标识控件使用哪种皮肤，用 SkinID 属性来区别不同的显示风格。代码如下：

<asp:Label runat = "server"CssClass = "PromptText"SkinID = "PromptText"BackColor = "Yellow">
</asp:Label>
<asp:TextBox runat = "server"CssClass = "PromptText"SkinID = "PromptText"BackColor = "Yellow">
</asp:TextBox>

在网页里引用某个主题后，在定义 SkinID 属性时会自动弹出属性以供选择，非常方便。

10.2　母 版 页

母版页常用来作为 Web 页的模板，为网页提供统一的布局。母版页和网页相似，它们都可以放置 HTML 元素、服务器端控件等控件。

母版页采用@Master指令,网页使用@Page指令。

母版页可以使用一种称为ContentPlaceHolder的控件,用来"占据一定的空间"。

母版页中包含的是页面公共部分,即网页模板。因此,在创建示例之前,必须判断哪些内容是页面公共部分,这就需要从分析页面结构开始。如图10-6所示显示的是一个页面布局图,该页面名为Default.aspx,其为某网站中的一页。

页面Default.aspx由4个部分组成:页头、页尾、内容1和内容2。其中,页头和页尾是Default.aspx所在网站中页面的公共部分,网站中许多页面都包含相同的页头和页尾。内容1和内容2是页面的非公共部分,是Default.aspx页面所独有的。结合母版页和内容页的有关知识可知,如果使用母版页和内容页来创建页面Default.aspx,那么必须创建一个母版页MasterPage.master和一个内容页Default.aspx。其中母版页包含页头和页尾等内容,内容页中则包含内容1和内容2。

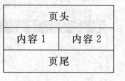

图10-6 页面布局图

【例10-3】 创建母版页,在母版页的基础上创建网页,如图10-7所示。

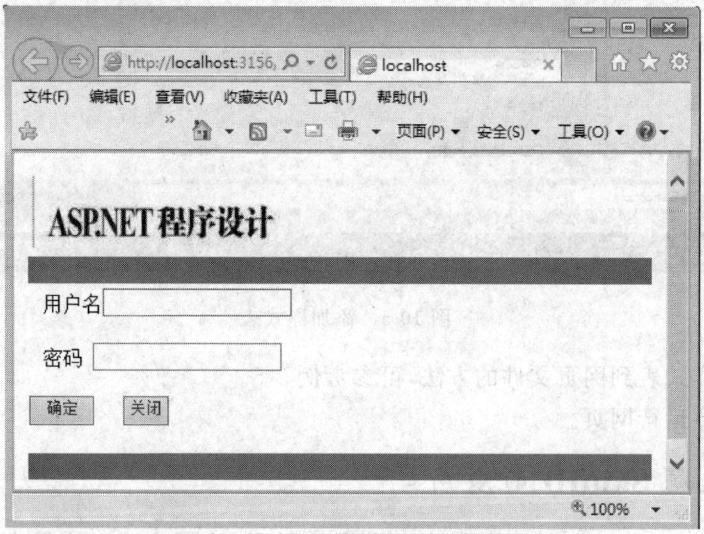

图10-7 母版页的应用

步骤如下:

(1) 创建一个网站。

(2) 创建母版页,在解决方案资源管理器中,单击鼠标右键,在弹出的快捷菜单中选择"添加新项"选项,可以打开如图10-8所示的对话框。

选择母版页图标,并且设置文件名为MasterPage.master。需要注意的是,该对话框中还有一个复选框"将代码放在单独的文件中"。默认情况下,该复选框处于选中状态。表示Visual Studio 2010将会为MasterPage.master文件应用代码隐藏模型,即在创建MasterPage.master文件的基础上,自动创建一个与该文件相关的MasterPage.master.cs文件。如果不选中该项,那么只会创建一个MasterPage.master文件而已。建议选取该项。

(3) 在创建MasterPage.master文件之后,接着就可以开始编辑该文件了。根据前文说明,母版页中只包含页面公共部分,因此,MasterPage.master中主要包含的是页头和页

图 10-8 创建母版页

尾的代码。具体源代码如下所示：

```
<%@ Master Language="C#" AutoEventWireup="true" CodeFile="MasterPage.master.cs" Inherits="MasterPage" %>

<!DOCTYPE html PUBLIC "-//W3C//DTD XHTML 1.0 Transitional//EN" "http://www.w3.org/TR/xhtml1/DTD/xhtml1-transitional.dtd">
<html xmlns="http://www.w3.org/1999/xhtml">
<head runat="server">
    <title></title>
    <asp:ContentPlaceHolder ID="head" runat="server">
    </asp:ContentPlaceHolder>
    <style type="text/css">
        .style1
        {
            width: 100%;
        }
        .style2
        {
            height: 20px;
        }
    </style>
</head>
<body>
    <form id="form1" runat="server">
```

```
            <div>
            </div>
            <table class="style1">
                <tr>
                    <td colspan="2">
                        <img src="Images/welcome.jpeg" alt="ASP.NET 程序设计"/>
                         
                    </td>
                </tr>
                <tr>
                    <td style="background-color: Green" colspan="2">
                         
                    </td>
                </tr>
                <tr>
                    <td class="style2" width="45%" valign="top">
                        <asp:ContentPlaceHolder ID="ContentPlaceHolder2" runat="server">
                            <p>
                                <br/>
                            </p>
                            <p>
                            </p>
                        </asp:ContentPlaceHolder>
                    </td>
                    <td class="style2" width="50%" valign="top">
                        <asp:ContentPlaceHolder ID="ContentPlaceHolder3" runat="server">
                            <p>
                                <br/>
                            </p>
                            <p>
                            </p>
                        </asp:ContentPlaceHolder>
                    </td>
                </tr>
                <tr>
                    <td style="background-color: Green" colspan="2">
                         
                    </td>
                </tr>
            </table>
        </form>
    </body>
</html>
```

(4) 以上是母版页 MasterPage.master 的源代码，与普通的.aspx 源代码非常相似，例如，包括<html>、<body>、<form>等 Web 元素，但是，与普通页面还是存在差异。差异主要有两处。差异一是代码头不同，母版页使用的是 Master，而普通.aspx 文件使用的是Page。除此之外，二者在代码头方面是相同的。差异二是母版页中声明了控件

ContentPlaceHolder,而在普通.aspx 文件中是不允许使用该控件的。在 MasterPage.master 的源代码中,共声明了两个 ContentPlaceHolder 控件,用于在页面模板中为内容 1 和内容 2 占位。ContentPlaceHolder 控件本身并不包含具体内容设置,仅是一个控件声明。

(5) 该母版页的设计界面如图 10-9 所示。

图 10-9　母版页设计界面

(6) 在新建立的网页上加入母版页,在解决方案资源管理器上单击鼠标右键,在弹出的快捷菜单中,选择"添加新项"命令,在"添加新项"对话框中选择"Web 窗体",并选择"选择母版页"复选框,如图 10-10 所示。

图 10-10　添加 Web 窗体

(7) 在"选择母版页"对话框中,在"文件夹内容"列表框中选择 MasterPage.master 母版页文件,就可将网页放入母版页中,如图 10-11 所示。

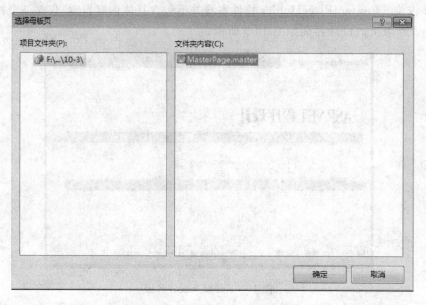

图 10-11 "选择母版页"对话框

(8) 在网页上添加控件,如图 10-12 所示。

图 10-12 设计 Default.aspx 网页

(9) 保存并运行网页。
(10) 母版页设计好后,即可以应用到其他网页。

10.3 案例分析

【例 10-4】 创建主题,利用 SkinID 属性,在网页上应用,如图 10-13 所示。

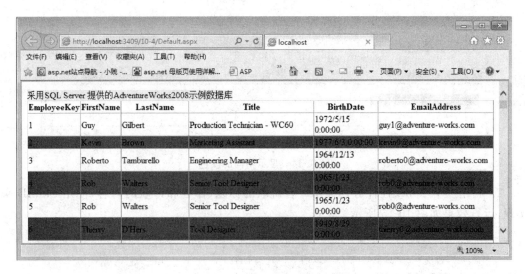

图 10-13　主题 SkinID 属性的应用

步骤如下：

（1）创建网站，创建主题，定义主题文件，代码如下：

<asp:GridView runat = "server" SkinId = "gridviewSkin" BackColor = "White">
    <AlternatingRowStyle BackColor = "Blue"/>
</asp:GridView>
<asp:Label runat = "server" CssClass = "PromptText" SkinID = "PromptText" BackColor = "Yellow">
</asp:Label>

（2）创建网页，在网页上放置 Label 控件、SqlDataSource 控件和 GridView 控件，在控件上应用主题文件，部分代码如下：

<asp:Label ID = "Label1" runat = "server" SkinID = "PromptText"
        Text = "采用 SQL Server 提供的 AdventureWorks2008 示例数据库"></asp:Label>

<asp:GridView ID = "GridView1" runat = "server" AutoGenerateColumns = "False" SkinId = "gridviewSkin"
    DataKeyNames = "EmployeeKey" DataSourceID = "SqlDataSource1">

（3）保存并运行网页。

小　　结

本章主要介绍了主题的用处，主题的组成，以及如何创建和使用主题；接着介绍了母版页，母版页的用途及创建和如何在网页上使用母版页。每部分都给出了详细的案例。

习　　题

1. 创建三个主题，分别定义 TextBox 控件的背景颜色，在下拉列表框中选择不同的颜色，显示不同的主题，效果如图 10-14 所示。

图 10-14　显示不同的颜色

2. 利用三个 Label 控件分别显示一首诗歌的标题、作者和诗歌的内容，使用 SkinID 来实现，运行效果如图 10-15 所示。

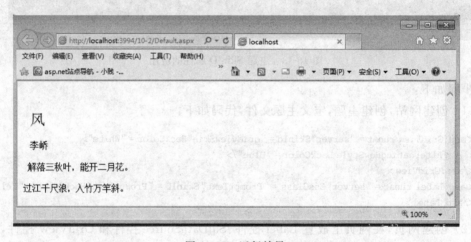

图 10-15　运行效果

3. 利用母版页，创建一个程序的页面，要求母版页和内容页的效果如图 10-16 所示。

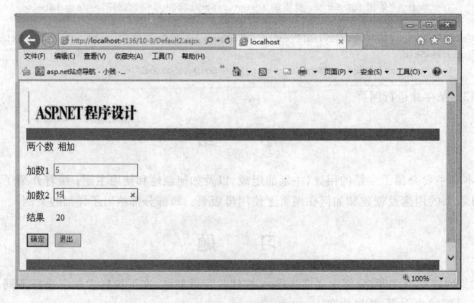

图 10-16　母版页的效果

第 11 章　站 点 导 航

随着站点内容的增加以及在站点内来回移动网页,管理所有的链接可能会变得比较困难。ASP.NET 站点导航能够将指向所有页面的链接存储在一个中央位置,并在列表中呈现这些链接,或用一个特定 Web 服务器控件在每页上呈现导航菜单。

若要为站点创建一致的、容易管理的导航解决方案,可以使用 ASP.NET 站点导航。

本章主要内容:
- 站点地图的功能;
- TreeView 控件;
- Menu 控件的使用;
- SiteMapPath 控件的使用。

11.1　站 点 地 图

可以使用站点地图描述站点的逻辑结构。接着,可通过在添加或移除页面时,修改站点地图来管理页面导航。

当页面比较多时,使用站点地图可以方便地知道当前所在的位置,和普通的地图差不多,端点地图可标示当前的位置。

在"添加新项"对话框中,选择"站点地图",默认名称为 Web.sitemap 的文件,如图 11-1 所示。

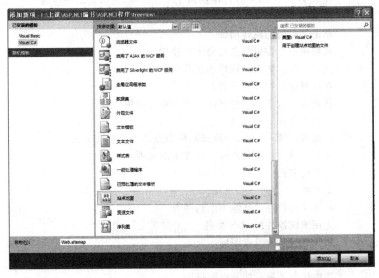

图 11-1　添加站点地图

编辑站点地图文件，打开 Web.sitemap 文件，如图 11-2 所示。

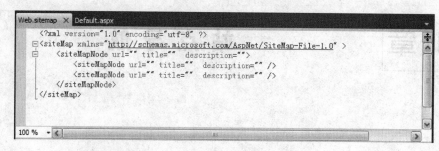

图 11-2　Web.sitemap 文件

代码区有两级标签＜siteMap＞和＜siteMapNode＞，每个＜siteMapNode＞就是一个网页。其＜siteMapNode＞有三个属性：url（网页地址）、title（网页标题）、description（网页的内容说明）。

11.2　TreeView 控件

TreeView 控件是一个树形菜单的站点导航控件，用于显示分级目录，如同 Windows 资源管理器的树形目录视图。在网页上显示导航菜单，一般以站点地图为基础。

TreeView 控件的属性如表 11-1 所示。

表 11-1　TreeView 控件的属性

属性	说明
AutoSelect	当访问者在 TreeView 控件中对节点进行定位时，可以使用键盘上的箭头来进行定位
ShowPlus	当两个节点收到一起的时候，可以显示一个加号（＋），访问者就知道这个节点可以展开
ShowLines	在一个 TreeView 控件中的两个节点之间，可以显示一些线
ExpandLevel	用来定义 TreeView 控件的层次结构展开的级别数
NavigateUrl	单击节点时的跳转网址
Index	获取树节点在树节点集合中的位置
Nodes	获取分配给树视图控件的树节点集合
Parent	获取或设置控件的父容器
SelectedNode	获取或设置当前在树视图控件中选定的树节点
ExpandAll	展开所有树节点
Checked	获取或设置一个值，用以指示树节点是否处于选中状态
Text	获取或设置在树节点标签中显示的文本
Expand	展开树节点
Clear	清空树
Remove	从树视图控件中移除当前树节点
CssClass	应用于该控件的 CSS 类名
ExpandedImageUrl	展开时显示的节点图标
ImageUrl	未选择或展开时显示的节点图标
SelectedImageUrl	选中状态下显示的节点图标

【例 11-1】 TreeView 控件的简单应用。

（1）在工具栏的导航栏中选择 TreeView 控件，将其拖曳到网页中，如图 11-3 所示。

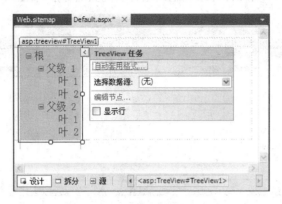

图 11-3　TreeView 控件

（2）在"TreeView 任务"面板中选择"编辑节点"，弹出如图 11-4 所示对话框。

图 11-4　TreeView 控件的目录

（3）TreeView 控件工具栏的说明。

在图 11-4 的左侧上方有一排工具栏，其属性说明如表 11-2 所示。

表 11-2　TreeView 控件工具栏的说明

属　性	说　　明	属　性	说　　明
	添加根节点		在同级间将节点下移
	添加子节点		使所选节点成为其父节点的同级节点
	删除节点		使所选节点成为其前一个同级节点的子节点
	在同级间将节点上移		

(4) 保存并运行网页。

【例 11-2】 TreeView 控件与站点地图结合实现页面导航,如图 11-5 所示。

图 11-5　TreeView 控件与站点地图结合实现导航

程序分析:
(1) 创建网页,放置 TreeView 控件,设置其数据源为 SiteMapDataSource。
(2) 建立一个站点地图,编写相应代码。

步骤如下:
(1) 创建网页,放置 TreeView 控件,设置其数据源。

在 TreeView 控件的 TreeView 任务栏,选择数据源的"新建数据源"选项,弹出如图 11-6 所示的对话框。

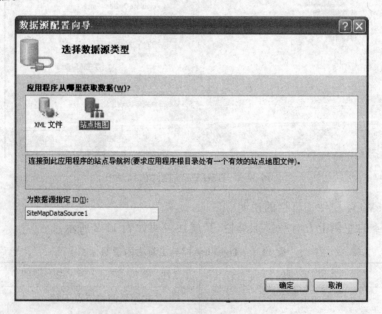

图 11-6　数据源配置向导

(2) 在图 11-6 中选择"站点地图"图标,指定数据源。
(3) 建立一个站点地图,编写相应代码,如图 11-7 所示。
(4) 创建不同的网页,如图 11-8 所示。

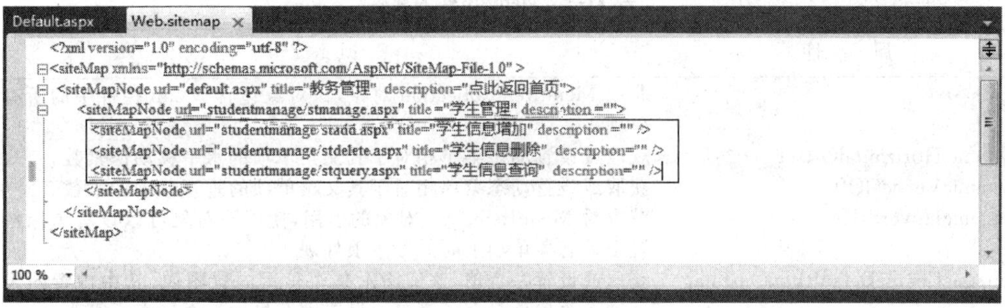

图 11-7　站点地图的分层代码

图 11-8　创建不同的网页

（5）保存并运行网页。

11.3　Menu 控件

Menu 控件以菜单的结构形式对网站进行导航，包括水平方向或垂直方向形式的导航，它支持如下的功能。

（1）与站点地图一起实现网页导航。
（2）可以选择文本或超链接的节点文本。
（3）可以动态创建菜单，填充菜单项以及设置属性等。
（4）采用水平方向和垂直方向的形式导航。
（5）支持静态模式和动态模式。

Menu 控件具有两种显示模式：静态模式和动态模式。静态显示意味着 Menu 控件始终是完全展开的。整个结构都是可视的，用户可以单击任何部位。在动态显示的菜单中，只有指定的部分是静态的，而只有用户将鼠标指针放置在父节点上时才会显示其子菜单项。

可以在 Menu 控件中直接配置其内容，也可通过将该控件绑定到数据源的方式来指定其内容。无须编写任何代码，便可控制 ASP.NET Menu 控件的外观、方向和内容。

Menu 控件由菜单项组成，顶级菜单项为根菜单项，具有父菜单项的菜单项称为子菜单项。所有的根菜单项保存在 Item 集合中，子菜单项保存在父菜单项的 ChildItems 集合中。Menu 控件的常用属性如表 11-3 所示。

表 11-3 Menu 控件的属性

属性	说明
Items	获取 MenuItemCollection 对象，该对象包含 Menu 控件中的所有菜单项
DynamicHorizontalOffset	获取或设置动态菜单相对于其父菜单项的水平移动像素数
DynamicVerticalOffset	获取或设置动态菜单相对于其父菜单项的垂直移动像素数
DynamicHoverStyle	获取对 MenuItemStyle 对象的引用，使用该对象可以设置鼠标指针置于动态菜单项上时的菜单项外观
DynamicEnableDefaultPopOutImage	获取或设置一个值，该值指示是否显示内置图像，其中内置图像指示动态菜单项具有子菜单。设置动态显示是否带有小箭头
StaticEnableDefaultPopOutImage	获取或设置一个值，该值指示是否显示内置图像，其中内置图像指示静态菜单项包含子菜单。静态菜单项默认显示带有小箭头，设置为 false，将修改这个状态
DynamicMenuItemStyle	获取对 MenuItemStyle 对象的引用，使用该对象可以设置动态菜单中的菜单项的外观
DynamicMenuStyle	获取对 MenuItemStyle 对象的引用，使用该对象可以设置动态菜单的外观
StaticMenuItemStyle	获取对 MenuItemStyle 对象的引用，使用该对象可以设置静态菜单中的菜单项的外观
StaticMenuStyle	获取对 MenuItemStyle 对象的引用，使用该对象可以设置静态菜单的外观
DynamicSelectedStyle	获取对 MenuItemStyle 对象的引用，使用该对象可以设置用户所选动态菜单项的外观
StaticSelectedStyle	获取对 MenuItemStyle 对象的引用，使用该对象可以设置用户在静态菜单中选择的菜单项的外观
Orientation	获取或设置 Menu 控件的呈现方向。水平还是垂直
ItemWrap	设置菜单项是否可以换行

【例 11-3】 对例 11-2 进行修改，利用 Menu 菜单和站点地图对网站进行导航，如图 11-9 所示。

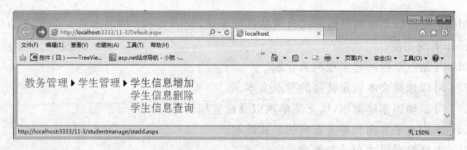

图 11-9 Menu 菜单形式的导航

步骤如下：

（1）修改 Default.aspx，删除 TreeView 控件，添加 Menu 控件，在"Menu 任务"面板中选择数据源 SiteMapDataSource1，如图 11-10 所示。

（2）保存并运行网页。

【例 11-4】 使用菜单的形式实现导航，如图 11-11 所示。

步骤如下：

（1）创建网站，建立网页。

图 11-10 设置 Menu 控件的数据源

图 11-11 菜单运行效果

(2) 在网页上放置 Menu 菜单,在"Menu 任务"面板上选择"编辑"菜单项,弹出如图 11-12 所示的对话框。

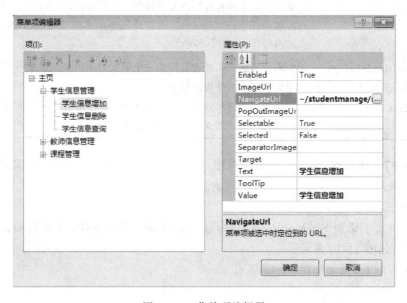

图 11-12 菜单项编辑器

(3) 设置相应的菜单项,保存并运行网页。

11.4 SiteMapPath 控件

SiteMapPath 控件也是一种站点导航控件,反映 SiteMap 对象提供的数据,以便用户能够知道他们当时在 Web 网站上所处的位置。事实上,它提供了一个"你在这里"的功能。此种类型的控件通常被称为面包屑(Breadcrumb),因为它显示了超链接页名称的分层路径,基本的表现是向用户显示当前页面所在的位置,并提供回到主页的链接。

SiteMapPath 控件直接使用网站的站点地图数据。如果将其用在未在站点地图中表示的页面上,则其不会显示。

SiteMapPath 由节点组成。路径中的每个元素均称为节点,用 SiteMapNodeItem 对象表示。锚定路径并表示分层树的根的节点称为根节点,表示当前显示页的节点称为当前节点。当前节点与根节点之间的任何其他节点都为父节点,如表 11-4 所示。

表 11-4　SiteMapPath 控件中的节点

节点类型	说明
根节点	锚定节点分层组的节点
父节点	有一个或多个子节点但不是当前节点的节点
当前节点	表示当前显示页的节点

SiteMapPath 控件的属性,如表 11-5 所示。

表 11-5　SiteMapPath 控件的属性

属性	说明
PathSeparator	自定义其他的字符作为链接的分隔符,而不用默认的大于号(>)
PathDirection	能够按照从左到右的顺序显示路径;也就是说,从当前节点开始,从该点向右移动(RootToCurrent),或者首先显示当前节点,向右显示到达根节点的路径(CurrentToRoot)
RenderCurrentNodeAsLink	用来表示当前节点是否被作为一个链接显示出来。这是一个布尔值
PathLevelsDisplayed	指定需要显示的结构的层数
ShowToolTips	用来表示当鼠标移动到一个链接上时,是否显示工具提示信息。工具提示信息在网站地图文件的节点描述属性里定义

【例 11-5】 改写例 11-2,在网页中利用 SiteMapPath 控件与站点地图,实现页面导航,如图 11-13 所示。

步骤如下:

(1) 在网页上添加 SiteMapPath 控件,在 SiteMapPath 任务中,选择自动套用格式,选择一种格式,如图 11-14 所示。

(2) 运行网页,效果如图 11-13 所示。

图 11-13　SiteMapPath 控件的运行效果

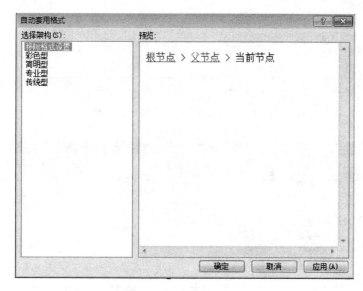

图 11-14　选择一种格式

小　　结

本章主要介绍了如何利用站点导航实现对网页的访问，介绍了一系列站点导航控件，如 TreeView 控件、Menu 控件和 SiteMapPath 控件。用案例详细介绍了 TreeView 控件和 Menu 控件，使用地点地图，借用 SiteMapDataSource 控件作为站点文件的连接桥梁；SiteMapPath 控件不使用 SiteMapDataSource 控件，直接与网站地图文件配合使用，也可以实现对网页的导航。

习　　题

1. TreeView 控件与站点地图结合实现导航，如图 11-15 所示。
2. 使用 Menu 控件，实现如图 11-16 所示的页面导航。
3. 使用 SiteMapPath 控件，实现如图 11-17 所示的页面导航。

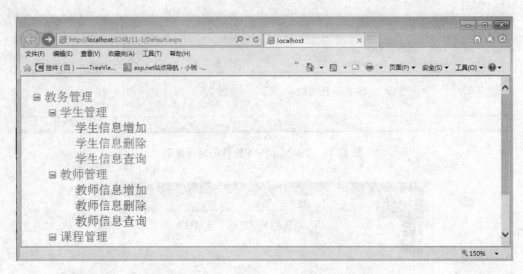

图 11-15　TreeView 控件的运行效果

图 11-16　Menu 控件的运行效果

图 11-17　SiteMapPath 控件运行效果

第 12 章　AJAX 技术及应用

AJAX 是基于标准的 Web 技术创建的一个软件包,能够以更少的响应时间带来更加丰富的 Web 应用程序所使用的技术集合,它可以实现异步传输、页面无刷新的功能。

本章主要内容:
- AJAX 技术概述;
- AJAX 服务器控件的使用。

12.1　AJAX 技术

AJAX 是"Asynchronous JavaScript and XML"(异步 JavaScript 和 XML)的缩写,是一种新的技术,可以创建更好、更快且交互性更强的 Web 应用程序。

12.2　AJAX 的工作原理

AJAX 由 HTML、JavaScript、DHTML 和 DOM 组成,它使浏览器可以为用户提供更为自然的浏览体验。这一方法把 Web 界面转化成交互性的 AJAX 应用程序。AJAX 提供与服务器异步通信的能力,使用户从请求响应的循环中解脱出来。借助 AJAX 可以在用户单击按钮时,使用 JavaScript 和 DHTML 立即更新页面,并向服务器发出异步请求,以执行更新或查询数据库。当请求返回时,就可以使用 JavaScript 和 CSS 来相应地更新 UI,而不是刷新整个页面,使得用户对 Web 站点拥有即时响应体验。

12.3　AJAX 的优点

(1) 最大的优点是页面无刷新,用户的体验非常好。
(2) 使用异步方式与服务器通信,具有更加迅速的响应能力。
(3) 可以把以前一些服务器负担的工作转嫁到客户端,利用客户端闲置的能力来处理,减轻服务器和带宽的负担,节约空间和宽带租用成本,并且减轻服务器的负担。
(4) 基于标准化的并被广泛支持的技术,不需要下载插件或者小程序。

12.4　AJAX 的服务器控件

AJAX 的原则是"按需取数据",可以最大程度地减少冗余请求及响应对服务器造成的负担,其服务器控件如图 12-1 所示。

图 12-1　AJAX 服务器控件

12.4.1　ScriptManager 控件

ScriptManager 控件是 ASP.NET AJAX 模型的大脑，它是非可视化的 Web 控件。在开发 AJAX 网站时，每个页面中必须有且只能添加唯一一个 ScriptManager 控件，可以局部更新网页中的数据，并与服务器的程序进行沟通。

可以将 ScriptManager 控件比作 AJAX 的脚本管理员，有了该管理员才能让页面局部更新。ScriptManager 控件如图 12-2 所示。

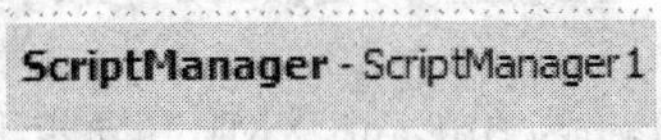

图 12-2　ScriptManager 控件

ScriptManager 控件的常用属性如表 12-1 所示。

表 12-1　ScriptManager 控件的常用属性

属　　性	说　　明
EnablePageMethods	该属性用于设定客户端 JavaScript 直接调用服务端静态 Web 方法
EnablePartialRendering	该属性可以使页面的某些控件或某个区域实现 AJAX 类型的异步回送和局部更新功能
EnableScriptComponents	该属性用于设置传送 AJAX 核心以外的其他组件
Scripts	页面所有的脚本集合
ScriptMode	指定 ScriptManager 发送到客户端的脚本的模式
ScriptPath	设置所有的脚本块的根目录，作为全局属性，包括自定义的脚本块或引用第三方的脚本块
OnAsyncPostBackError	异步回传发生异常时的服务端处理函数，在这里可以捕获一场信息并作相应的处理

12.4.2　UpdatePanel 控件

UpdatePanel 控件作为异步刷新内容的容器，可以将 ASP.NET 服务器的控件拖放到 UpdatePanel 控件内，这些控件都具有 AJAX 异步的功能，一般情况下只需要将服务器更新的控件放到 UpdatePanel 控件内。

UpdatePanel 控件的常用属性如表 12-2 所示。

表 12-2　UpdatePanel 控件的常用属性

属　　性	说　　明
ContentTemplate	设置定义 UpdatePanel 控件内容的模板
UpdateMode	设置更新 UpdatePanel 控件的内容的值
RenderMode	指示 UpdatePanel 控件的内容是否包含在<div>或<span>元素中
Triggers	设置 UpdatePanel 控件的触发事件

12.4.3　Timer 控件

Timer 控件是一个服务器控件,它会将一个 JavaScript 组件嵌入到网页中。当 Interval 属性中定义的时间到了,该 JavaScript 组件将从浏览器启动回发。可以在运转时,在服务器上的代码中配置 Timer 控件的属性,这些属性将传递到该 JavaScript 组件。

Timer 控件的常用属性如表 12-3 所示。

表 12-3　Timer 控件的常用属性

属性	说　　明
Enabled	确定 Timer 控件当前是否激活。当 Enabled 为 True 时,控件按 Interval 属性内指定的时间间隔激活 Tick 事件。当 Enabled 为 False 时,控件什么也不会做,也不会启动任何事件
Interval	这个属性确定控件激活的 Tick 事件之间的时间间隔(以 ms 为单位)

Timer 控件的事件如表 12-4 所示。

表 12-4　Timer 控件的常用事件

事　　件	说　　明
Tick 事件	指定间隔到期后触发该事件

12.5　案例分析

12.5.1　UpdatePanel 控件的应用

【例 12-1】 单击"显示时间"按钮,更新 UpdatePanel 内部的控件内容,运行界面如图 12-3 所示。

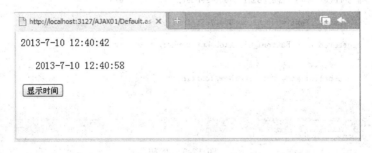

图 12-3　运行结果

程序分析：

（1）页面运行时，发现每次单击按钮都会产生异步局部刷新，只有 Label1 的内容发生更改，页面上的 Label2 时间没有发生更改。

（2）此时的 ScriptManager 的 EnablePartialRendering 属性应设为 true。UpdatePanel 的 UpdateMode 属性应设为 Always，ChildAsTrigger 属性应设为 true。

步骤如下：

（1）新建一个网页 AJAX01，在页面中加入 ScriptManager、UpdatePanel 控件和一个 Label 控件（Label2）。

（2）在 UpdatePanel 中加入一个 Button 按钮和一个 Label（Label1）控件。

（3）设置属性，界面如图 12-4 所示。

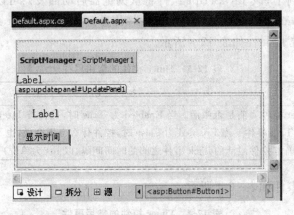

图 12-4　设计界面

（4）代码如图 12-5 所示。

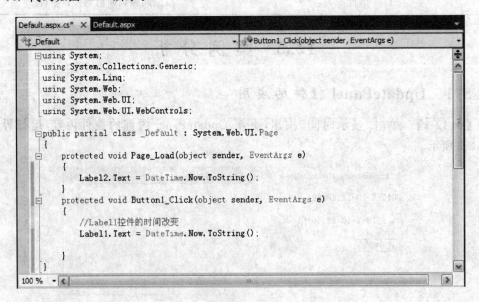

图 12-5　代码

12.5.2 UpdatePanel 控件的更新应用

【例 12-2】 两个 UpdatePanel 控件,其中一个 UpdatePanel 内的控件引发两个 UpdatePanel 控件的同时刷新。

单击"显示时间"按钮,运行界面如图 12-6 所示。

图 12-6 运行结果

程序分析:

(1) 页面运行时,发现每次单击按钮都会产生异步局部刷新,Label1 和 Label2 的内容都发生更改。

(2) 此时的 ScriptManager 的 EnablePartialRendering 属性应设为 true。UpdatePanel 的 UpdateMode 属性应设为 Always,ChildAsTrigger 属性应设为 true。

步骤如下:

(1) 新建一个网页 AJAX02,在页面中加入 ScriptManager 和两个 UpdatePanel 控件。

(2) 在 UpdatePanel1 中加入一个标签 Label1、一个按钮 Button1,在 UpdatePanel2 中加入一个标签 Label2。

(3) 将 UpdatePanel1 和 UpdatePanel2 两个控件的 UpdateMode 属性设为 Always,界面如图 12-7 所示。

图 12-7 设计界面

(4) 在"显示时间"按钮的事件中加入下面的代码:

```
protected void Button1_Click(object sender, EventArgs e)
{
    Label1.Text = DateTime.Now.ToString();
    Label2.Text = DateTime.Now.ToString();
}
```

12.5.3 UpdatePanel 控件的部分应用

【例 12-3】 改写例 12-2,其中一个 UpdatePanel 内的控件引发当前的 UpdatePanel 控件的刷新,而另一个不刷新。

单击"显示时间"按钮,运行界面如图 12-8 所示。

图 12-8 运行界面

程序分析:

(1) 页面运行时,发现每次单击按钮都会产生异步局部刷新,只有 Label1 的内容发生更改,页面上的 Label2 时间没有发生更改。

(2) 修改两个 UpdatePanel 控件的 UpdateMode 属性为 Conditional。

思考:

(1) 把 UpdatePanel1 和 UpdatePanel2 的 ChildrenAsTriggers 属性设为 false。

(2) 在 UpdatePanel2 控件中加入一个触发器,触发源设到 UpdatePanel1 控件内的 Button1 的 Click 事件上,如图 12-9 所示。

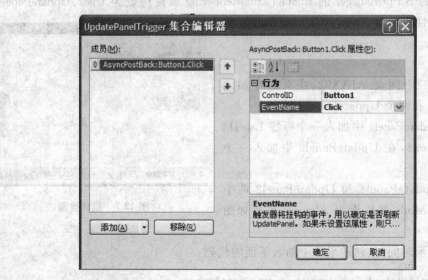

图 12-9 设置 UpdatePanel2 控件的触发器

(3) 运行网页,发现不同。

小　　结

本章主要介绍了 AJAX 技术,重点介绍了其服务器控件、ScriptManager 控件、UpdatePanel 控件和 Timer 控件。用案例介绍了服务器控件的应用,方便使用。

习　题

1. 简述 AJAX 的工作原理。
2. AJAX 的服务器控件的常用控件有哪些?
3. 设计一个具有条件更新功能的网页,放置三个命令按钮,程序运行后,分别单击三个按钮可以看到"按钮 1"和"按钮 2"被单击时引起 UpdatePanel 控件中的标签内容的更新(显示当前时间),而"按钮 3"被单击时却没有任何反应。

提示:通过 ScriptManager 控件和 UpdatePanel 控件配合实现。

第 13 章　LINQ 技术

LINQ(Language Integrated Query,语言级集成查询)提供了一条更常规的途径,即给 .Net Framework 添加一些可以应用于所有信息源的,具有多种用途的语法查询特性,这是比向开发语言和运行时添加一些关系数据特性或者类似 XML 特性更好的方式。

本章主要内容:
- LINQ 技术概述;
- LINQ 基本查询;
- LINQ 到 ADO.NET 技术使用;
- LinqDataSource 控件的使用。

13.1　LINQ 概述

LINQ 是一种查询技术,包括以下 4 个主要技术。

(1) LINQ to Objects:即查询任何可枚举的集合,如数组、泛型列表、字典,以及用户自定义的集合。

(2) LINQ to SQL:查询和处理基于关系数据库(如 SQL Server 数据库等)的数据。

(3) LINQ to DataSet:查询和处理 DataSet 对象中的数据,对数据进行检索、过滤和排序等操作。

(4) LINQ to XML:查询和处理 XML 结构的数据。

13.2　LINQ 查询基础

LINQ 查询表达式是由一组用类似于 SQL 声明性语法编写的子句组成。每一个子句可以包含一个或多个 C# 表达式,而这些表达式本身又可能是查询表达式或包含查询表达式。

LINQ 的查询操作通常由以下三步组成。
(1) 获得数据源。
(2) 创建查询。
(3) 执行查询。

【例 13-1】 创建一个 LINQ 查询表达式,保存为 Query,将计算是偶数的数值全部输出。

```
//获得数据源
int[] source = {1,2,3,4,5,6,7,8,9,10};
//创建查询
    var query = from s in source
        where s % 2 == 0
            select s;
    //执行查询
    foreach (var item in query)
    {
        Response.Write(item.ToString() + "   ");
    }
    Response.Write( "< br />");
```

13.2.1 隐式类型变量

在 .NET Framework 中,新增加了一种数据类型 Var。Var 被称为隐式类型,该关键字根据初始化语句右侧的表达式推断变量的类型。

```
Var i = 6;
Var s = "hello";
int[] source = {1,2,3,4,5,6,7,8,9,10};
```

13.2.2 LINQ 基本查询

查询表达式必须以 from 子句开头,并且必须以 select 或 group 子句结尾。在第一个 from 子句和最后一个 select 或 group 子句之间,查询表达式可以包含一个或多个下列可选子句:where、orderby、join、let,甚至附加的 from 子句。还可以使用 into 关键字使 join 或 group 子句的结果能够充当同一查询表达式中附加查询子句的源。LINQ 查询子句说明见表 13-1。

表 13-1 LINQ 查询子句说明

查询子句	说明
from 子句	指定查询操作的数据源和范围变量
where 子句	筛选元素的逻辑条件,一般由逻辑运算符组成
select 子句	指定查询结果的类型和表现形式
orderby 子句	对查询结果进行排序(降序或升序)
group 子句	对查询结果进行分组
into 子句	该标识可以引用 join、group 和 select 子句的结果
join 子句	连接多个查询操作的数据源
let 子句	引入用于存储查询表达式中子表达式结果的范围变量

1. from 子句

LINQ 查询表达式必须包括 from 子句,且以 from 子句开头。如果该查询表达式还包括子查询,那么子查询表达式也必须以 from 子句开头。from 子句指定查询操作的数据源和范围变量。其中,数据源不但包括查询本身的数据源,而且还包括子查询的数据源。范围变量一般用来表示源序列中的每一个元素。

2. select 子句

在 LINQ 查询表达式中，select 子句指定查询结果的类型和表现形式。LINQ 查询表达式必须以 select 子句或 group 子句结束。

3. where 子句

对于一个 LINQ 查询表达式而言，where 子句不是必需的。如果 where 子句在查询表达式中出现，那么 where 子句不能作为查询表达式的第一个子句或最后一个子句。

4. group 子句

在查询表达式中，group by 子句对查询的结果进行分组。

5. order by 子句

在 LINQ 查询表达式中，order by 子句可以对查询结果排序。排序方式可以为"升序"或"降序"，且排序的主键可以是一个或多个。

13.2.3 LINQ 查询案例分析

【例 13-2】 在查询表达式中使用 where 子句，并且 where 子句由两个布尔表达式和逻辑与 && 组成，查询结果如图 13-1 所示。

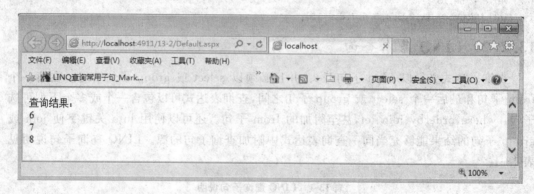

图 13-1 LINQ 查询表达式简单 where 子句查询结果

实现代码如下：

```
int[] values = { 1, 2, 3, 4, 5, 6, 7, 8, 9, 10 };
var value = from v in values
            where v < 9 && v > 5
            select v;
Response.Write("查询结果：<br>");
foreach (var v in value)
{
    Response.Write(v.ToString() + "   ");
}
Response.Write("<br />");
```

【例 13-3】 演示 group by 子句对查询结果进行分组。本示例实现的是将数据源中的数字按奇偶分组，然后使用 foreach 嵌套输出查询结果，程序运行结果如图 13-2 所示。

图 13-2 LINQ 查询表达式 group by 子句运行结果

实现具体代码如下：

```
protected void Page_Load(object sender, EventArgs e)
{
    int[ ] values = { 1, 2, 3, 4, 5, 6, 7, 8, 9, 10 };
    var value = from v in values
                group v by v % 2 == 0;
    //输出查询结果
    foreach (var i in value)
    {
        foreach (int j in i)
        {
            Response.Write(j + "  ");
        }
        Response.Write( "< br />");
    }
}
```

【例 13-4】 演示 order by 子句对查询结果进行排序。本示例实现的是将数据源中的数字按降序排序，然后使用 foreach 输出查询结果，程序运行结果如图 13-3 所示。

图 13-3 LINQ 查询表达式 order by 子句运行结果

```
protected void Page_Load(object sender, EventArgs e)
{
    int[ ] values = { 5, 8, 3, 4, 1, 6, 7, 2, 9, 10 };
    var value = from v in values
                where v < 3 || v > 6
                orderby v descending
                select v;
```

```
    //输出查询结果
    foreach (var i in value)
    {
        Response.Write(i + "  ");
    }
Response.Write("<br />");
}
```

【例 13-5】 into 子句应用。在 LINQ 查询表达式中,into 子句可以创建一个临时标识符,使用该标识符可以存储 group、join 及 select 子句的结果。

下面通过一个示例来演示 into 子句操作查询的结果,具体步骤如下。

（1）创建数据源为 int 型数据,并设置初始值为"1,2,3,4,5,6,7,8,9,10"。
（2）使用 group 子句对结果进行分组,分为两组:奇数组和偶数组。
（3）使用 into 子句创建临时标识符 g 存储查询结果。
（4）使用 where 子句筛选查询结果。
（5）使用嵌套 foreach 语句输出查询结果。

程序运行结果如图 13-4 所示。

图 13-4　LINQ 查询表达式 into 子句运行结果

```
protected void Page_Load(object sender, EventArgs e)
{
    int[] values = { 1, 2, 3, 4, 5, 6, 7, 8, 9, 10 };
    var value = from v in values
                group v by v % 2 == 0 into g
                where g.Max() > 8          //分组后查找组中大于 8 的组
                select g;
    //输出查询结果
    foreach (var i in value)
    {
        foreach (int j in i)
        {
            Response.Write(j + "  ");
        }
        Response.Write("<br />");
    }
}
```

13.3 LINQ 到 ADO.NET

LINQ 到 ADO.NET 主要是用来操作关系数据的,其中 LINQ 到 SQL 会将对象模型中的语言集成查询转换为 SQL,然后将它们发送到数据库进行执行。当数据库返回结果时,LINQ 到 SQL 将会转换回自己的编程语言处理的对象。

13.3.1 LINQ 到 SQL 基础

使用 LINQ 到 SQL,就像使用 LINQ 技术访问内存中的集合一样,可以访问 SQL 数据库。LINQ 到 SQL 的使用主要可以分为以下两个步骤。

(1) 创建对象模型。对象模型就是按照编程语言来表示数据库,有了数据库的对象模型,才能创建语句操作数据库。

(2) 使用对象模型。在创建了对象模型后,就可以在模型中描述信息请求和操作数据库了。

13.3.2 数据库对象模型

对象模型是关系数据库在编程语言中表示的数据模型,就是对关系数据库的操作。表 13-2 列举了 LINQ 到 SQL 对象模型中最基本的元素。

表 13-2　LINQ 到 SQL 对象模型中最基本的元素

LINQ 到 SQL 对象模型	关系数据模型	LINQ 到 SQL 对象模型	关系数据模型
实体类	数据表	关联	外键关系
类成员	数据列	方法	存储过程或函数

对象关系设计器(O/R 设计器)提供了一个可视化设计界面,用于创建基于数据库中对象的 LINQ 到 SQL 实体类和关系,它生成了一个强类型 DataContext,用于在实体类与数据库之间发送和接收数据。

强类型 DataContext 对应于类 DataContext,它表示 LINQ 到 LINQ to SQL 框架的主入口点,是 System.Data.Linq 命名空间下的重要类型,用于把查询句法翻译成 SQL 语句,DataContext 是通过数据库连接映射的所有实体的源。DataContext 同时把数据从数据库返回给调用方和把实体的修改写入数据库。DataContext 的用途是将对对象的请求转换成要对数据库执行的 SQL 查询,然后将查询结果汇编成对象。DataContext 通过实现与标准查询运算符(如 Where 和 Select)相同的运算符模式来实现。

1. DataContext()

构造方法,生成 DataContext 类的对象。

2. SubmitChanges()

SubmitChanges 方法用于把程序中对实体类对象的更改信息保存到数据库中,在该方法调用之前,DataContext 对象会缓存程序中对实体类对象的更改信息,如果最后不执行方法 SubmitChanges,那么这些修改的信息就不会保存到数据库中。

3. 方法 CreateDataBase、DataBaseExists 以及 DeleteDataBase

这三个方法都是针对数据库来操作的,它们的原型都很简单,没有参数,没有返回值,其中,方法 CreateDataBase 可以根据映射信息创建一个数据库,方法 DataBaseExists 用于判断 DataContext 对象使用的数据库是否存在,而方法 DeleteDataBase 用于删除 DataContext 对象使用的数据库。

4. ExecuteCommand()

该方法能够执行指定的 SQL 语句,并通过该 SQL 语句来操作数据库。

5. ExecuteQuery()

该方法可以执行指定的 SQL 查询语句,并通过 SQL 查询语句检索数据。

6. GetCommand()

该方法能够获取指定查询的执行命令的信息。

7. GetTable()

该方法能够获取 DataContext 类的实例的表的集合。

8. Refresh()

该方法能够刷新对象的状态,刷新的模式由 RefreshMode 枚举的值指定。

13.3.3 数据库实体类设计

【例 13-6】 使用对象关系设计器来创建一个 LINQ 到 SQL 实体类,并创建一个 Course 对象。

(1)创建网站,建立网页。

(2)在解决方案资源管理器中,单击鼠标右键,在弹出的右键菜单中,选择"添加新项"菜单,打开"添加新项"对话框,如图 13-5 所示。

图 13-5 "添加新项"对话框

（3）在模板列表中选中"LINQ to SQL 类"，名称默认，单击"添加"按钮。在弹出的对话框中单击"是"按钮，如图 13-6 所示。

图 13-6　添加类指定的文件夹

（4）在网站目录下的 App_Code 文件夹下生成一个 DataClasses.dbml 文件，该文件又包含一个 DataClasses.dbml.layout 文件和一个 DataClasses.designer.cs 文件，如图 13-7 所示。

图 13-7　生成 DataClasses.dbml 文件

（5）在服务器资源管理器中，选择合适的表 Course，将表拖曳到 DataClasses.dbml 文件的界面上，生成一个实体类，该类包含 Course 表的字段对应的属性，如图 13-8 所示。

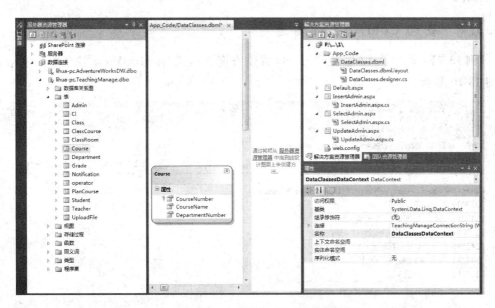

图 13-8　Course 表的字段对应的属性的界面

(6) 打开 DataClasses.designer.cs 文件,该文件包含 LINQ to SQL 实体类以及自动生成的类 DataClassesDataContext 的定义,如图 13-9 所示。到此 Course 类创建完毕,可以使用该类了。

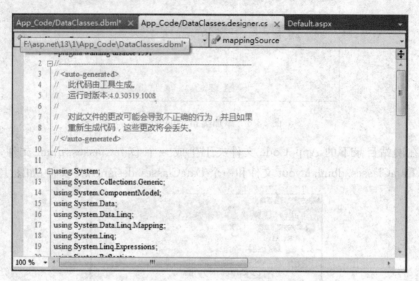

图 13-9　DataClasses.designer.cs 文件

(7) 文件说明：*.dbml 文件实际上是一个 XML 文件,通过 DataBase 元素描述关系模型中的数据库的表、字段、连接字符串和对象模型中的类的信息。

(8) 对数据库表的要求：在进行数据库表拖曳前,表的主键必须设计好,这样声明的映射类会自动包含表的各种关联属性,如果没有定义表的主键,则不允许对表进行增加、删除、修改操作。

13.3.4　查询 Course 表的信息

【例 13-7】　改写例 13-6,使用 LINQ 提供查询表达式,在 GridView 控件中显示结果,如图 13-10 所示。

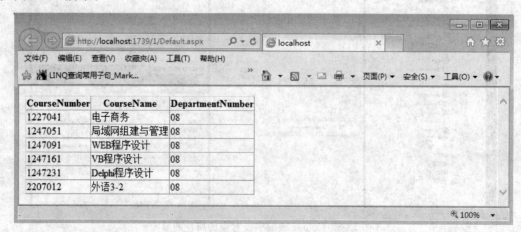

图 13-10　GridView 控件选择 LINQ 数据源类型的运行效果

(1) 在例 13-6 的基础上，添加新的 Web 窗体，名称为 SelectAdmin。
(2) 添加空间命名：

using System.Configuration;

(3) 编写 SelectAdmin.aspx.cs 代码：

```
protected void Page_Load(object sender, EventArgs e)
{
    //定义声明强类型 DataClassesDataContext 的对象是 dcdb
    DataClassesDataContext dcdb = new DataClassesDataContext(ConfigurationManager.ConnectionStrings["TeachingManageConnectionString"].ConnectionString);
    //定义隐藏变量 adquery,通过 LINQ 查询从实体类 Course 中获取查询到的数据
    var adquery = from su in dcdb.Course select su;
    //将查询到的数据作为 GridView 控件的数据源
    GridView1.DataSource = adquery;
    //将数据绑定到 GridView 控件中显示
    GridView1.DataBind();
}
```

(4) 保存并运行 SelectAdmin 网页。

13.3.5　插入 Course 表的数据

【例 13-8】　改写例 13-6，使用 LINQ 提供查询表达式，对数据表 Course 添加新的数据，并在 GridView 控件中显示结果。

在图 13-11 中，输入新的课程代码（1248101）、课程名称（Java 程序设计）和系部代码（08），单击"添加"按钮。

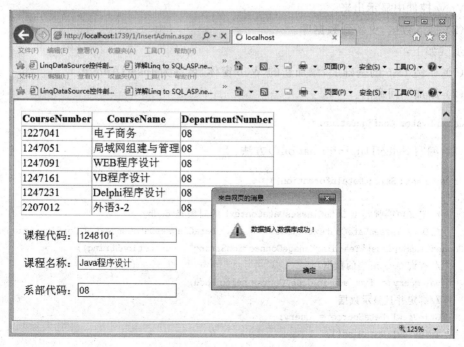

图 13-11　插入 Course 表的数据

数据添加成功后,新的数据在 GridView 控件中显示,如图 13-12 所示。

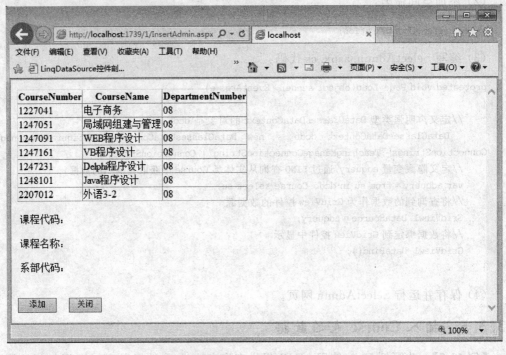

图 13-12 添加后的数据

程序分析:

(1) 利用 LINQ 提供的查询表达式,定义一个 SelectDataInformation()方法,将数据在 GridView 控件中显示出来。

(2) 插入数据,更新到数据库。

步骤如下:

(1) 在例 13-6 的基础上,添加新的 Web 窗体,名称为 InsertAdmin。

(2) 添加空间命名:

using System.Configuration;

(3) 编写 SelectDataInformation()方法:

```
private void SelectDataInformation()
{
    //定义声明强类型 DataClassesDataContext 的对象是 dcdb
    DataClassesDataContext dcdb = new DataClassesDataContext ( ConfigurationManager.ConnectionStrings["TeachingManageConnectionString"].ConnectionString);
    //查询 Course 表的数据
    var query = from adu in dcdb.Course select adu;
    //绑定并且显示数据
    GridView1.DataSource = query;
    GridView1.DataBind();
}
```

(4) 网页 InsertAdmin 中的"添加"按钮,代码如下:

```csharp
protected void Button1_Click(object sender, EventArgs e)
{
    //定义声明强类型 DataClassesDataContext 的对象是 dcdb
    DataClassesDataContext dcdb = new DataClassesDataContext(ConfigurationManager.ConnectionStrings["TeachingManageConnectionString"].ConnectionString);
    //定义 Course 类的实例,设置属性的值
    Course adm = new Course();
    //添加新值
    adm.CourseNumber = TextBox1.Text.Trim();
    adm.CourseName = TextBox2.Text.Trim();
    adm.DepartmentNumber = TextBox3.Text.Trim();
        try
    {
        //插入到 Course 表中
        dcdb.Course.InsertOnSubmit(adm);
        //将修改提交到数据库中
        dcdb.SubmitChanges();
        Response.Write("<script>alert('数据插入数据库成功!')</script>");
    }
    catch (Exception ex)
    {
        Response.Write("<script>alert('数据插入数据库失败!')</script>");
    }
    //显示新的数据
    SelectDataInformation();
    TextBox1.Visible = false;
    TextBox2.Visible = false;
    TextBox3.Visible = false;

}
```

(5) 保存并运行网页。

13.3.6 更新 Course 表的数据

【例 13-9】 改写例 13-6,使用 LINQ 提供查询表达式,更新数据表 Course 的数据,并在 GridView 控件中显示结果。

在图 13-13 中,输入课程代码(1248101),单击"查询"按钮,在 TextBox 框中显示,课程名称(Java 程序设计)和系部代码(08)。

修改系部代码为 09,单击"更新"按钮,如图 13-14 所示。

程序分析:

(1) 在图 13-13 中,"查询"按钮的功能实现可利用 LINQ 查询表达式,对参数查询。

(2) 根据条件修改 Course 表的数据,更新到数据库。

步骤如下:

(1) 在例 13-6 的基础上,添加新的 Web 窗体,名称为 UpdateAdmin。

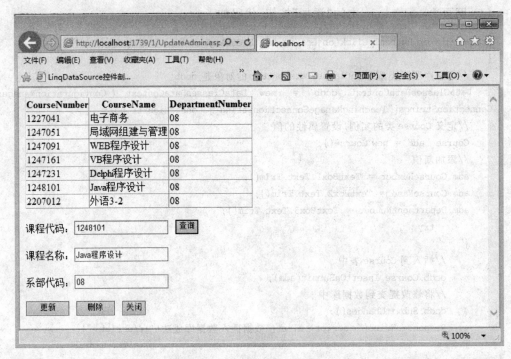

图 13-13　修改前的数据

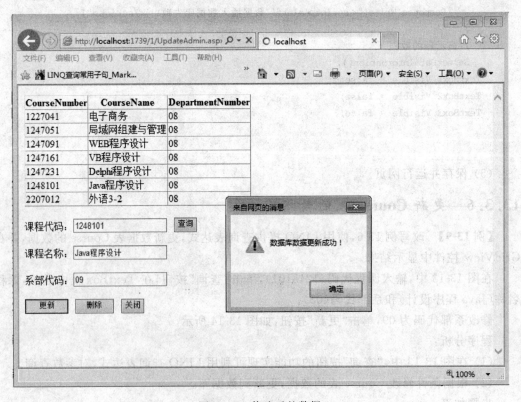

图 13-14　修改后的数据

（2）网页 Page_Load 的代码如下：

```
protected void Page_Load(object sender, EventArgs e)
{
    SelectDataInformation();
}
```

（3）"查询"按钮代码如下：

```
protected void Button1_Click(object sender, EventArgs e)
{
    //定义变量课程代码
    string CourNumber = TextBox1.Text.Trim();
     //定义声明强类型 DataClassesDataContext 的对象是 dcdb
    DataClassesDataContext dcdb = new DataClassesDataContext ( ConfigurationManager.
ConnectionStrings["TeachingManageConnectionString"].ConnectionString);
    //查询 Course 表的数据,操作员输入 TextBox1 的值
    var query = from adu in dcdb.Course
                where adu.CourseNumber == CourNumber
                select adu;
    //取得课程名称和系部代码
    foreach(Course adu in query)
    {
        TextBox2.Text = adu.CourseName;
        TextBox3.Text = adu.DepartmentNumber;
    }
    TextBox1.Visible = true;
    TextBox2.Visible = true;
    TextBox3.Visible = true;
}
```

（4）"更新"按钮代码如下：

```
protected void Button2_Click(object sender, EventArgs e)
{
    //定义变量课程代码
    string CourNumber = TextBox1.Text.Trim();
    //定义声明强类型 DataClassesDataContext 的对象是 dcdb
    DataClassesDataContext dcdb = new DataClassesDataContext ( ConfigurationManager.
ConnectionStrings["TeachingManageConnectionString"].ConnectionString);

    //设置查询条件,课程代码为 TextBox1.Text.Trim()的值
    var query = from adu in dcdb.Course where adu.CourseNumber == CourNumber select adu;
    foreach (var u in query)
    {
        u.CourseName = TextBox2.Text.Trim();
        u.DepartmentNumber = TextBox3.Text.Trim();
    }
    try
    {
```

```
                //将修改提交到数据库中
                dcdb.SubmitChanges();
                Response.Write("<script>alert('数据库数据更新成功!')</script>");
            }
            catch (Exception ex)
            {
                Response.Write("<script>alert('数据库数据更新失败!')</script>");
            }
            SelectDataInformation();
            TextBox1.Visible = false;
            TextBox2.Visible = false;
            TextBox3.Visible = false;
        }
```

(5) 保存并运行网页。

13.3.7 删除 Course 表的数据

【例 13-10】 改写例 13-6,使用 LINQ 提供查询表达式,删除数据表 Course 的数据。

在图 13-15 中,输入课程代码(1248101),单击"查询"按钮,在 TextBox 框中显示课程名称(Java 程序设计)和系部代码(09)。单击"删除"按钮,出现删除的对话框。

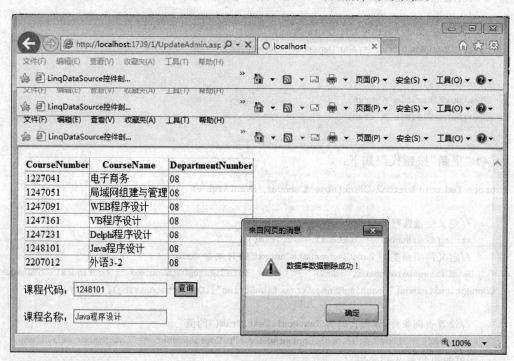

图 13-15 删除时的界面

删除完数据后,GridView 更新了数据,如图 13-16 所示。

程序步骤如下:

(1) 在例 13-6 中的 UpdateAdmin 网页上添加一个"删除"按钮。

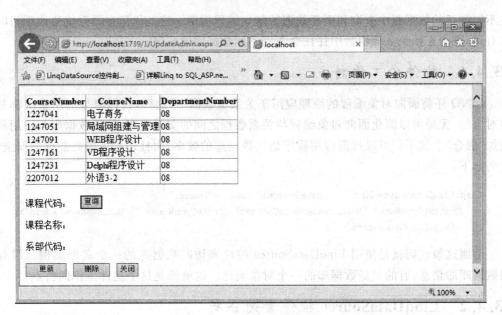

图 13-16 删除后的界面

(2)"删除"按钮的代码如下:

```
//定义变量课程代码
        string CourNumber = TextBox1.Text.Trim();
        //定义声明强类型 DataClassesDataContext 的对象是 dcdb
        DataClassesDataContext dcdb = new DataClassesDataContext(ConfigurationManager.
ConnectionStrings["TeachingManageConnectionString"].ConnectionString);
        //设置查询条件,查询被删除的课程代码
        var query = from adu in dcdb.Course where adu.CourseNumber == CourNumber select adu;
        //删除指定的数据表 Course 表
        dcdb.Course.DeleteAllOnSubmit(query);
        try
        {
            //将修改提交到数据库中
            dcdb.SubmitChanges();
            Response.Write("<script>alert('数据库数据删除成功!')</script>");
        }
        catch (Exception ex)
        {
            Response.Write("<script>alert('数据库数据删除失败!')</script>");
        }
        SelectDataInformation();
        TextBox1.Visible = false;
        TextBox2.Visible = false;
        TextBox3.Visible = false;
```

13.4 LinqDataSource 控件

LinqDataSource 控件,有一个很大的优势,就是可以支持不同的数据源。也就是说,这个控件是通过 ASP.NET 数据源控件结构向 Web 开发人员公开语言集成查询,提供一种用在不同类型的数据源中查询和更新数据的统一编程模型。这一优势在做系统集成项目时非常有用,因为在系统集成项目中往往会遇到不同数据库的情况。

13.4.1 控件的工作特点

LINQ 还将面向对象编程的原理应用于关系型数据中,这样,数据源与应用系统都是面向对象的,无疑可以简化面向对象编程与关系数据之间的交互流程,使得数据库与应用程序更加"融合"。这不但可以提高应用程序访问数据库的效率,而且还可以提高数据的安全性,代码如下:

```
< asp:LinqDataSource ID = "LinqDataSource1" runat = "server"
    ContextTypeName = "DataClassesDataContext" EntityTypeName = "" TableName = "Admin">
</asp:LinqDataSource >
```

上面这段代码就是使用 LinqDataSource 控件来访问数据库的一个典型案例。没有任何数据库的信息,有的只是数据库的一个对象而已。这恰恰是这个控件工作的特点。

13.4.2 LinqDataSource 控件案例分析

【例 13-11】 修改例 13-6,使用 LinqDataSource 控件访问定义好的数据库实体类中的 Course 表,并为 GridView 数据控件提供数据源,运行网页如图 13-10 所示。

(1)建立网站,创建网页,在网页上放置 GridView 控件,在"GridView 任务"面板中"选择数据源"下拉列表框中选择"新建数据源",如图 13-17 所示。

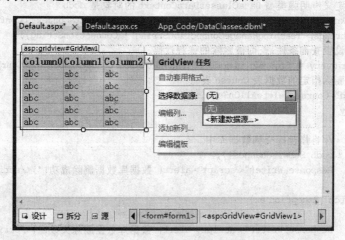

图 13-17　GridView 选择"新建数据源"

(2)在数据源配置向导中,选择 LINQ,设置数据源的 ID 为 LinqDataSource1,如图 13-18 所示。

(3)在"配置数据源"对话框中,选择上下文对象 DataClassesDataContext,如图 13-19 所示。

(4)配置数据源、选择表及各字段,如图 13-20 所示。

(5)单击"完成"按钮,就配置完成 LINQ 数据源了。

(6)设置 GridView 控件的属性。

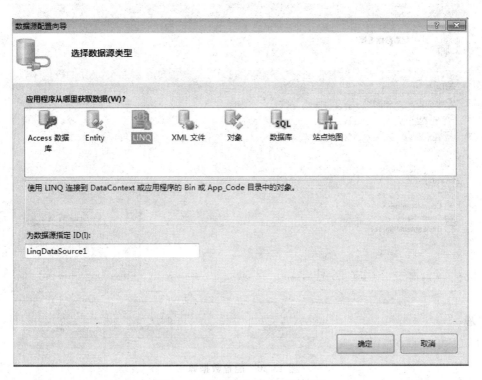

图 13-18　选择 LINQ 数据源类型

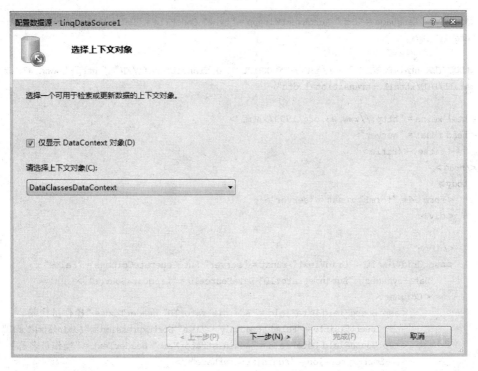

图 13-19　选择上下文对象

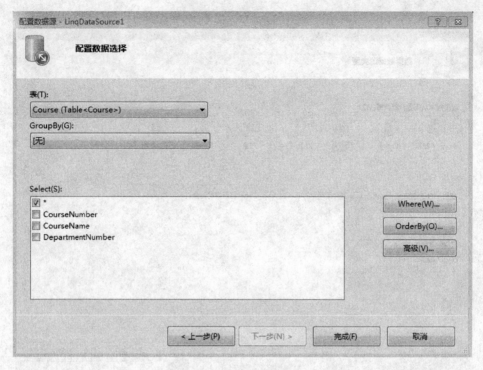

图 13-20　配置数据源

（7）网页的源代码如下：

```
<%@ Page Language="C#" AutoEventWireup="true" CodeFile="Default.aspx.cs" Inherits="_Default" %>

<!DOCTYPE html PUBLIC "-//W3C//DTD XHTML 1.0 Transitional//EN" "http://www.w3.org/TR/xhtml1/DTD/xhtml1-transitional.dtd">

<html xmlns="http://www.w3.org/1999/xhtml">
<head runat="server">
    <title></title>
</head>
<body>
    <form id="form1" runat="server">
    <div>
    
    </div>
    <asp:GridView ID="GridView1" runat="server" AutoGenerateColumns="False"
        DataKeyNames="AdministratorID" DataSourceID="LinqDataSource1">
        <Columns>
            <asp:BoundField DataField="AdministratorID" HeaderText="操作员代码"
                InsertVisible="False" ReadOnly="True" SortExpression="AdministratorID" />
            <asp:BoundField DataField="AdministratorName" HeaderText="操作员名称"
                SortExpression="AdministratorName" />
            <asp:BoundField DataField="Password" HeaderText="操作员密码"
                SortExpression="Password" />
```

```
            </Columns>
        </asp:GridView>
        <asp:LinqDataSource ID = "LinqDataSource1" runat = "server"
        ContextTypeName = "DataClassesDataContext" EntityTypeName = "" TableName = "Admin">
        </asp:LinqDataSource>
    </form>
</body>
</html>
```

(8) 保存并运行网页。

13.5 案 例 分 析

【例 13-12】 使用 LinqDataSource 控件访问定义好的数据库实体类,并为 DetailsView 数据控件提供数据源,对 Class 对象的数据进行操作,网页效果如图 13-21 和图 13-22 所示。

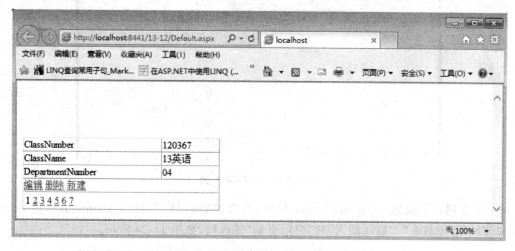

图 13-21 LinqDataSource 控件对 Class 对象的数据进行操作的运行效果

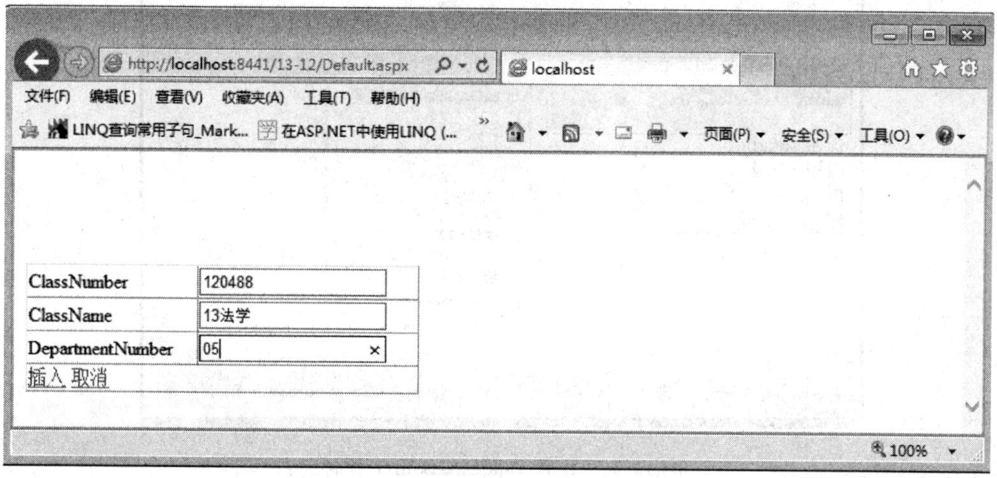

图 13-22 在 Class 表中插入数据

步骤如下:
(1) 创建网站,新建网页。
(2) 数据库 Class 类的设计,如图 13-23 所示。

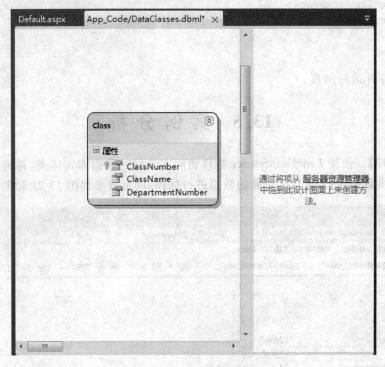

图 13-23 创建 Class 类

(3) 在网页上放置 LinqDataSource 控件,设置其数据源,在"LinqDataSource 任务"面板中选择"启用删除"、"启用插入"和"启用更新"复选框,如图 13-24 所示。

图 13-24 设置 LinqDataSource 控件

（4）在网页上放置 DetailsView 控件，设置其数据源，在"DetailsView 任务"面板中选择"启用分页"、"启用插入"、"启用编辑"和"启用删除"复选框，如图 13-25 所示。

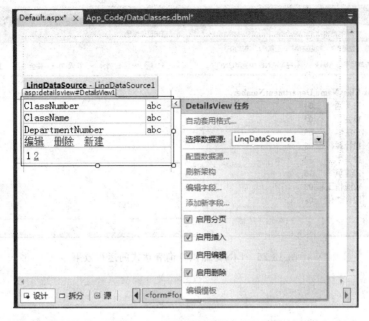

图 13-25　设置 DetailsView 控件

（5）保存并运行网页。

小　　结

本章主要介绍了 LINQ 技术对数据库中数据的访问，利用数据库对象模型，建立强类型 DataContext，具体使用 LINQ to SQL 类创建 DataClassesDataContext 的对象，用案例详细介绍了如何利用 LINQ 查询技术实现对数据的查询、插入、删除和更新的操作。最后介绍了 LinqDataSource 控件的使用，用案例介绍了如何利用该控件和 DetailsView 实现对数据的操作。

习　　题

1. 使用 LINQ 提供查询表达式，在 GridView 控件中显示结果，如图 13-26 所示。

2. 使用 LINQ 提供查询表达式，对数据表添加新的数据，并在 GridView 控件中显示结果，如图 13-27 所示。

3. 使用 LINQ 提供查询表达式，对数据表的数据实现更新和删除的操作，并在 GridView 控件中显示结果，如图 13-28 所示。

4. 使用 LinqDataSource 控件和 DetailsView 数据控件实现对数据的操作，运行网页如图 13-29 所示。

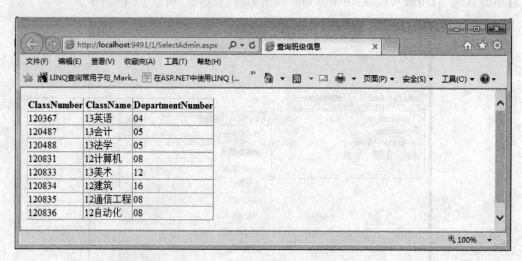

图 13-26 LINQ 提供查询表达式的运行效果

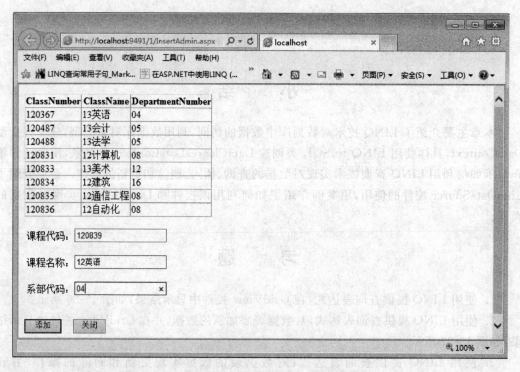

图 13-27 LINQ 提供查询表达式插入数据的运行效果

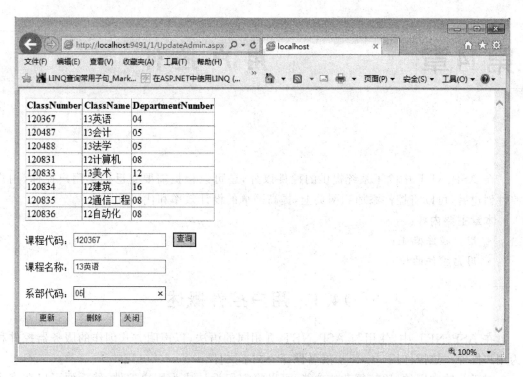

图 13-28　LINQ 提供查询表达式更新和删除数据的运行效果

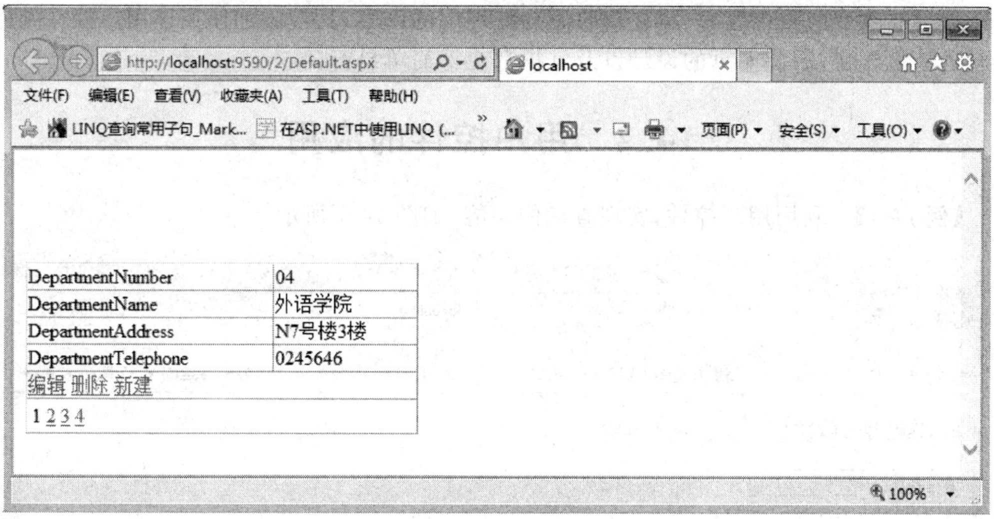

图 13-29　LinqDataSource 控件和 DetailsView 数据控件实现对数据的操作

第 14 章 用 户 控 件

在 ASP.NET 中除了系统提供的控件以外,还可以根据需要自己创建用户控件,用户控件创建后,可以将控件添加到网页上,提高网页的设计效率和代码重用性。

本章主要内容:

- 用户控件概述;
- 用户控件的使用。

14.1 用户控件概述

在 ASP.NET 中,使用与 ASP.NET 页相同的语法,以声明方式创作的服务器控件称为用户控件。该控件用 .ascx 扩展名保存为文本文件。

对于一些常用的、比较复杂的功能,可以将它们设计成为用户控件,然后便可以在多个网页中重复使用该用户控件。

如果要改变网页内容,只需要修改用户控件中的内容,其他添加使用该用户控件的网页会自动随之改变,因此网页的设计以及维护都变得简单易行。

14.2 用户控件的应用

【例 14-1】 利用用户控件,实现查询的功能,如图 14-1 所示。

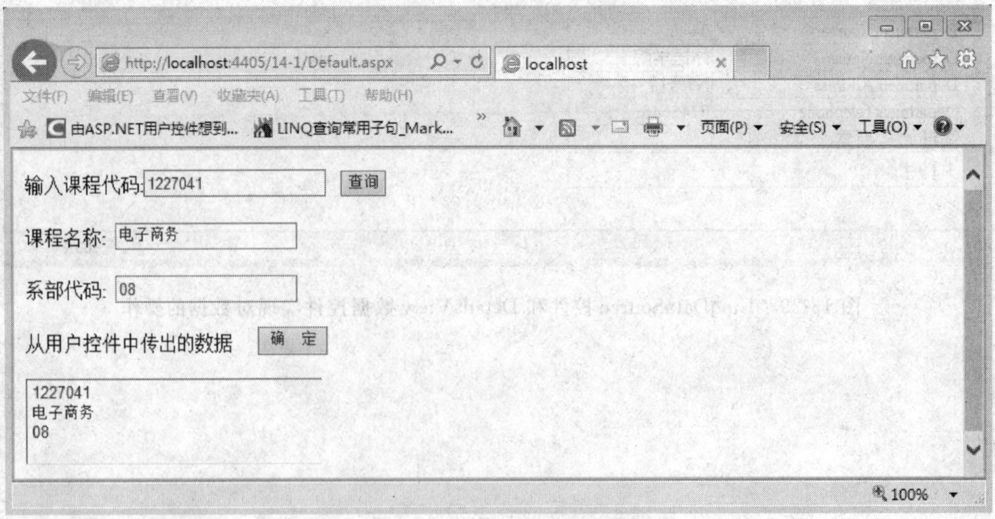

图 14-1 用户控件实现查询功能

程序分析：
（1）创建用户控件的界面，放置其他控件，设置属性和事件。
（2）访问用户控件中的控件，公开构成控件属性的操作，格式如下：

```
Public 控件类　公共控件的名称
{
    get {用于检索要公开的属性值的代码 }
    set {用于将属性的值传递给构成控件的公开的属性的代码}
}
```

（3）在网页上放置用户控件，访问用户控件中的控件，代码如下：

```
WebUserControl1.公共控件的名称
```

步骤如下：
（1）创建网站，建立默认网页。
（2）在解决方案资源管理器中，单击右键，选择"添加新项"命令，在图 14-2 中选择"Web 用户控件"，默认名称为 WebUserControl.ascx。

图 14-2　添加用户控件

（3）在用户控件上，放置相应的控件，如图 14-3 所示。
（4）设计数据库实体类，如例 13-6 所示。
（5）编写用户控件事件的代码：

```
protected void Button1_Click(object sender, EventArgs e)
    {
```

```
            //定义变量课程代码
            string CourNumber = TextBox1.Text.Trim();
            //定义声明强类型 DataClassesDataContext 的对象是 dcdb
            DataClassesDataContext dcdb = new DataClassesDataContext(ConfigurationManager.
ConnectionStrings["TeachingManageConnectionString"].ConnectionString);
            //查询 Course 表的数据,课程代码为输入到 TextBox1 的值
            var query = from adu in dcdb.Course
                        where adu.CourseNumber == CourNumber
                        select adu;
            //取得课程名称和系部代码
            foreach (Course adu in query)
            {
                TextBox2.Text = adu.CourseName;
                TextBox3.Text = adu.DepartmentNumber;
            }
        }
```

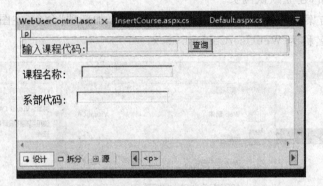

图 14-3 设置用户控件

（6）访问用户控件中的控件。

定义在用户控件中的控件,通常被声明为私有的,开发人员不能访问。如果想要访问它们,必须将其属性公开。公开构成控件属性的操作有如下三个步骤。

① 创建用户控件的公开属性。

② 在此属性的 get 部分,编写用于检索要公开的属性值的代码。

③ 在此属性的 set 部分,编写用于将属性的值传递给构成控件的公开的属性的代码。

在本例中,在用户控件的代码区定义了三个公共属性。

```
//指定公共属性名为 CourseNumber
    public string CourseNumber
    {
        get { return this.TextBox1.Text; }
        set { this.TextBox1.Text = value; }
    }
    //指定公共属性名为 CourseName
    public string CourseName
    {
        get { return this.TextBox2.Text; }
        set { this.TextBox2.Text = value; }
    }
    //指定公共属性名为 DepartmentNumber
```

```
public string DepartmentNumber
{
    get { return this.TextBox3.Text; }
    set { this.TextBox3.Text = value; }
}
```

(7) 将用户控件添加到 Web 网页。

进入 Default.aspx 网页的设计视图,将用户控件直接拖曳到网页中,放置相关控件,如图 14-4 所示。

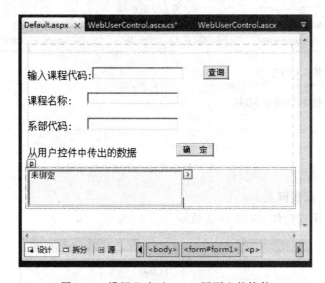

图 14-4 设置 Default.aspx 网页上的控件

(8) 将用户控件拖曳到网页后,用户控件的属性如图 14-5 所示。

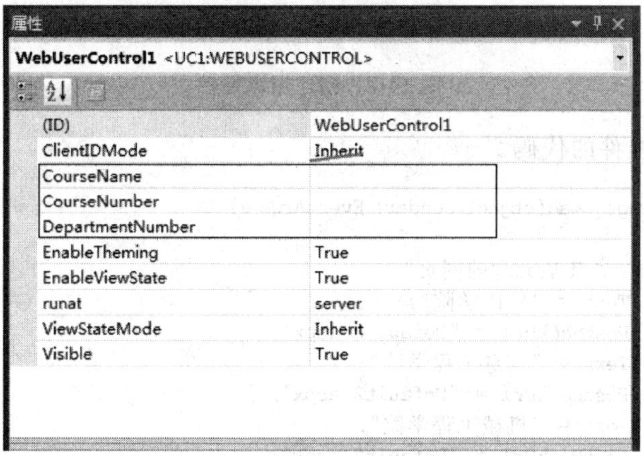

图 14-5 用户控件的公共控件属性

(9) 编写单击"确定"按钮事件,实现对用户控件的访问,代码如下:

```
protected void Button1_Click(object sender, EventArgs e)
{
    //从用户控件获得控件的数据
```

```
    ListBox1.Items.Add(WebUserControl1.CourseNumber);
    ListBox1.Items.Add(WebUserControl1.CourseName);
    ListBox1.Items.Add(WebUserControl1.DepartmentNumber);
}
```

(10) 保存并运行控件。

【例 14-2】 利用用户控件设计一个网页的导航,如图 14-6 所示。

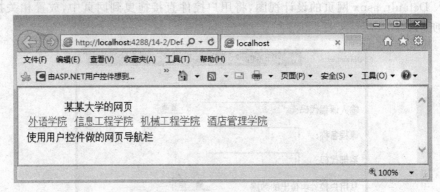

图 14-6 用户控件设计一个网页的导航

(1) 创建网站,新建网页。

(2) 创建一个用户控件,如图 14-7 所示。

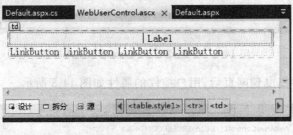

图 14-7 创建用户控件

(3) 编写用户控件的代码。

```
protected void Page_Load(object sender, EventArgs e)
{
    Label1.Text = "某某大学的网页";
    LinkButton1.Text = "外语学院";
    LinkButton1.PostBackUrl = "Default2.aspx";
    LinkButton2.Text = "信息工程学院";
    LinkButton2.PostBackUrl = "Default2.aspx";
    LinkButton3.Text = "机械工程学院";
    LinkButton3.PostBackUrl = "Default2.aspx";
    LinkButton4.Text = "酒店管理学院";
    LinkButton4.PostBackUrl = "Default2.aspx";
}
```

(4) 将用户控件添加到 Web 网页。

进入 Default.aspx 网页的设计视图,将用户控件直接拖曳到网页中,放置相关控件,如图 14-8 所示。

图 14-8 将用户控件添加到 Web 网页

(5) Default.aspx 网页代码如下：

```
protected void Page_Load(object sender, EventArgs e)
{
    Label1.Text = "使用用户控件作的网页导航栏";
}
```

(6) 保存并运行网页。

14.3 案例分析

利用例 14-1 的用户控件的查询功能，实现对数据表 Course 的数据的插入、更新、删除操作。

14.3.1 实现对表 Course 的插入操作

【例 14-3】 修改例 14-1，实现对表 Course 的插入操作，如图 14-9 所示。

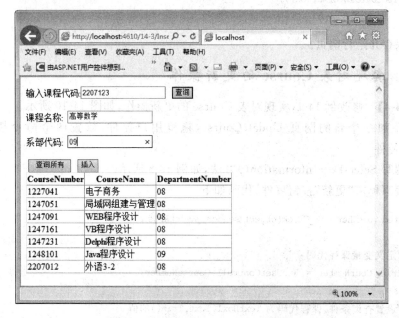

图 14-9 实现对表 Course 的插入操作

(1) 添加一个新的网页 InsertCourse，拖曳用户控件，放置两个命令按钮和一个 GridView 控件。

(2) 编写 SelectDataInformation()方法，如例 13-8 所示。

(3) 编写单击"插入"按钮事件，代码如下：

```
protected void Button2_Click(object sender, EventArgs e)
{
    //定义 Course 类的实例,设置属性的值
    Course adm = new Course();
    //添加新值,从用户控件中获得数据
    adm.CourseNumber = WebUserControl1.CourseNumber;
    adm.CourseName = WebUserControl1.CourseName;
    adm.DepartmentNumber = WebUserControl1.DepartmentNumber;
    try
    {
        //插入到 Course 表中
        dcdb.Course.InsertOnSubmit(adm);
        //将修改提交到数据库中
        dcdb.SubmitChanges();
        Response.Write("<script>alert('数据插入数据库成功!')</script>");
    }
    catch (Exception ex)
    {
        Response.Write("<script>alert('数据插入数据库失败!')</script>");
    }
    //显示新的数据
    SelectDataInformation();
}
```

(4) 保存并运行网页。

14.3.2 实现对表 Course 的更新操作

【例 14-4】 修改例 14-1，实现对表 Course 的更新操作，如图 14-10 所示。

(1) 添加一个新的网页 UpdateCourse，拖曳用户控件，放置两个命令按钮和一个 GridView 控件。

(2) 编写 SelectDataInformation()方法，如例 13-8 所示。

(3) 编写单击"更新"按钮事件，代码如下：

```
protected void Button2_Click(object sender, EventArgs e)
{
    //定义变量课程代码
    string CourNumber = WebUserControl1.CourseNumber;

    //设置查询条件,课程代码为 TextBox1.Text.Trim()的值
    var query = from adu in dcdb.Course where adu.CourseNumber == CourNumber select adu;
```

```
foreach (var u in query)
{
    u.CourseName = WebUserControl1.CourseName;
    u.DepartmentNumber = WebUserControl1.DepartmentNumber;
}
try
{
    //将修改提交到数据库中
    dcdb.SubmitChanges();
    Response.Write("<script>alert('数据库数据更新成功!')</script>");
}
catch (Exception ex)
{
    Response.Write("<script>alert('数据库数据更新失败!')</script>");
}
//SelectDataInformation();
}
```

(4) 保存并运行网页。

图 14-10 实现对表 Course 的更新操作

14.3.3 实现对表 Course 的删除操作

【例 14-5】 修改例 14-1,实现对表 Course 的删除操作,如图 14-11 所示。

程序分析：

(1) 重新定义用户控件,定义用户控件中按钮的公共属性,代码如下：

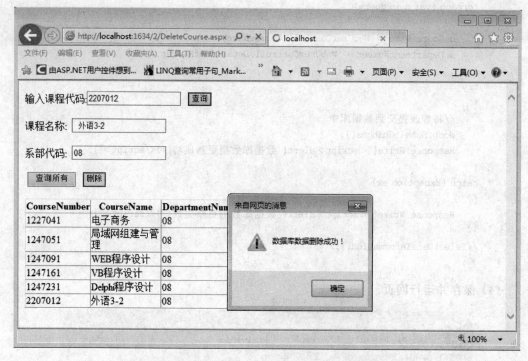

图 14-11 实现 Course 表的删除的运行效果

```
public Button   CourseButton
{
    get { return Button3; }
}
```

（2）将用户控件拖曳到网页上，在 aspx 页面加入用户控件中 Button 事件的委托及对应调用的方法，访问用户控件中的命令按钮的代码如下：

```
protected void Page_Load(object sender, EventArgs e)
{
    WebUserControl1.CourseButton.Text = "删除";
    WebUserControl1.CourseButton.Click += new EventHandler(CourseButton_Click);
}
private void CourseButton _Click(object sender,EventArgs e)
{
    //对应用户控件中 Button 的 Click 事件
}
```

程序步骤如下：

（1）新建一个网页，拖曳用户控件。

（2）网页 Page_Load 的事件如下：

```
protected void Page_Load(object sender, EventArgs e)
{
    WebUserControl1.CourseButton.Text = "删除";
```

```
        WebUserControl1.CourseButton.Click += new EventHandler(CourseButton_Click);
}
```

(3) 用户控件的按钮,代码如下:

```
private void CourseButton_Click(object sender, EventArgs e)
{
    //对应用户控件中 Button 的 Click 事件
      //定义变量课程代码
    string CourNumber = WebUserControl1.CourseNumber;

    //设置查询条件,查询被删除的课程代码
    var query = from adu in dcdb.Course where adu.CourseNumber == CourNumber select adu;
    //删除指定的数据表 Course 表
    dcdb.Course.DeleteAllOnSubmit(query);
    try
    {
        //将修改提交到数据库中
        dcdb.SubmitChanges();
        Response.Write("<script>alert('数据库数据删除成功!')</script>");
    }
    catch (Exception ex)
    {
        Response.Write("<script>alert('数据库数据删除失败!')</script>");
    }
}
```

(4) 保存并运行网页。

小　　结

本章主要介绍了用户控件的好处和如何应用。在用户控件中放置控件,设置其属性,编写其代码,应用用户控件非常简单,直接拖曳到需要的网页即可。对用户控件中控件的访问也很简单,需要将需要访问的控件设置成公共构成控件即可。通过案例详细介绍了如何定义用户控件,如何访问其控件,如何在网页中应用。

习　　题

1. 简述用户控件的作用和好处。

2. 在网站中定义一个具有登录功能的用户控件,通过验证输入的用户名和密码,判断用户是否合法,如图 14-12 所示。图 14-13 为用户控件的网页。

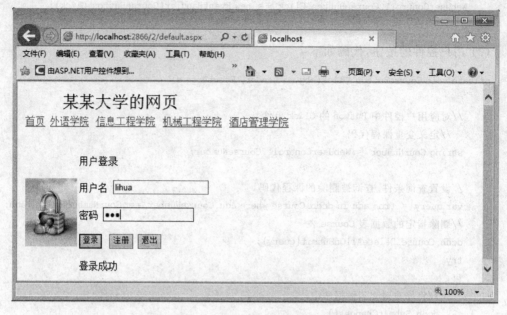

图 14-12 登录功能用户控件的运行效果

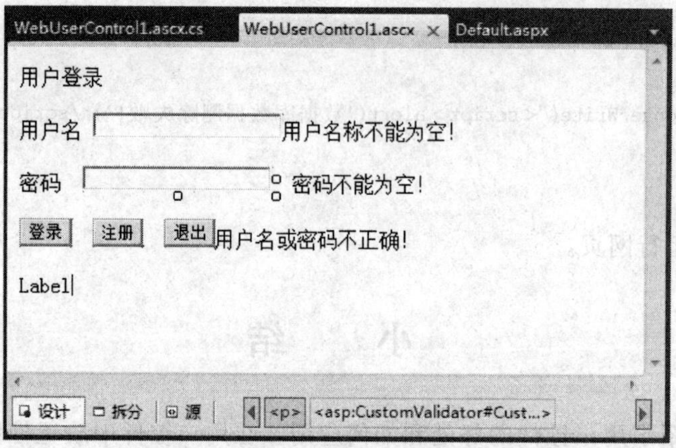

图 14-13 设计的用户控件的网页

第 15 章　教务管理系统

前面的章节系统地介绍了使用 ASP.NET 开发网页所必须掌握的技术和各种知识，为了理解这些内容并融会贯通，本章将介绍一个典型的综合案例——教务管理系统，说明一个网站开发的过程。

本章从系统分析、数据库设计、详细设计等方面介绍对教务管理系统的实现。

本章主要内容：
- 系统分析；
- 数据库设计；
- 详细设计。

15.1　教务系统设计的目的

本次设计意在开发一个能方便管理学校教务的程序。功能包括学生、老师、班级、课程、成绩等信息的增删改查，通过对不同用户赋予不同权限，使得不同角色的用户可进行相应权限的操作，避免了越权操作，保障数据的安全性。

15.2　需求分析

根据教务管理的实际情况，管理员需要便捷地对学生、教师等信息进行增删改查，而该系统正是基于学校的需求出发，量身定作出既能快速处理数据又能安全快捷地操作，为此制定了系统的设计原则和应达到的几点要求。

(1) 管理员能够迅速浏览学生、教师、课程、班级等信息。
(2) 用户能进行各种形式的快速查找。
(3) 管理员可以快速对新学生进行增加、修改，以及对毕业的学生进行修改和删除等操作。
(4) 管理员可以进行相应权限设置，如添加用户、删除用户等。
(5) 教师可以对学生的成绩进行增加、修改、上传和管理教务信息等。
(6) 学生可以对课表、个人成绩、教务信息等相关信息进行查询。

15.3　系 统 功 能

本系统共分为三大功能模块：学生模块，教师模块，管理员模块。每个模块又分若干个子模块。

学生模块：查询课表；查询个人信息；查询成绩；教务信息的浏览及下载；修改密码。

教师模块：查询课表；查询所授课班学生成绩；提交学生成绩；教务信息的浏览及下载；修改密码。

管理员模块：对学生、老师、课程、课表、班级、院系、教室、教务信息等信息的增删改查操作。

系统的功能模块如图 15-1 所示。

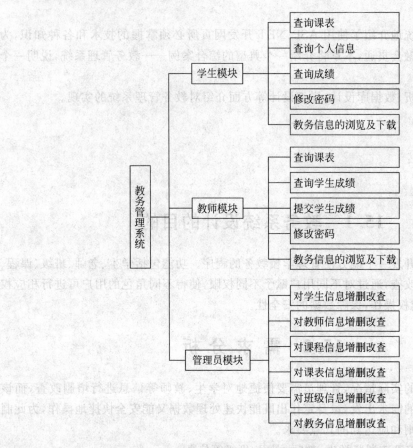

图 15-1　系统功能模块

15.4　数据库设计

数据库的设计：本系统采用 SQL Server 2008 数据库，名为 TeachingManage.mdf，在数据库里包括的数据表大致如下：Admin 表，存放管理员的详细信息；Student 表，存放学生详细信息；Teacher 表，存储教师的详细信息；Notification 表，存放教务信息的详细信息；Class 表，存放班级的成绩；Course 表，用于存放课程信息；Grade 表，用于存放学生成绩；PlanCourse 表，用于存放课表信息，等等。

数据表在数据库中的关系如图 15-2 所示。

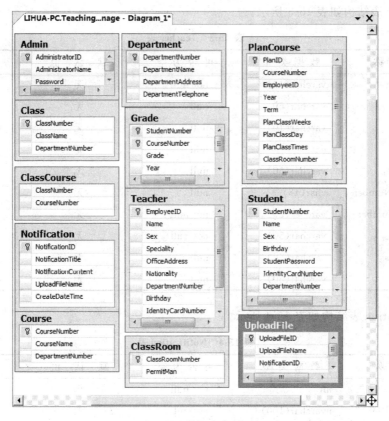

图 15-2 数据表的关系

Admin 表结构如表 15-1 所示。

表 15-1 Admin 表

字 段 名 称	数据类型	可 否 为 空	默 认 值	主 键
AdministratorID	int	not null	无	是
AdministratorName	varchar(10)	null	无	否
Password	varchar(50)	null	无	否

Student 表结构如表 15-2 所示。

表 15-2 Student 表

字 段 名 称	数据类型	可 否 为 空	默 认 值	主 键
StudentNumber	nchar(10)	not null	无	是
Name	nvarchar(50)	null	无	否
Sex	char(10)	null	无	否
Birthday	date	nul	无	否
StudentPassword	nchar(20)	nul	无	否
IdentityCardNumber	char(18)	null	无	否
DepartmentNumber	varchar(20)	not nul	无	否
ClassNumber	varchar(10)	not null	无	否

Teacher 表结构如表 15-3 所示。

表 15-3 Teacher 表

字段名称	数据类型	可否为空	默认值	主键
EmployeeID	varchar(10)	not null	无	是
Name	varchar(50)	null	无	否
Sex	varchar(10)	null	无	否
Birthday	date	null	无	否
Password	varchar(50)	null	无	否
IdentityCardNumber	char(18)	null	无	否
DepartmentNumber	varchar(20)	not null	无	否
Speciality	varchar(50)	not null	无	否
OfficeAddress	varchar(50)	null	无	否
Nationality	varchar(50)	null	无	否

Notification 表结构如表 15-4 所示。

表 15-4 Notification 表

字段名称	数据类型	可否为空	默认值	主键
NotificationID	int	not null	无	是
NotificationTitle	nvarchar(100)	not nul	无	否
NotificationContent	varchar(max)	not null	无	否
UploadFileName	varchar(100)	null	无	否
CreateDateTime	date	null	无	否

Class 表结构如表 15-5 所示。

表 15-5 Class 表

字段名称	数据类型	可否为空	默认值	主键
ClassNumber	varchar(20)	not null	无	是
ClassName	varchar(20)	null	无	否
DepartmentNumber	varchar(20)	null	无	否

Course 表结构如表 15-6 所示。

表 15-6 Course 表

字段名称	数据类型	可否为空	默认值	主键
CourseNumber	char(10)	not null	无	是
CourseName	varchar(20)	null	无	否
DepartmentNumber	varchar(20)	null	无	否

Grade 表结构如表 15-7 所示。

表 15-7 Grade 表

字段名称	数据类型	可否为空	默认值	主键
StudentNumber	nchar(10)	not null	无	组合主键
CourseNumber	char(10)	not nul	无	
Grade	int	not null	无	否
Year	varchar(10)	null	无	否
Term	int	null	无	否

PlanCourse 表结构如表 15-8 所示。

表 15-8 PlanCourse 表

字段名称	数据类型	可否为空	默认值	主键
PlanID	int	not null	无	是
CourseNumber	char(10)	null	无	否
EmployeeID	varchar(10)	null	无	否
Year	int	null	无	否
Term	int	null	无	否
PlanClassWeeks	varchar(10)	null	无	否
PlanClassDay	varchar(10)	not nul	无	否
PlanClassTimes	nchar(20)	not null	无	否
ClassRoomNumber	varchar(10)	null	无	否
ClassNumber	varchar(10)	null	无	否

Department 表结构如表 15-9 所示。

表 15-9 Department 表

字段名称	数据类型	可否为空	默认值	主键
Departmentnumber	varchar(20)	not null	无	是
DepartmentName	varchar(20)	null	无	否
DepartmentAddress	varchar(50)	null	无	否
DepartmentTelephone	varchar(20)	null	无	否

ClassCourse 表结构如表 15-10 所示。

表 15-10 ClassCourse 表

字段名称	数据类型	可否为空	默认值	主键
ClassNumber	Char(10)	null	无	否
CourseNumber	Nchar(20)	null	无	否

ClassRoom 表结构如表 15-11 所示。

表 15-11 ClassRoom 表

字段名称	数据类型	可否为空	默认值	主键
ClassRoomNumber	varchar(20)	not null	无	是
PermitMan	int	null	无	否

UploadFile 表结构如表 15-12 所示。

表 15-12 UploadFile 表

字段名称	数据类型	可否为空	默认值	主键
UploadFileID	int	not null	无	是
UploadFilerName	varchar(10)	null	无	否
NotificationID	int	null	无	否
UploadDate	datetime	null	无	否

15.5 详细设计

15.5.1 文件结构

在教务管理系统中，文件结构如图 15-3 所示。

图中：

Administrator：管理员文件夹。
App_Code：类文件夹。
App_Data：数据库文件夹。
Bin：放置 dll 文件夹。
Images：图片文件夹。
Scripts：脚本文件夹。
Student：学生文件夹。
Styles：样式表文件夹。
Teacher：教师文件夹。
Web.config：配置文件。

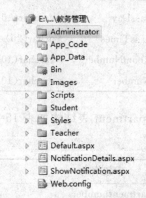

图 15-3 文件结构

15.5.2 命名规则

控件命名遵循 Pascal 命名法，即每个单词首字母均大写，其余小写，如 UserNameTextBox。

变量遵循 camel 命名法，即第一个单词首字母小写，以后每个单词首字母均大写，其他字母小写，如 userName。

15.5.3 App_Code 类文件说明

在 App_Code 类文件夹中常存放一些网页中的公共方法。

（1）SqlHelper.cs：连接数据库，打开关闭数据库，执行存储过程的方法，执行 SQL 命令的方法,返回受影响的行数等方法均写在此文件中,代码如下。

```csharp
using System;
using System.Collections.Generic;
using System.Linq;
using System.Web;
using System.Configuration;
using System.Data.SqlClient;
using System.Data;
using System.Data.Common;

/// <summary>
///SqlHelper 的摘要说明
/// </summary>
public class SqlHelper
{
    private static string connectionString = ConfigurationManager.ConnectionStrings["ConStr"].ConnectionString.ToString();
    private SqlConnection con = null;
    private SqlCommand cmd = null;
    private SqlDataReader sdr = null;
    private DataTable dt = null;
    //初始化 SqlHelper 类
    public SqlHelper()
    {
        con = new SqlConnection(connectionString);
    }
    //获得 SqlConnection 对象
    private SqlConnection GetConnection()
    {
        return con;
    }
    //打开数据库
    private void OpenDatabase()
    {
        if (con.State == ConnectionState.Closed)
            con.Open();
    }
    //关闭数据库
    private void CloseDatabase()
    {
        if (con.State == ConnectionState.Open)
        {
            con.Close();
        }
    }
    //执行无参数存储过程
    public DataTable ExecuteStoredProcedure(string storedProcedureName)
    {
        try
        {
```

```csharp
            dt = new DataTable();
            OpenDatabase();                    //打开数据库
        //初始化 SqlCommand 对象
            cmd = new SqlCommand(storedProcedureName, con);
        //对 SqlCommand 对象执行命令的类型为存储过程
            cmd.CommandType = CommandType.StoredProcedure;
    //执行命令,并将获得的数据放入 sdr 中
        sdr = cmd.ExecuteReader();
        dt = new DataTable();              //初始化 DataTable 对象
            dt.Load(sdr);                  //将 SqlDataReader 对象中的数据填充到 DataTable 中
            sdr.Close();                   //关闭 SqlDataReader 对象
        }
        catch (Exception ex)
        {
            //Utilities.LogError(ex);
            throw;                         //抛出错误
        }
        finally
        {
            CloseDatabase();               //关闭数据库
        }
        return dt;
    }
    /// <summary>
    /// 通过 DbCommand 执行存储过程
    /// </summary>
    /// <param name = "dbCommand"> dbCommand </param>
    /// <returns ></returns>
    public static DataTable ExecuteSelectCommand(DbCommand dbCommand)
    {
        DataTable table;
        SqlHelper sh = new SqlHelper();
        try
        {
            //sh.OpenDatabase();这个为什么不对?
            dbCommand.Connection.Open();
            DbDataReader dbReader = dbCommand.ExecuteReader();
            table = new DataTable();
            table.Load(dbReader);
            dbReader.Close();
        }
        catch (Exception ex)
        {
            //Utilities.LogError(ex);
            throw;
        }
        finally
        {
            //sh.CloseDatabase();
            dbCommand.Connection.Close();
        }
```

```csharp
        return table;
    }

    public static DbCommand CreateDbCommand()
    {
        string dbProviderName = ConfigurationManager.ConnectionStrings["ConStr"].ProviderName;
        DbProviderFactory factory = DbProviderFactories.GetFactory(dbProviderName);
        DbConnection dbConn = factory.CreateConnection();
        dbConn.ConnectionString = connectionString;
        DbCommand dbComm = dbConn.CreateCommand();
        dbComm.CommandType = CommandType.StoredProcedure;
        return dbComm;
    }
    /// <summary>
    /// 返回数据表受影响的行数
    /// </summary>
    /// <param name = "dbComm"> dbComm </param>
    /// <returns></returns>
    public static int ExecuteNonQuery(DbCommand dbComm)
    {
        int affectRows = -1;
        try
        {
            dbComm.Connection.Open();
            affectRows = dbComm.ExecuteNonQuery();
        }
        catch
        {
            throw;
        }
        finally
        {
            dbComm.Connection.Close();
        }
        return affectRows;
    }
}
```

(2) Administrator.cs：与管理员有关的增删改查方法均写在此文件中，代码如下。

```csharp
using System;
using System.Collections.Generic;
using System.Linq;
using System.Web;
using System.Data.Common;
using System.Data;

/// <summary>
///Administrator 的摘要说明
/// </summary>
public class Administrator
{
```

```csharp
public Administrator()
{
    //
    //TODO: 在此处添加构造函数逻辑
    //
}
/// <summary>
/// 插入课程信息
/// </summary>
/// <param name = "courseNumber"></param>
/// <param name = "courseName"></param>
/// <returns></returns>
public static bool InsertToCourse(string courseNumber, string courseName)
{
    bool flag = false;
    DbCommand dbComm = SqlHelper.CreateDbCommand();
    dbComm.CommandText = "InsertToCourse";

    //创建第一个参数
    DbParameter param = dbComm.CreateParameter();
    param.ParameterName = "@CourseNumber";
    param.DbType = DbType.String;
    param.Value = courseNumber;
    dbComm.Parameters.Add(param);
    //创建第二个参数
    param = dbComm.CreateParameter();
    param.ParameterName = "@CourseName";
    param.DbType = DbType.String;
    param.Value = courseName;
    dbComm.Parameters.Add(param);
    //执行插入存储过程
    DataTable table = new DataTable();
    table = SqlHelper.ExecuteSelectCommand(dbComm);
    if (table.Rows.Count > 0)
    {
        flag = true;
    }
    return flag;
}
/// <summary>
/// 插入学院信息
/// </summary>
/// <param name = "courseNumber"></param>
/// <param name = "courseName"></param>
/// <returns></returns>
 public static bool InsertToDepartment(string departmentNumber, string departmentName,
string departmentAddress, string departmentTelephone)
{
    bool flag = false;
    DbCommand dbComm = SqlHelper.CreateDbCommand();
    dbComm.CommandText = "InsertToDepartment";
```

```csharp
            //创建第一个参数
            DbParameter param = dbComm.CreateParameter();
            param.ParameterName = "@DepartmentNumber";
            param.DbType = DbType.String;
            param.Value = departmentNumber;
            dbComm.Parameters.Add(param);
            //创建第二个参数
            param = dbComm.CreateParameter();
            param.ParameterName = "@DepartmentName";
            param.DbType = DbType.String;
            param.Value = departmentName;
            dbComm.Parameters.Add(param);
            //创建第三个参数
            param = dbComm.CreateParameter();
            param.ParameterName = "@DepartmentAddress";
            param.DbType = DbType.String;
            param.Value = departmentAddress;
            dbComm.Parameters.Add(param);
            //创建第四个参数
            param = dbComm.CreateParameter();
            param.ParameterName = "@@DepartmentTelephone";
            param.DbType = DbType.String;
            param.Value = departmentTelephone;
            dbComm.Parameters.Add(param);
            //执行插入存储过程
            DataTable table = new DataTable();
            table = SqlHelper.ExecuteSelectCommand(dbComm);
            if (table.Rows.Count > 0)
            {
                flag = true;
            }
            return flag;
        }
        /// <summary>
        /// 插入班级信息
        /// </summary>
        /// <param name = "courseNumber"></param>
        /// <param name = "courseName"></param>
        /// <returns></returns>
        public static bool InsertToClass(string classNumber, string className, string departmentNumber)
        {
            bool flag = false;
            DbCommand dbComm = SqlHelper.CreateDbCommand();
            dbComm.CommandText = "InsertToDepartment";

            //创建第一个参数
            DbParameter param = dbComm.CreateParameter();
            param.ParameterName = "@ClassNumber";
            param.DbType = DbType.String;
            param.Value = classNumber;
            dbComm.Parameters.Add(param);
```

```csharp
            //创建第二个参数
            param = dbComm.CreateParameter();
            param.ParameterName = "@ClassName";
            param.DbType = DbType.String;
            param.Value = className;
            dbComm.Parameters.Add(param);
            //创建第三个参数
            param = dbComm.CreateParameter();
            param.ParameterName = "@DepartmentNumber";
            param.DbType = DbType.String;
            param.Value = departmentNumber;
            dbComm.Parameters.Add(param);

            //执行插入存储过程
            DataTable table = new DataTable();
            table = SqlHelper.ExecuteSelectCommand(dbComm);
            if (table.Rows.Count > 0)
            {
                flag = true;
            }
            return flag;
        }
    }
```

(3) TeacherAccess.cs：与教师有关的增删改查方法均写在此文件中，代码如下。

```csharp
using System;
using System.Collections.Generic;
using System.Linq;
using System.Web;
using System.Data;
using System.Data.Common;


/// <summary>
///TeacherAccess 的摘要说明
/// </summary>
public class TeacherAccess
{
    public TeacherAccess()
    {
        //
        //TODO: 在此处添加构造函数逻辑
        //
    }
    //添加老师信息
    public static DataTable InsertToTeacher(string employeeId, string name, string sex, string speciality, string nationality, string departmentNumber, string birthday, string identityCard)
    {
        DbCommand dbComm = SqlHelper.CreateDbCommand();
        dbComm.CommandText = "InsertToTeacher";
```

```csharp
//创建第一个参数
DbParameter param = dbComm.CreateParameter();
param.ParameterName = "@EmployeeID";
param.Value = employeeId;
param.DbType = DbType.String;
dbComm.Parameters.Add(param);
//创建第二个参数
param = dbComm.CreateParameter();
param.ParameterName = "@Name";
param.Value = name;
param.DbType = DbType.String;
dbComm.Parameters.Add(param);
//创建第三个参数
param = dbComm.CreateParameter();
param.ParameterName = "@Sex";
param.Value = sex;
param.DbType = DbType.String;
dbComm.Parameters.Add(param);
//创建第四个参数
param = dbComm.CreateParameter();
param.ParameterName = "@Speciality";
param.Value = speciality;
param.DbType = DbType.String;
dbComm.Parameters.Add(param);
//创建第五个参数
param = dbComm.CreateParameter();
param.ParameterName = "@Nationality";
param.Value = nationality;
param.DbType = DbType.String;
dbComm.Parameters.Add(param);
//创建第六个参数
param = dbComm.CreateParameter();
param.ParameterName = "@DepartmentNumber";
param.Value = departmentNumber;
param.DbType = DbType.String;
dbComm.Parameters.Add(param);
//创建第七个参数
param = dbComm.CreateParameter();
param.ParameterName = "@Birthday";
param.Value = birthday;
param.DbType = DbType.String;
dbComm.Parameters.Add(param);
//创建第八个参数
param = dbComm.CreateParameter();
param.ParameterName = "@IdentityCardNumber";
param.Value = identityCard;
param.DbType = DbType.String;
dbComm.Parameters.Add(param);

//执行存储过程
```

```csharp
            DataTable table = SqlHelper.ExecuteSelectCommand(dbComm);
            return table;
        }
        //获取学生成绩信息
        public static DataTable GetStudentGrade(string employeeId, string classNumber, string courseNubmer)
        {
            DbCommand dbComm = SqlHelper.CreateDbCommand();
            dbComm.CommandText = "TeacherAddStudentScore";
            //创建第一个参数
            DbParameter param = dbComm.CreateParameter();
            param.ParameterName = "@EmployeeID";
            param.Value = employeeId;
            param.DbType = DbType.String;
            dbComm.Parameters.Add(param);
            //创建第二个参数
            param = dbComm.CreateParameter();
            param.ParameterName = "@ClassNumber";
            param.Value = classNumber;
            param.DbType = DbType.String;
            dbComm.Parameters.Add(param);
            //创建第三个参数
            param = dbComm.CreateParameter();
            param.ParameterName = "@CourseNumber";
            param.Value = courseNumber;
            param.DbType = DbType.String;
            dbComm.Parameters.Add(param);
            //执行存储过程
            DataTable table = SqlHelper.ExecuteSelectCommand(dbComm);
            return table;
        }
        //提交学生成绩
        public static bool SubmitStudentScore(string studentNumber, string courseNumber, float grade)
        {
            //bool flag = false;
            DbCommand dbComm = SqlHelper.CreateDbCommand();
            dbComm.CommandText = "TeacherSubmitStudentGrade";
            //创建第一个参数
            DbParameter param = dbComm.CreateParameter();
            param.ParameterName = "@StudentNumber";
            param.Value = studentNumber;
            param.DbType = DbType.String;
            dbComm.Parameters.Add(param);
            //创建第二个参数
            param = dbComm.CreateParameter();
            param.ParameterName = "@CourseNumber";
            param.Value = courseNumber;
            param.DbType = DbType.String;
```

```csharp
            dbComm.Parameters.Add(param);
            //创建第三个参数
            param = dbComm.CreateParameter();
            param.ParameterName = "@Grade";
            param.Value = grade;
            param.DbType = DbType.Single;
            dbComm.Parameters.Add(param);

            try
            {
              return(SqlHelper.ExecuteNonQuery(dbComm)!=-1);    //执行成功
            }
            catch
            {
                return false;
            }
        }

        //修改教职工密码
        public static DataTable UpdateTeacherPassword(string employeeID, string password)
        {
            DbCommand dbComm = SqlHelper.CreateDbCommand();
            dbComm.CommandText = "UpdateTeacherPassword";
            DbParameter param = dbComm.CreateParameter();
            param.ParameterName = "@EmployeeID";
            param.Value = employeeID;
            param.DbType = DbType.String;
            dbComm.Parameters.Add(param);

            param = dbComm.CreateParameter();
            param.ParameterName = "@Password";
            param.Value = password;
            param.DbType = DbType.String;
            dbComm.Parameters.Add(param);
            //执行存储过程
            DataTable table = SqlHelper.ExecuteSelectCommand(dbComm);
            return table;
        }
    }
```

(4) StudentAccess.cs：与学生有关的增删改查方法均写在此文件中，代码如下。

```csharp
using System;
using System.Collections.Generic;
using System.Linq;
using System.Web;
using System.Data;
using System.Data.Common;
/// <summary>
///StudentAccess 的摘要说明
/// </summary>
```

```csharp
public class StudentAccess
{
    public StudentAccess()
    {
        //
        //TODO: 在此处添加构造函数逻辑
        //
    }
    //获得学生部分信息(学号、姓名、班级、专业)
    public static DataTable GetStudentPartInformation(string studentNumber)
    {
        DbCommand dbComm = SqlHelper.CreateDbCommand();
        dbComm.CommandText = "GetStudentPartInformation";
        DbParameter param = dbComm.CreateParameter();
        param.ParameterName = "@StudentNumber";
        param.Value = studentNumber;
        param.DbType = DbType.String;
        dbComm.Parameters.Add(param);
        //执行存储过程
        DataTable table = SqlHelper.ExecuteSelectCommand(dbComm);
        return table;
    }
    //获得学生全部信息
    public static DataTable GetStudentAllInformation()
    {
        DbCommand dbComm = SqlHelper.CreateDbCommand();
        dbComm.CommandText = "GetStudentInformation";
        //执行存储过程
        DataTable table = SqlHelper.ExecuteSelectCommand(dbComm);
        return table;
    }
    //获得学生全部信息
    public static DataTable GetStudentAllInformation(string studentNumber)
    {
        DbCommand dbComm = SqlHelper.CreateDbCommand();
        dbComm.CommandText = "GetStudentAllInformation";
        DbParameter param = dbComm.CreateParameter();
        param.ParameterName = "@StudentNumber";
        param.Value = studentNumber;
        param.DbType = DbType.String;
        dbComm.Parameters.Add(param);
        //执行存储过程
        DataTable table = SqlHelper.ExecuteSelectCommand(dbComm);
        return table;
    }

    //修改学生信息
    public static DataTable UpdateStudentPassword(string studentNumber,string studentPassword)
    {
        DbCommand dbComm = SqlHelper.CreateDbCommand();
        dbComm.CommandText = "UpdateStudentInformation";
```

```csharp
        DbParameter param = dbComm.CreateParameter();
        param.ParameterName = "@StudentNumber";
        param.Value = studentNumber;
        param.DbType = DbType.String;
        dbComm.Parameters.Add(param);

        param = dbComm.CreateParameter();
        param.ParameterName = "@StudentPassword";
        param.Value = studentPassword;
        param.DbType = DbType.String;
        dbComm.Parameters.Add(param);
        //执行存储过程
        DataTable table = SqlHelper.ExecuteSelectCommand(dbComm);
        return table;
    }
    //个人成绩查询
    public static DataTable QueryGrade(string studentNumber)
    {
        DbCommand dbComm = SqlHelper.CreateDbCommand();
        dbComm.CommandText = "QueryGrade";
        DbParameter param = dbComm.CreateParameter();
        param.ParameterName = "@StudentNumber";
        param.Value = studentNumber;
        param.DbType = DbType.String;
        dbComm.Parameters.Add(param);
        //执行存储过程
        DataTable table = SqlHelper.ExecuteSelectCommand(dbComm);
        return table;
    }
    //获取计划课表

    public static DataTable GetPlanCourseTable(string classNumber, int year, int term, string planClassDay, string planClassTimes)
    {
        DbCommand dbComm = SqlHelper.CreateDbCommand();
        dbComm.CommandText = "GetPlanCourseTable";
        DbParameter param = dbComm.CreateParameter();
        param.ParameterName = "@ClassNumber";
        param.Value = classNumber;
        param.DbType = DbType.String;
        dbComm.Parameters.Add(param);

        param = dbComm.CreateParameter();
        param.ParameterName = "@Year";
        param.Value = year;
        param.DbType = DbType.Int32;
        dbComm.Parameters.Add(param);

        param = dbComm.CreateParameter();
        param.ParameterName = "@Term";
        param.Value = term;
```

```csharp
            param.DbType = DbType.Int32;
            dbComm.Parameters.Add(param);

            param = dbComm.CreateParameter();
            param.ParameterName = "@PlanClassDay";
            param.Value = planClassDay;
            param.DbType = DbType.String;
            dbComm.Parameters.Add(param);

            param = dbComm.CreateParameter();
            param.ParameterName = "@PlanClassTimes";
            param.Value = planClassTimes;
            param.DbType = DbType.String;
            dbComm.Parameters.Add(param);
            //执行存储过程
            DataTable table = SqlHelper.ExecuteSelectCommand(dbComm);
            return table;
        }
        //添加学生信息
        public static DataTable InsertToStudent(string studentNumber, string name, string sex,
string birthday, string identityCard, string departmentNumber)
        {
            DbCommand dbComm = SqlHelper.CreateDbCommand();
            dbComm.CommandText = "InsertToStudent";
            DbParameter param = dbComm.CreateParameter();
            param.ParameterName = "@StudentNumber";
            param.Value = studentNumber;
            param.DbType = DbType.String;
            dbComm.Parameters.Add(param);

            param = dbComm.CreateParameter();
            param.ParameterName = "@Name";
            param.Value = name;
            param.DbType = DbType.String;
            dbComm.Parameters.Add(param);

            param = dbComm.CreateParameter();
            param.ParameterName = "@Sex";
            param.Value = sex;
            param.DbType = DbType.String;
            dbComm.Parameters.Add(param);

            param = dbComm.CreateParameter();
            param.ParameterName = "@Birthday";
            param.Value = birthday;
            param.DbType = DbType.String;
            dbComm.Parameters.Add(param);

            param = dbComm.CreateParameter();
            param.ParameterName = "@IdentityCardNumber";
            param.Value = identityCard;
```

```csharp
            param.DbType = DbType.String;
            dbComm.Parameters.Add(param);

            param = dbComm.CreateParameter();
            param.ParameterName = "@DepartmentNumber";
            param.Value = departmentNumber;
            param.DbType = DbType.String;
            dbComm.Parameters.Add(param);
            //执行存储过程
            DataTable table = SqlHelper.ExecuteSelectCommand(dbComm);
            return table;
        }
        //根据学号返回学生所在班级
}
```

（5）NotificationAccess.cs：与教务信息有关的增删改查方法均写在此文件中，代码如下。

```csharp
using System;
using System.Collections.Generic;
using System.Linq;
using System.Web;
using System.Data;
using System.Data.Common;

/// <summary>
///NotificationAccess 的摘要说明
/// </summary>
public class NotificationAccess
{
    public NotificationAccess()
    {
        //
        //TODO: 在此处添加构造函数逻辑
        //
    }
    public static DataTable InsertToNotification(string notificationTitle, string notificationContent, string uploadFileName)
    {
        DbCommand dbComm = SqlHelper.CreateDbCommand();
        dbComm.CommandText = "InsertToNotification";
        DbParameter param = dbComm.CreateParameter();
        param.ParameterName = "@NotificationTitle";
        param.Value = notificationTitle;
        param.DbType = DbType.String;
        dbComm.Parameters.Add(param);
        //创建第二个参数
        param = dbComm.CreateParameter();
        param.ParameterName = "@NotificationContent";
        param.Value = notificationContent;
```

```csharp
                param.DbType = DbType.String;
                dbComm.Parameters.Add(param);
                //创建第三个参数
                param = dbComm.CreateParameter();
                param.ParameterName = "@UploadFileName";
                param.Value = uploadFileName;
                param.DbType = DbType.String;
                dbComm.Parameters.Add(param);
                //执行存储过程
                DataTable table = SqlHelper.ExecuteSelectCommand(dbComm);
                return table;
            }
        }
```

(6) UserCommon.cs：所有关于实体的公共方法均写在此文件中，如获取课表的方法，代码如下。

```csharp
using System;
using System.Collections.Generic;
using System.Linq;
using System.Web;
using System.Data;
using System.Data.Common;

/// <summary>
///UserCommon 的摘要说明
/// </summary>
public class UserCommon
{
    public UserCommon()
    {
        //
        //TODO: 在此处添加构造函数逻辑
        //
    }
    //获取通知
    public static DataTable GetNotification()
    {
        DbCommand dbComm = SqlHelper.CreateDbCommand();
        dbComm.CommandText = "GetNearlyNotifications";
        //DbParameter param = dbComm.CreateParameter();
        //param.ParameterName = "";
        DataTable table = SqlHelper.ExecuteSelectCommand(dbComm);
        return table;
    }
    //根据通知 ID 获取相应通知信息
    public static DataTable GetNotification(string notificationId)
    {
        DbCommand dbComm = SqlHelper.CreateDbCommand();
        dbComm.CommandText = "GetNotificationByNotificationId";
        DbParameter param = dbComm.CreateParameter();
```

```csharp
            param.ParameterName = "@NotificationId";
            param.Value = notificationId;
            param.DbType = DbType.String;
            dbComm.Parameters.Add(param);

            DataTable table = SqlHelper.ExecuteSelectCommand(dbComm);
            return table;


        }
        //获取计划课表

        public static DataTable QueryCourseTable(string departmentNumber, string classNumber, int year, int term, string planClassDay, string planClassTimes)
        {
            DbCommand dbComm = SqlHelper.CreateDbCommand();
            dbComm.CommandText = "QeryCourseTable";
            DbParameter param = dbComm.CreateParameter();
            param.ParameterName = "@DepartmentNumber";
            param.Value = departmentNumber;
            param.DbType = DbType.String;
            dbComm.Parameters.Add(param);

            param = dbComm.CreateParameter();
            param.ParameterName = "@ClassNumber";
            param.Value = classNumber;
            param.DbType = DbType.String;
            dbComm.Parameters.Add(param);

            param = dbComm.CreateParameter();
            param.ParameterName = "@Year";
            param.Value = year;
            param.DbType = DbType.Int32;
            dbComm.Parameters.Add(param);

            param = dbComm.CreateParameter();
            param.ParameterName = "@Term";
            param.Value = term;
            param.DbType = DbType.Int32;
            dbComm.Parameters.Add(param);

            param = dbComm.CreateParameter();
            param.ParameterName = "@PlanClassDay";
            param.Value = planClassDay;
            param.DbType = DbType.String;
            dbComm.Parameters.Add(param);

            param = dbComm.CreateParameter();
            param.ParameterName = "@PlanClassTimes";
            param.Value = planClassTimes;
            param.DbType = DbType.String;
```

```
            dbComm.Parameters.Add(param);
            //执行存储过程
            DataTable table = SqlHelper.ExecuteSelectCommand(dbComm);
            return table;
        }
    }
```

(7) Login.cs：关于登录验证的方法，代码如下。

```
using System;
using System.Collections.Generic;
using System.Linq;
using System.Web;
using System.Data;
using System.Data.Common;

/// <summary>
///Login 的摘要说明
/// </summary>
public class Login
{
    public Login()
    {
        //
        //TODO: 在此处添加构造函数逻辑
        //
    }
    //获取学生登录名和密码
    public static DataTable GetLoginInformation(string studentNumber, string studentPassword)
    {
        //bool success = false;
        DbCommand dbComm = SqlHelper.CreateDbCommand();
        dbComm.CommandText = "UserInformationOfLogining";
        //第一个参数
        DbParameter param = dbComm.CreateParameter();
        param.ParameterName = "@StudentNumber";
        param.Value = studentNumber;
        param.DbType = DbType.String;
        dbComm.Parameters.Add(param);
        //第二个参数
        param = dbComm.CreateParameter();
        param.ParameterName = "@StudentPassword";
        param.Value = studentPassword;
        param.DbType = DbType.String;
        dbComm.Parameters.Add(param);
        //执行存储过程
        DataTable table = SqlHelper.ExecuteSelectCommand(dbComm);
        return table;
    }
    //获取老师登录名和密码
    public static DataTable GetTeacherLoginInformation(string teacherNumber, string password)
```

```
        {
            //bool success = false;
            DbCommand dbComm = SqlHelper.CreateDbCommand();
            dbComm.CommandText = "TeacherInformationOfLogining";
            //第一个参数
            DbParameter param = dbComm.CreateParameter();
            param.ParameterName = "@EmployeeID";
            param.Value = teacherNumber;
            param.DbType = DbType.String;
            dbComm.Parameters.Add(param);
            //第二个参数
            param = dbComm.CreateParameter();
            param.ParameterName = "@Password";
            param.Value = password;
            param.DbType = DbType.String;
            dbComm.Parameters.Add(param);
            //执行存储过程
            DataTable table = SqlHelper.ExecuteSelectCommand(dbComm);
            return table;
        }
        //获取管理员登录名和密码
        public static DataTable GetAdministratorLoginInformation(string administratorName, string password)
        {
            //bool success = false;
            DbCommand dbComm = SqlHelper.CreateDbCommand();
            dbComm.CommandText = "AdministratorInformationOfLogining";
            //第一个参数
            DbParameter param = dbComm.CreateParameter();
            param.ParameterName = "@AdministratorName";
            param.Value = administratorName;
            param.DbType = DbType.String;
            dbComm.Parameters.Add(param);
            //第二个参数
            param = dbComm.CreateParameter();
            param.ParameterName = "@Password";
            param.Value = password;
            param.DbType = DbType.String;
            dbComm.Parameters.Add(param);
            //执行存储过程
            DataTable table = SqlHelper.ExecuteSelectCommand(dbComm);
            return table;
        }
}
```

(8) Link.cs：用于生成链接的方法，代码如下。

```
using System;
using System.Collections.Generic;
using System.Linq;
using System.Web;
using System.Text.RegularExpressions;
```

```csharp
/// <summary>
///Link 的摘要说明
/// </summary>
public class Link
{
    private static Regex purifyUrlRegex = new Regex("[^-a-zA-Z0-9_ ]", RegexOptions.Compiled);

    private static Regex dashesRegex = new Regex("[-_]+", RegexOptions.Compiled);
    private static string PrepareUrlText(string urlText)
    {
        urlText = purifyUrlRegex.Replace(urlText, "");
        urlText = urlText.Trim();
        urlText = dashesRegex.Replace(urlText, "-");
        return urlText;
    }
    //构建绝对地址
    private static string BuildAbsoluteUrl(string relativeUrl)
    {
        Uri uri = HttpContext.Current.Request.Url;                      //获得当前 uri
        string absolutePath = HttpContext.Current.Request.ApplicationPath;//获得绝对路径
        if (!absolutePath.EndsWith("/"))
        {
            absolutePath += "/";
        }
        relativeUrl = relativeUrl.TrimStart('/');
        return HttpUtility.UrlPathEncode(string.Format("http://{0}:{1}{2}{3}", uri.Host, uri.Port, absolutePath, relativeUrl));
    }
    public static string ToNotificationDetails(string notificationId, string page)
    {

        if (page == "1")
            return BuildAbsoluteUrl(String.Format("NotificationDetails.aspx?NotificationID={0}", notificationId));
        else
            return BuildAbsoluteUrl(String.Format("NotificationDetails?NotificationID={0}&Page={1}", notificationId, page));
    }
    public static string ToNotificationDetails(string notificationId)
    {
        return ToNotificationDetails(notificationId, "1");
    }
}
```

15.5.4 模块设计

教务管理系统采用三层架构设计，设计过程均是遵循数据层-业务逻辑层-表示层的步骤，层层调用明确，便于编写和维护。

学生、教师和管理员三大用户每个均有自己的主界面，在每个主界面中均添加了一个

iframe 框架标记,这样在主界面主题风格不变的情况下即可调用其他分页,十分清晰。

15.5.5 登录界面

功能介绍:本窗口主要是检查用户输入的用户名及密码是否正确,如果正确,允许登录。如果错误,显示出错误提示。

操作方法:选定登录角色,填写"用户"与"密码"后,单击"登录"按钮进行验证,单击"取消"按钮即可退出。

输入的账号和口令应和设置的相同时,则登录成功,如图15-4所示。

新建一个网页,命名为Default.aspx,添加一个按钮,两个标签,两个文本框,三个单选按钮,设计界面如图15-5所示,属性如表15-13所示。

图 15-4　登录界面运行图　　　　图 15-5　登录设计界面

表 15-13　登录表单及其控件属性设置

对　　象	对象名称	属　　性	属　性　值
Web 窗体	Default.aspx		
Label	Label1	Text	用户:
Label	Label2	Text	密码:
TextBox	UserNameTextBox		
TextBox	PwdTextBox		
Button	LoginButton	Text	登录
RadioButton	RadioButton1	Text	学生
RadioButton	RadioButton2	Text	老师
RadioButton	RadioButton3	Text	管理员
Button	CancleButton	Text	取消

15.5.6 学生用户主界面

该页面功能强大,可满足学生对基本教务信息的查询,如课表、消息通知等,如图15-6所示。

新建一个 Web 窗体,命名为 StudentMain.aspx,设计界面如图15-7所示,属性如表15-14所示。

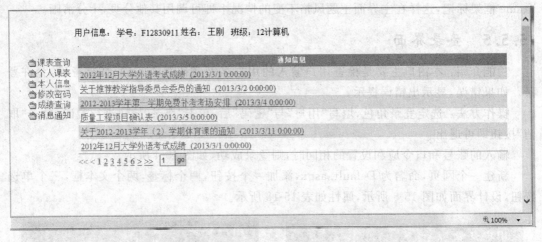

图 15-6 学生用户主界面

图 15-7 学生用户主界面设计图

表 15-14 学生用户主界面及其控件属性设置

对　象	对象名称	属　性	属 性 值
Web 窗体	StudentMain.aspx		
用户控件	DisplayUserInformation.ascx		
用户控件	DsiplayCourseTable.ascx		
用户控件	StudentTreeViewNavigation.ascx		
框架标记	iframe	src	../ShowNotification.aspx

15.5.7 学生课表查询

1. 数据层

在数据层中建立存储过程 QueryCourseTable。

2. 业务逻辑层

在类 UserCommon.cs 中编写 QueryCourseTable()方法。

3. 表示层

学生可以方便地查询本学期班级课表，课表中详细显示了课程名、授课教师、上课地点、所在楼层、教室容纳人数等信息，如图 15-8 所示。

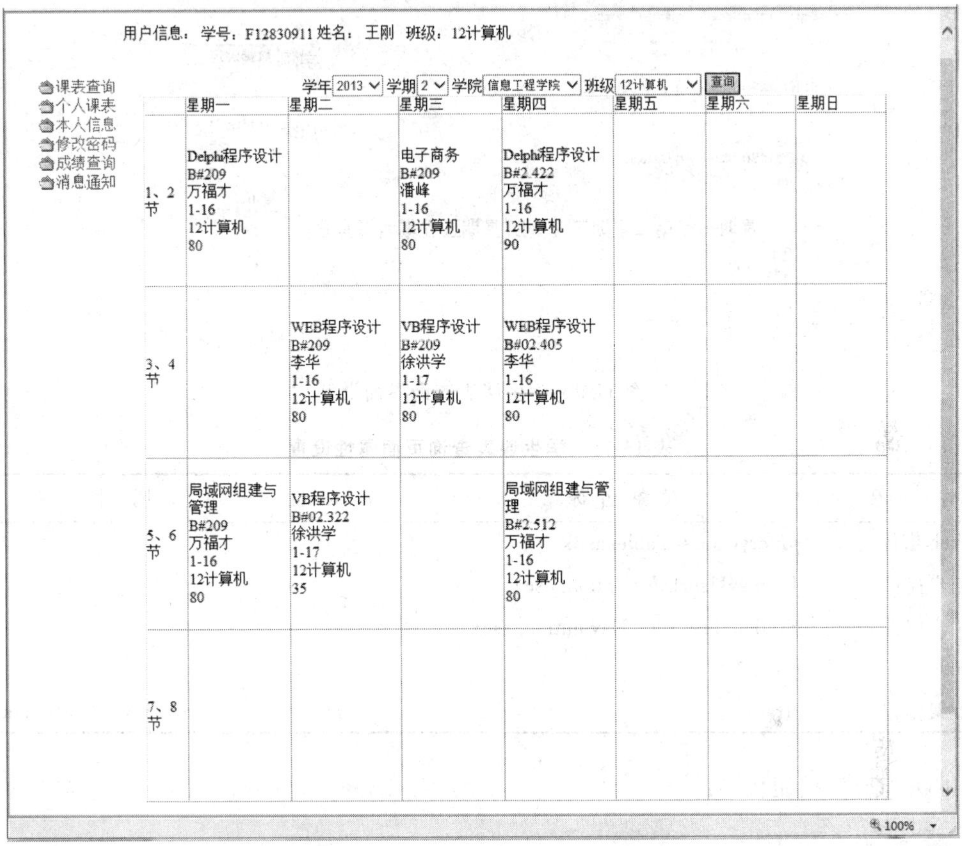

图 15-8 学生课表查询界面

程序步骤如下：

（1）新建一个 Web 窗体，命名为 QueryCourseTable.aspx。设计界面如图 15-9 所示，属性如表 15-15 所示。这里使用了控件的加载方法，先建立一个用户控件，命名为 DsiplayCourseTable.ascx,在此用户控件中写入如下代码：

```
<%@ Control Language = "C#" AutoEventWireup = "true" CodeFile = "DsiplayCourseTable.ascx.cs"Inherits = "Student_StudentControl_DsiplayCourseTable" %>
<%# DataBinder.Eval(Container, "DataItem.CourseName") %><br />
<%# DataBinder.Eval(Container, "DataItem.ClassRoomNumber") %><br />
<%# DataBinder.Eval(Container, "DataItem.Name") %><br />
<%# DataBinder.Eval(Container, "DataItem.PlanClassWeeks") %><br />
<%# DataBinder.Eval(Container, "DataItem.ClassName") %><br />
<%# DataBinder.Eval(Container, "DataItem.PermitMan") %>
```

（2）然后在 QueryCourseTable.aspx 的后台代码中的"查询"按钮事件中使用

dl. ItemTemplate = Page. LoadTemplate (" ~/Student/StudentControl/DisplayCourseTable. ascx");这个方法即可实现数据填充。

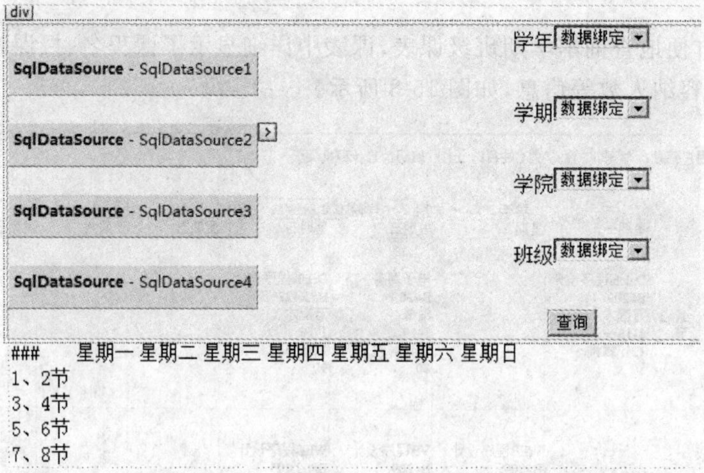

图 15-9　学生课表查询界面设计

表 15-15　学生课表查询页面属性设置

对　　象	对象名称	属　性	属　性　值
Web 窗体	QueryCourseTable.aspx		
用户控件	DisplayUserInformation.ascx		
用户控件	StudentTreeViewNavigation.ascx		
Table	Table1		
框架标记	iframe	src	../ShowNotification.aspx

(3)"查询"按钮代码：

```
Table1.Visible = true;
Table1.Width = 800;
Table1.Height = 400;
    Table1.GridLines = GridLines.Both;              //设置单元格的框线
Table1.HorizontalAlign = HorizontalAlign.Center;    //设置表格相对页面居中
Table1.CellPadding = 0;                             //设置单元格内间距
Table1.CellSpacing = 0;                             //设置单元格之间的距离
//填充表
for (int i = 1; i < 5; i++)
{
    for (int j = 1; j < 8; j++)
    {
        //设置表格单元格的长宽
        Table1.Rows[i].Cells[0].Width = 60;
        TableCell myCell = new TableCell();
        myCell.Height = 180;
        myCell.Width = 160;
```

```csharp
            myCell.Text = i.ToString() + "," + j.ToString();
            Table1.Rows[i].Cells.Add(myCell);
            string departmentNumber;
            string classNumber;
            int year;
            int term;
            string planClassDay;
            string planClassTime;
            //学院号
            departmentNumber = DropDownList3.SelectedValue.ToString().Trim();
            //班级号
            classNumber = DropDownList4.SelectedValue.ToString().Trim();
            //星期
            planClassDay = Table1.Rows[0].Cells[j].Text.Trim();
            //节次
            planClassTime = Table1.Rows[i].Cells[0].Text.Trim();
            //学年
            year = Convert.ToInt32(DropDownList1.SelectedValue.ToString());
            //学期
            term = Convert.ToInt32(DropDownList2.SelectedValue.ToString());
            //创建 DataList 控件
            DataList dl = new DataList();
        //dl.ID = "dataList";              //取消给 ID 赋值,不然会产生同名 DataList 错误
            dl.Visible = true;
            //添加到表格
            myCell.Controls.Add(dl);
            //绑定数据
            dl.ItemTemplate = Page.LoadTemplate("~/Student/StudentControl/DsiplayCourseTable.ascx");
            dl.DataSource = UserCommon.QueryCourseTable(departmentNumber, classNumber, year, term, planClassDay, planClassTime);
            dl.DataBind();
```

15.5.8 教师用户主界面

教师用户主界面如图 15-10 所示。

图 15-10 教师用户主界面

新建一个 Web 窗体,命名为 TeacherMain.aspx。设计界面如图 15-11 所示,属性如表 15-16 所示。

图 15-11 教师用户界面设计图

表 15-16 教师用户页面属性设置

对　象	对象名称	属　性	属　性　值
Web 窗体	TeacherMain.aspx		
用户控件	DsiplayCourseTable.ascx		
用户控件	TeacherTreeViewNavigation.ascx		
框架标记	iframe	src	../ShowNotification.aspx

15.5.9 教师提交学生成绩

1. 数据层

在数据层中建立存储过程 TeacherSubmitStudentGrade。

2. 业务逻辑层

在类 TeacherAccess.cs 中编写 SubmitStudentScore() 方法。

3. 表示层

教师可以方便地上传和修改期末考试成绩，如图 15-12 所示。

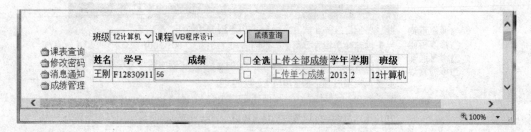

图 15-12 教师提交学生成绩界面

步骤如下：

（1）新建一个 Web 窗体，命名为 StudentScoreManage.aspx。设计界面如图 15-13 所示，属性如表 15-17 所示。

图 15-13　教师提交学生成绩界面设计

表 15-17　教师提交学生成绩页面控件属性设置

对　　象	对 象 名 称	属　　性	属　性　值
Web 窗体	StudentScoreManage.aspx		
GridView	GridView1		
Label	Label1	Text	班级
Label	Label2	Text	课程
DropDownList	DropDownList1		
DropDownList	DropDownList2		
Button	Button1	Text	成绩查询
用户控件	TeacherTreeViewNavigation.ascx		
框架标记	iframe	src	../ShowNotification.aspx

(2) "上传单个成绩"按钮代码：

```
int rowCount = GridView1.Rows.Count;
        string studentNumber, courseNumber;
        float grade;
        GridViewRow gridRow;
        TextBox textBox;
        CheckBox checkBox;
        for (int i = 0; i < rowCount; i++)
        {
         checkBox = (CheckBox)GridView1.HeaderRow.FindControl("CheckBox1");
          if (checkBox.Checked == true)
           {
               gridRow = GridView1.Rows[i];                //获得第 i 行的数据
               studentNumber = gridRow.Cells[1].Text.ToString();
               courseNumber = DropDownList2.SelectedValue;  //获取课程号
               //TextBox1.Text = studentNumber;
               textBox = (TextBox)GridView1.Rows[i].FindControl("textBox");
               //获取成绩
                grade = Convert.ToSingle(textBox.Text.ToString().Trim());if (grade <= 0 || grade > 100)
                {
```

```
            Response.Write("<script>alert('成绩在 0~100 范围内请重新录入!')</script>");
        }
        else
            TeacherAccess.SubmitStudentScore(studentNumber, courseNumber, grade);
    }
}
```

15.5.10 管理员后台主界面

管理员后台主界面如图 15-14 所示。

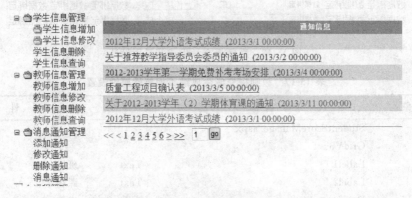

图 15-14 管理员后台主界面

新建一个 Web 窗体,命名为 AdministratorMain.aspx。设计界面如图 15-15 所示,属性如表 15-18 所示。

图 15-15 管理员后台主界面设计

表 15-18 管理员后台主界面及其控件属性设置

对　　象	对象名称	属　性	属　性　值
Web 窗体	AdministratorMain.aspx		
用户控件	AdministratorTreeViewNavigation.ascx		
框架标记	iframe	src	../ShowNotification.aspx

15.5.11 管理员增加教务信息和上传文件

1. 数据层
在数据层中建立存储过程 InsertToNotification。

2. 业务逻辑层
在类 NotificationAccess.cs 中编写 InsertToNotification()方法。

3. 表示层
添加教务信息的运行界面如图 15-16 所示。

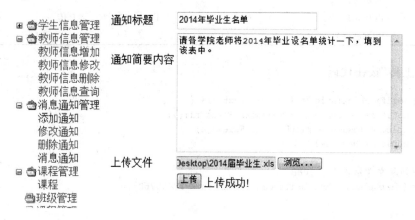

图 15-16 添加教务信息界面

步骤如下：

（1）新建一个 Web 窗体，命名为 AddNotification.aspx。添加三个标签，两个文本框，一个命令按钮，一个文件上传控件。设计界面如图 15-17 所示，属性如表 15-19 所示。对应文件上传功能有文件下载，详细信息请参见源代码中的 NotificationDetails.aspx 页的后台代码。

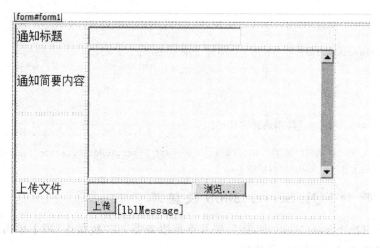

图 15-17 添加教务信息界面设计

表 15-19 添加教务信息界面及其控件属性设置

对象	对象名称	属性	属性值
Web 窗体	AddNotification.aspx		
Web 窗体	AdministratorMain.aspx		
用户控件	AdministratorTreeViewNavigation.ascx		
TextBox	TextBox1		
TextBox	TextBox2	TextMode	MultiLine
框架标记	iframe	src	../ShowNotification.aspx
FileUpload	FileUpload1		
Button	Button1	Text	上传
Label	lblMessage		

(2)"上传"按钮代码：

```
string notificationTitle = TextBox1.Text.Trim();
string notificationContent = TextBox2.Text.Trim();
string uploadFileName = FileUpload1.FileName;
if (FileUpload1.HasFile)
{
    //判断文件是否小于 10MB
    if (FileUpload1.PostedFile.ContentLength < 10485760)
    {
        try
        {
            //上传文件并指定上传目录的路径 FileUpload1.PostedFile.SaveAs(Server.MapPat
("~/Administrator/Notifications/") + FileUpload1.FileName);
            lblMessage.Text = "上传成功!";
        }
        catch (Exception ex)
        {
            lblMessage.Text = "出现异常,无法上传!";
        }
    }
    else
    {
        lblMessage.Text = "上传文件不能大于 10MB!";
    }
}
else
{
    lblMessage.Text = "尚未选择文件!";
}
//执行插入通知信息操作 NotificationAccess.InsertToNotification(notificationTitle,
notificationContent,uploadFileName);
```

15.5.12 附加 SQL Server 2008 数据库

(1) 打开 SQL Server 2008 中，然后展开本地服务器，在"数据库"项上单击鼠标右键，在弹出的快捷菜单中选择"附加"菜单项。

(2) 将弹出"附加数据库"对话框，在该对话框中单击"添加"按钮，选择所要附加数据库的 TeachingManage.mdf 文件，单击"确定"按钮，即可完成数据库的附加操作，如图 15-18 所示。

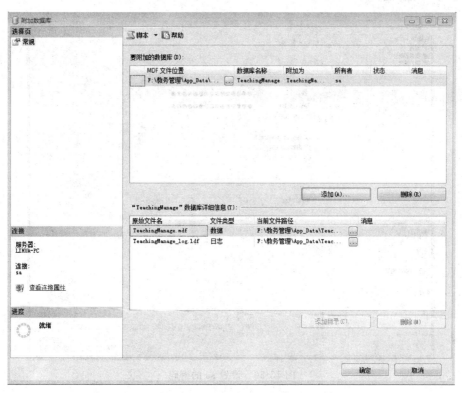

图 15-18　附加数据库

（3）设置 SQL Server 2008 的登录。在数据库 TeachingManage 中设置登录名为 sa，密码为 123。在图 15-19 中，在对象资源管理器中选择"安全性"的"登录名"为 sa，在 sa 上右击，选择"属性"，弹出如图 15-20 所示的窗口。在图 15-20 中修改登录密码。

图 15-19　选择 sa 的属性

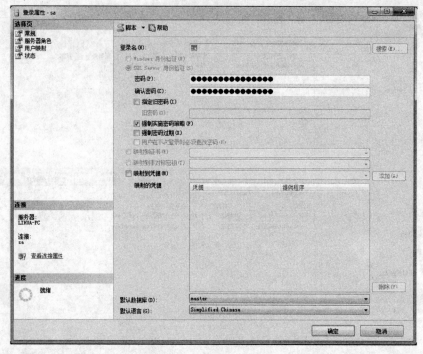

图 15-20　设置 sa 的密码

15.5.13　部分运行界面

（1）在学生用户主界面中选择"本人信息"，如图 15-21 所示。

图 15-21　学生主界面的本人信息

（2）在学生用户主界面中选择"修改密码"，如图 15-22 所示。

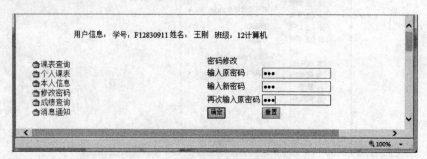

图 15-22　学生主界面的修改密码

（3）在学生用户主界面中选择"成绩查询"，如图 15-23 所示。

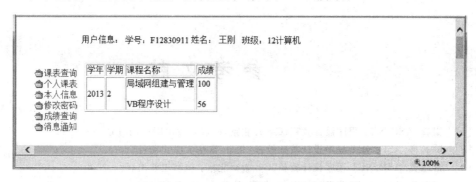

图 15-23　学生主界面的成绩查询

（4）在管理员主界面选择"学生信息管理"，如图 15-24 所示。

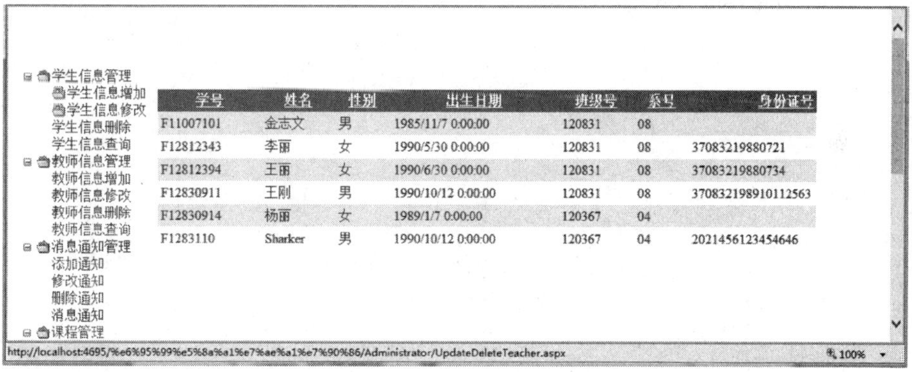

图 15-24　管理员主界面的学生信息管理

（5）在管理员主界面选择"教师信息管理"，如图 15-25 所示。

图 15-25　管理员主界面的学生信息管理

参 考 文 献

[1] 崔淼.ASP.NET程序设计教程(C#).北京:机械工业出版社,2010.
[2] 陈长喜.ASP.NET程序设计基础教程.北京:清华大学出版社,2011.
[3] 常永英.ASP.NET程序设计教程(C#版).北京:机械工业出版社,2009.
[4] 张跃廷.ASP.NET开发实战宝典.北京:清华大学出版社,2010.
[5] 蒋忠仁.ASP.NET应用与开发技术教程.北京:人民邮电大学出版社,2008.
[6] (美)Karli Watso,Christian Nagel.C#入门经典(第5版).北京:清华大学出版社,2010.
[7] www.csdn.net